馬耕教師の旅

「耕す」ことの近代

香月洋一郎

Katsuki Yoichiro

法政大学出版局

はじめに

かつて馬耕《ばこう》教師と呼ばれる人たちがいた。各地の農村に出向き、田畑を耕起する犂《すき》という道具の使い方を教える人たちのことを指す。

文として表現してみればそれだけのことになるのだが、彼らは近代という時代がその登場を求めた技術の伝導者であった。犂は牛馬によって牽引されるため（「馬耕」と「馬」の字が頭についているが、これは牛の場合もある）、彼らは牛馬のあやつりかたと犂の操作とを伝授し、耕土をより深くよりこまやかにほぐしていく技術を伝えていった。このことによって耕地の生産力は増大し、また従来よりはるかに多くの肥料を投入する農業のありかたが根づいてもいった。

本書でこれから述べていくのは、近代のある時期のある地域での、彼らの動きについてである。

近代における犂という農具の意味や性格については、すでにいまから四〇年も前までに——近代という時代を形づくった重要な要素のひとつとして——多くのすぐれた論考が書かれている。また、その前史的な状況ともいうべき在来犂の研究になると、近世農業技術史の分野を中心に、これまた多くの業績が残されている。逆に今では研究テーマとしてはおそらく「鮮度」の落ちた感のある対象なのだろう。
しかしこれは、そのテーマが研究しつくされた、ということではないように思う。耕地の地力を高めるということ自体が、今よりもはるかに日本の社会全体のなかで切実に、そして当然のこととして関心がもたれていた時代が続いており、そうした状況がひとつの底流として学問諸分野の研究動向や研究者のテーマに強く反映していたのではないかと思う。そしてあるときから、その関心が社会のなかからすうっと引いていった。今から振り返ると、なにかそんなふうに表現できそうでもある。

ここではそうした先行研究に一面で準拠しつつも、馬耕教師の動きを紹介することに主軸を置きたい。といっても、かつてオーソドックスに研究されてきた問題に、ここで改めて現代的意味を吹き込もうといった野心をもってのことではない。定説化され、時の流れのなかで大きな傾向として位置づけされてきたことの細部について、私なりになぞり、若干の整理や見直しをして稿を終えることになるのかもしれない。

実は本書の記述に関する私の調査は、その四分の三以上は四〇年近く前のものである。当時話をうかがった方々のほとんどは鬼籍にはいっておられ、もはやいろいろとご教示を得ることができなくなっている。今回補足調査にまわってみると、お話をうかがった方々のご子息が八十代になっておられ、改めて歳月の流れを痛感した。

本書の成ったいきさつは「あとがき」で述べるとしても、こうした形でとりまとめる機会が与えられるなどとおもってもいなかっただけに、どのようにまとめられるのか、書き始めの時点ではまだ見当がつかない。おそらく、ある地域のある人たちの動きを紹介するための前提として、先行業績の一部を整理しながら紹介し、最後に、そこにあらわれてくるいくつかの問題点を列記することでまとめに換えるという半端なレポートになるかもしれないのだが、まずは手探りをしながらでも始めてみたい。

なによりもまず、牛馬に犂を引かせる、と書いてみたところで、往時とは違い、その牛馬自体が農村からほとんど姿を消した——ことに農耕用の役畜としてはとっくに姿を消してしまっている——時代が今である。はたして何のことからどのように述べていけばいいのだろうか。少し粗い流れにはなるのだが、とりあえずいきなり牛馬耕の記述から始め、多くの図版や写真で視覚的におぎないつつ、本文中の註で随所に後追い的な補足記述をいれることで対応していきたい。

そしてまた、多くのすぐれた先行研究について、本稿の位置づけをするためにきちんと紹介していけば、それだけで少なからぬスペースを割くことになりそうな気がしている。ここでは論文的なスタイルや目配りから少しはなれ、先行研究については——ある程度まで章末の註でおぎなってはいるものの——本書の流れに沿う形でのかなり恣意的な選択、粗い要約、紹介になるかもしれないことを前もってお断わりしておきたい。ここで書いてみたいのは、まず馬耕教師の存在、そして近代においてひとつの農具が普及をみた動きのひとこまである。そのため、ラフに端折って先に進んだ部分があることを前もってお断わりしておいたほうがいいように思う。

本書を、フィールドノートと若干の関連資料にもとづいた粗い走り書きのデッサン帖のつもりで受け取っていただけたらと思う。

目　次

資　料

I 冬の佐渡から

中扉：水田の耕起。長崎県佐世保市宇久島（一九七一年三月撮影）

すき［犂］　牛馬等の畜力で牽引し土壌を耕起反転して膨軟にし作物栽培に好適な状態にする作業機械である。構造は犂体、犂身、犂轅、犂柱等からできている。犂体は土壌をほぼ水平に切断する犂先と、切断された土壢を反転する犂鐴、犂を牽引方向に安定させる犂床からできている。犂身は犂体を支え、犂轅は牽引する部分で、犂柱は犂身と犂轅を連結固定する丸鉄棒で耕深の調節をする。犂床の長さにより長床犂、無床犂、短床犂がある。短床犂は全二者の長所をとった改良犂で現在最も広く利用されている。また使用の目的により、単用犂、双用犂、単用二段耕犂、双用二段耕犂等がある。（『農業小辞典』より）

犂（単用）
各部の名称

1 すき先　　7 はづき
2 すきべら　8 把　手
3 床　舎　　9 大取かじ
4 犂　身　　10 小取かじ
5 犂　柱
6 ねり木

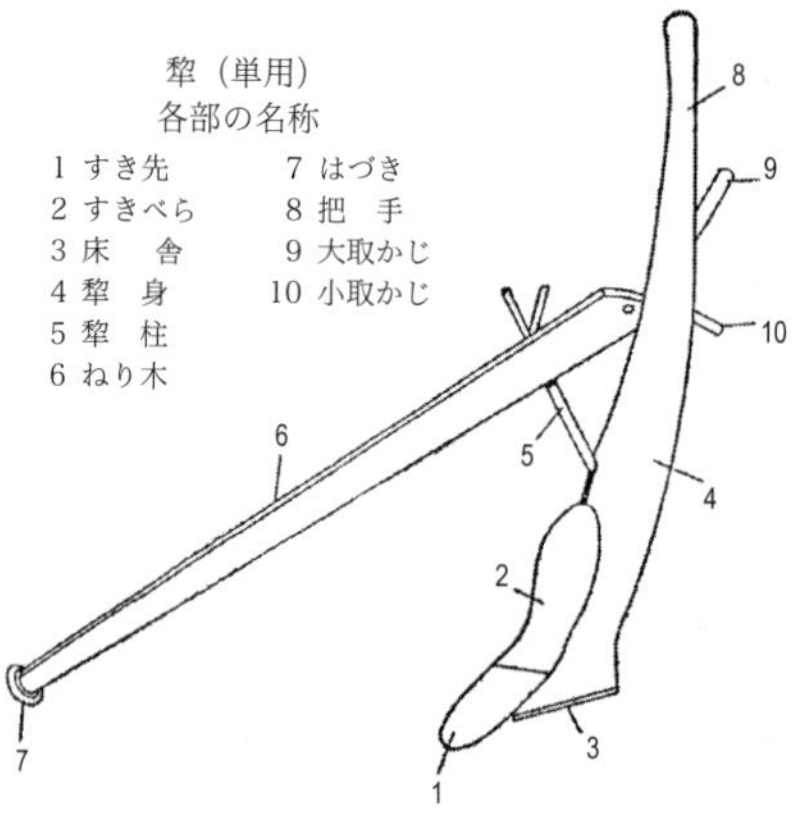

明治二十三年、佐渡にはじめて入ってきたとされる無床犂　佐渡農業高校にて（一九七〇年一二月撮影）。なおこれは一〇八ページの①と同じもの。犂先ははずれている。

＊本間雅彦（一九一七―二〇〇九）東京農業大学を卒業後、兵役を経て東京農業大学助手、新潟県立佐渡農業高校教諭を歴任。著書に『牛のきた道――地名が語る和牛の足跡』（未來社、一九九四年）など。

一　『佐渡牛馬耕発達史』の世界

背中に届いた声

「郡民は、馬が田を耕す、というので半信半疑、その実状を見ようとして集まる者引きもきらず」という一節が昭和二十六（一九五一）年に刊行された『佐渡牛馬耕発達史』（北見順蔵・石井治作共著。なお正確にはタイトルの脇に「附金沢村」と付記されている）にある。[1] 同書を読んで以来、この表現はずっと印象に残っている。

佐渡には明治二十三（一八九〇）年に九州から犂《すき》が伝わるまで、牛馬に犂を引かせて田畑を耕すという技術はなく、人力で鍬《くわ》を使って打ち起こし、土をこなしていた。同年からこの島に牛馬耕が伝わり広まることになるのだが、当時その講習会には見物人を相手にうどん屋がでるほどの賑わいだったたという。

今から四〇年近く前のこと、私は佐渡における犂の普及について調べるために、この島の国中《くになか》平野の田の中の道を歩いていた。私が佐渡でこの調査を始めたきっかけは、当時、佐渡農業高校の教員をされていた本間雅彦先生*からのご教示だった。本間先生は佐渡にはいってきた犂を集めておられ、それらの犂は資料として農業高校に保管されていた。そしてその普及のさまを追いかけて調べてみたらどうだろうと示唆してくださった。たしか冒頭にあげた本も本間先生から教えていただいたように思う。

その著者のひとりである北見順蔵*さんに会っておくとよいとのことで、雪で一面に白くなっていた田の中の道を歩いて北見家を訪れた。昭和四十五（一九七〇）年の冬のことだった。北見さんのお宅の玄関口に立ち、来意をつげると、北見さんは隣町の病院に入院中であり、病状はかなり重いと家の方が話された。あきらめて帰ろうとすると、こたつにあたっていた、おそらくお孫さんだろうと思われる娘さんの澄んだ声が背中に届いた。

北見順蔵（『佐渡牛馬耕発達史』より）

病院に行ってみたらいいわ。犂のことだったら、おじいちゃん話すかもしれない。

その言葉にあまえ、すぐに金井町の病院に向かったが、北見さんはほとんどお話がうかがえる状態ではなかった。けれども、その娘さんの言葉を通して、北見さんの犂の普及にかけた情熱を垣間見たような思いで病院をあとにした。「犂のことだったら、おじいちゃん話すかもしれない」と言った娘さんの声は、冬の田の雪道の記憶とともに、その後しばらく頭の中に残った。

それからまもなくして北見さんは亡くなられた。遺品のなかには、佐渡の農家の牛の血統を調べ記録した原稿があり、その厚さは三〇センチにもなっていたという。生前に保存されていた一〇台ほどの犂は、佐和田町にある佐渡博物館に寄贈された

農大教授　『佐渡牛馬耕発達史』には「農大教授」とあるが、この時代であれば「農大」とは東京農林学校あるいは農科大学を指すと思われる。

長沼幸七（『佐渡牛馬耕発達史』より）

と聞いた。

茅原鉄蔵の動き

佐渡に馬耕が普及し始めたのは明治二十三（一八九〇）年からだと述べた。これは前掲書『佐渡牛馬耕発達史』（以下『発達史』と略記）の記述による。

それによると、同年東京でひらかれた内国勧業博覧会に、佐渡からは出品総代人の茅原鉄蔵《ちはらてつぞう》（一八四九―一九三一）以下三名が上京し、出品された品々をつぶさに観察したが、最も強く惹かれたのは牛馬耕の道具であったという。茅原はそのあと農商務省の横井時敬や*農大教授の玉理喜蔵を訪ねて指導を仰いだ。その結果、福岡県の牛馬耕の権威として名声の高かった*長沼幸七という人物が推薦され、長沼は同年九月、佐渡に赴いたという。

茅原鉄蔵は佐渡の大和田村（現金井町）で生まれた。小学校の教員助手を勤めていたが、明治十五（一八八二）年、三四歳のときに志を立て上京し、農商務省の織田完之という人物について農学をおさめたとされている。以下、年代記風に彼の足跡をすこし書き出してみると、

明治十七年　佐渡に戻り地方農談会を組織。
新潟県を含む三県連合の品評会に米と大豆を出品、農商務大臣から表彰を受ける。

馬耕　磯野犂のパンフレットより（松山記念館所蔵）

明治十八年　同志と佐渡牧畜会社をつくる。
東京駒場の農科大学で農事実習。
三叉《みつまた》だった備中鍬を改良して四叉の鍬をつくる。
明治十九年　大和田で佐渡ではじめての農産物品評会を開催。
明治二十年　佐渡の米作が不作のため、本州の優良品種をとりよせ無償で農家に配布。
明治二十一年　相川町で郡の水陸物産共進会を開催。
明治二十三年　内国勧業博覧会に郡の代表として玄米を出品。
横井時敬の勧めで、実地に指導を受けるため一年余り全国をまわる機会を与えられる。(2)

この明治二十三（一八九〇）年が、佐渡に犂耕が伝わった年になる。

農談会とは、明治初期に各地の農民の間に生まれた、農事改良のための情報交流組織ともいうべきもので、老農と呼ばれた農業に熱意をもつ農民（主に地主層）によって構成された民間のつながりである。そして茅原鉄蔵が上京した前年の明治十四（一八八一）年三月には、内務省勧農局が全国の老農を召集し、浅草本願寺において全国規模の農談会を開催しており、このことを契機として翌月には大日本農会の創立大会が開催され、初代幹事長に品川弥二郎が就任した。またこの四月は内務省勧農局が廃止され、あらたに農商務省が創設された時でもある。

日本の近代史年表に目配りをしつつ、茅原鉄蔵のこうした動きを年譜で追うだけでも、佐渡への牛馬耕の伝播は、新しい時代をむかえたこの地の農民が、時代の波の中で、視野を広め、農業技術や経営の発想をさまざまに取り込んでいこうとする動きのひとつとして自然に位置づけられるように思う。こうした明治前半期の農政とそれに関連しての在野の動きについては、これまたすぐれた論考がいくつも書かれている。(3)

農業生産力の増強は、この時期の政府が力をいれていた施策のひとつであった。近代国家をめざし、殖産興業への道を進み始めていた明治政府ではあったが、明治期の前半は、その資の多くを繊維産業と農業とに頼っていた。農業からは地租の形で税が徴収され、広く再投資された。その農業に対しては、耕地面積の拡大よりも、むしろより集約的な土地利用を促進する技術に関心が注がれた。こうした政治的な背景と、農民の新しい時代への強い期待とがあいまって、この時期の農政と農業には大きな動きがさまざまにみられた。

二　明治の風

深耕への希求

そして、この明治前半期の動きを見ていくなかで、犂に焦点をしぼると、まず浮

横井時敬（一八六〇－一九二七）農学者。農政学者。肥後藩士の家に生まれる。一八八〇年駒場農学校卒。八二年より七年間にわたり福岡農学校教諭、福岡県勧業試験場長などで福岡県に在住。九州巡回中のマックス・フェスカに認められ、八九年より農商務省技師。のち東京帝大農科大学教授、東京農業大学学長。

酒匂常明（一八六一―一九〇九）　但馬国出石藩家臣の家に生まれる。駒場農学校、その後身の東京農林学校の教員をつとめ、のち農商務省、北海道庁勤務。官を辞し大日本製糖会社社長。

マックス・フェスカ（一八四六―一九一七）　ドイツ人。農学者。御雇い外国人。明治十五年来日。駒場農学校、その後身の東京農林学校、帝国大学農科大学の教師をつとめる。全国の組織的な地質調査を実施。

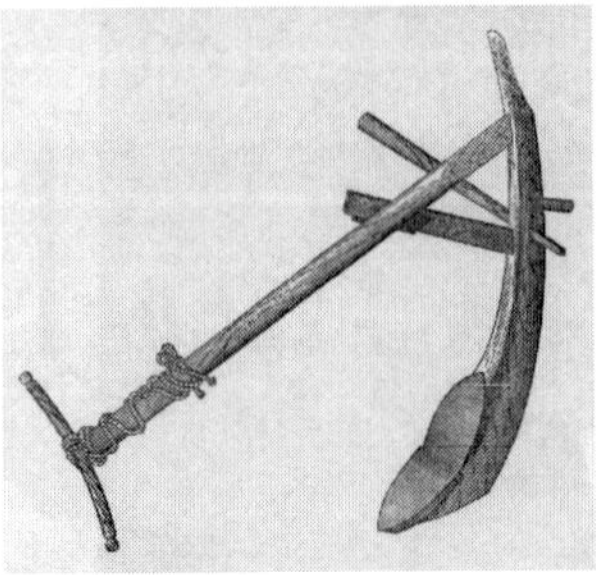
抱持立犂（『日本地産論』より）

上してくるのは、ドイツ人マックス・フェスカの名であり、林遠里《はやしえんり》（一八三一―一九〇六）の名であり、抱持立犂《かかえもったてすき》という在来犂の存在になる。さらにいえば、*横井時《とき》敬《よし》、*酒匂《さこう》常明といった農政・農業指導者の名があらわれてくる。

おそらくこうした人々の名が登場する前の時代、牛馬に犂をつけて耕起するという技術は、従来からそれをおこなっていた地域の農民にとっては、むらに生まれた男の子が成長するにつれて身につけていかなければならない農業技術のひとつにすぎなかったであろう。もちろんそこには上手、下手があり、自分の家に役畜がいない農民は、犂をもっている人に耕起を頼みもしていた。それが近代初頭以降、際立って脚光をあびる農業技術となっていった。

*マックス・フェスカは明治前半期に駒場農学校に指導に来ていたドイツの農学者であり、日本の農業の近代化に向けて、いくつかの日本農業の欠点を指摘している。そのひとつに耕耘が浅いという点があり、深耕に適した農具として在来の抱持立犂を勧めている。「日本の犂にして実用に適せしものは、福岡県において用いる抱持立犂是なり」と、彼の『日本地産論』にある。[4] ここでいう「*抱持立犂」とは、当時筑前地方で使われていた在来の*無床犂を指している。そしてこの抱持立犂を文字どおり持ち歩き、犂耕の普及に貢献したのが林遠里である。

林遠里は天保二（一八三一）年、福岡県早良《さわら》郡鳥飼《とりかい》村に生まれた。武士の出自ではあるが、日本の発展には農業の振興が基本と考え、農業技術の研究を進め、明治十（一八七七）年に『勧農新書』をあらわし、同十六（一八八三）年に農業技術の改

無床犂　神奈川県下のもの。横浜市歴史博物館所蔵。在来の無床犂にはこうした形のものもあるが、本書の文脈では関わりがうすい（『犂　馬鍬　唐箕』より）

良・普及をめざす勧農社を興し、多くの弟子を育てた。[5] 勧農社は、林遠里の自宅、早良郡入部村重留に設立された。すでにこの時代に会社組織の形をとっていたようで、社長が林遠里、副社長は息子の山辺誠で、ほかに常時二名の事務員をおいていたという。このほかに二か所の農場（あわせて三〇町歩ほど）をもっていた。その弟子たちは各地に赴き、犂耕を含めて農業技術の指導をして歩いた。

この抱持立犂は、なれない者には操作が困難な農具であった。「操者自身が犂を抱へ込み、右腕の肘を耕土の深浅に応じ、体に定着せしめて運行する技術は、余程の練習を必要とせしものです」との記述が福岡の犂製作所の記録にある。[6]

そしてまた、これに対応するように、長野県小県《ちいさがた》郡について述べた記録に次のような文章をみる。「幾度も言うように無床犂は使用に当り非常に腕力と技術を必要とするもので、良いとわかっていてもこれの普及はなかなか困難で、塩尻村の如きは、蚕種製造家の梅原宅右衛門の長男がようやく使える位で、他の人には殆ど使えなかった[7]」。

勧農社

この時期、福岡は日本の農業の先進地とされていた。この地方から発信したのは馬耕技術のみならず、種籾の改良法や貯蔵法、除草技術など多岐にわたり、これらは総称して「福岡農法」と呼ばれている。こうした技術や動きについては『福岡県史　近代資料編』のなかの「福岡農法」、「林遠里・勧農社」の二冊の巻において詳

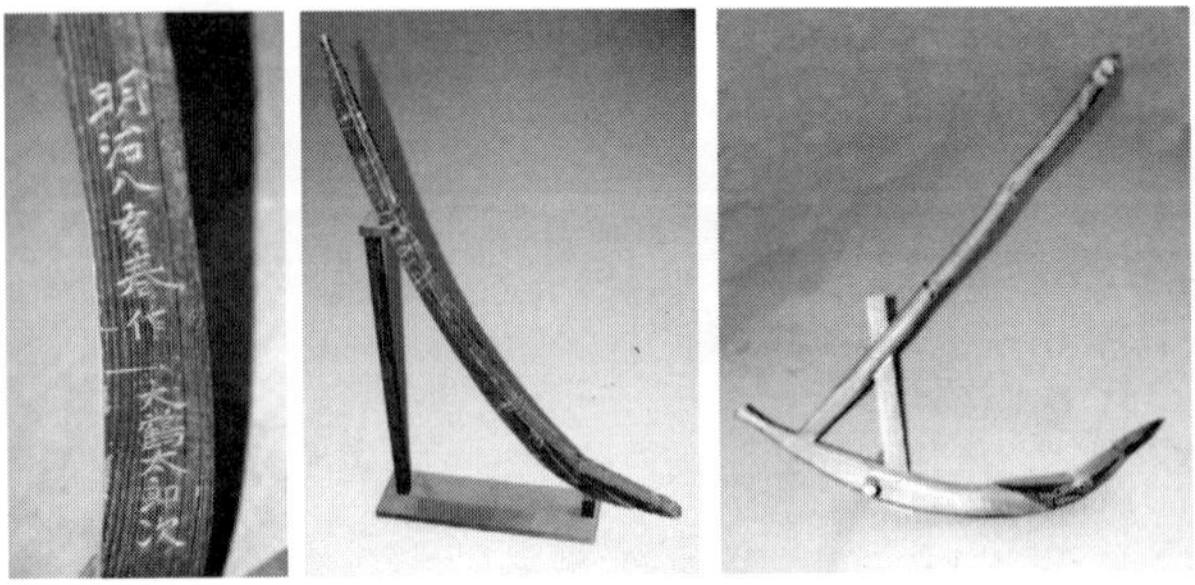

抱持立犂とその型紙（板）と型紙に刻まれている文字　「明治八亥春作　大鶴太郎次」とある（福岡県農業総合試験場内の福岡県農業資料館所蔵。二〇一〇年九月）

細な資料が紹介されている。[8]

勧農社は、名誉社員に金子賢太郎、前田正名、品川弥次郎、後藤象二郎、陸奥宗光らの政治家を揃えるという配慮をしつつ、農業技術の普及に動いた。

勧農社が明治十八（一八八五）年から同二十六（一八九三）年の間に三〇の府県に派遣した馬耕教師は四五〇～四六〇人に達したという。とはいえ、この時期の福岡県からの馬耕教師の動きは勧農社によるもののみではない。

明治二十（一八八七）年代に同県から、高原謙次郎という人物が京都府へ、伊佐治八郎・茂兄弟と島野嘉作が山形県へ出向いており、佐渡によばれた長沼幸七は、それより前の明治十六（一八八三）年に福岡県庁の推薦によって石川県に招かれ、犂耕の指導に出かけている。彼らは指導のために抱持立犂を持参して行った。

その犂は、勧農社のものに関しては、福岡郊外の脇山村の大鶴家で作られていたという。[9]筑紫野市にある福岡県農業資料館（福岡県農業総合試験場の付属施設）には、大鶴家の抱持立犂の犂身の板製の型紙*が保存されている（写真参照）。なお、庄内平野の一角にある余目町の自治体史によれば、犂は明治三十（一八九七）年の時点でも地元で製造できず、福岡から仕入れていたが、やがて地元で作られはじめ、一台一円ほどで売り出されていたという。[10]鋳物の犂先も福岡から取り寄せていた。[11]

勧農社は、明治三十二（一八九九）年に一五年ほど続いた活動に終止符を打つ。

そしてまた林遠里の提唱した農法については、横井時敬などからその一部に批判がでていたこと、当時の福岡農法の普及が、実際以上に林遠里の動きに収斂されて語

馬耕教師の動き
（嵐嘉一『犂耕の発達史』より）

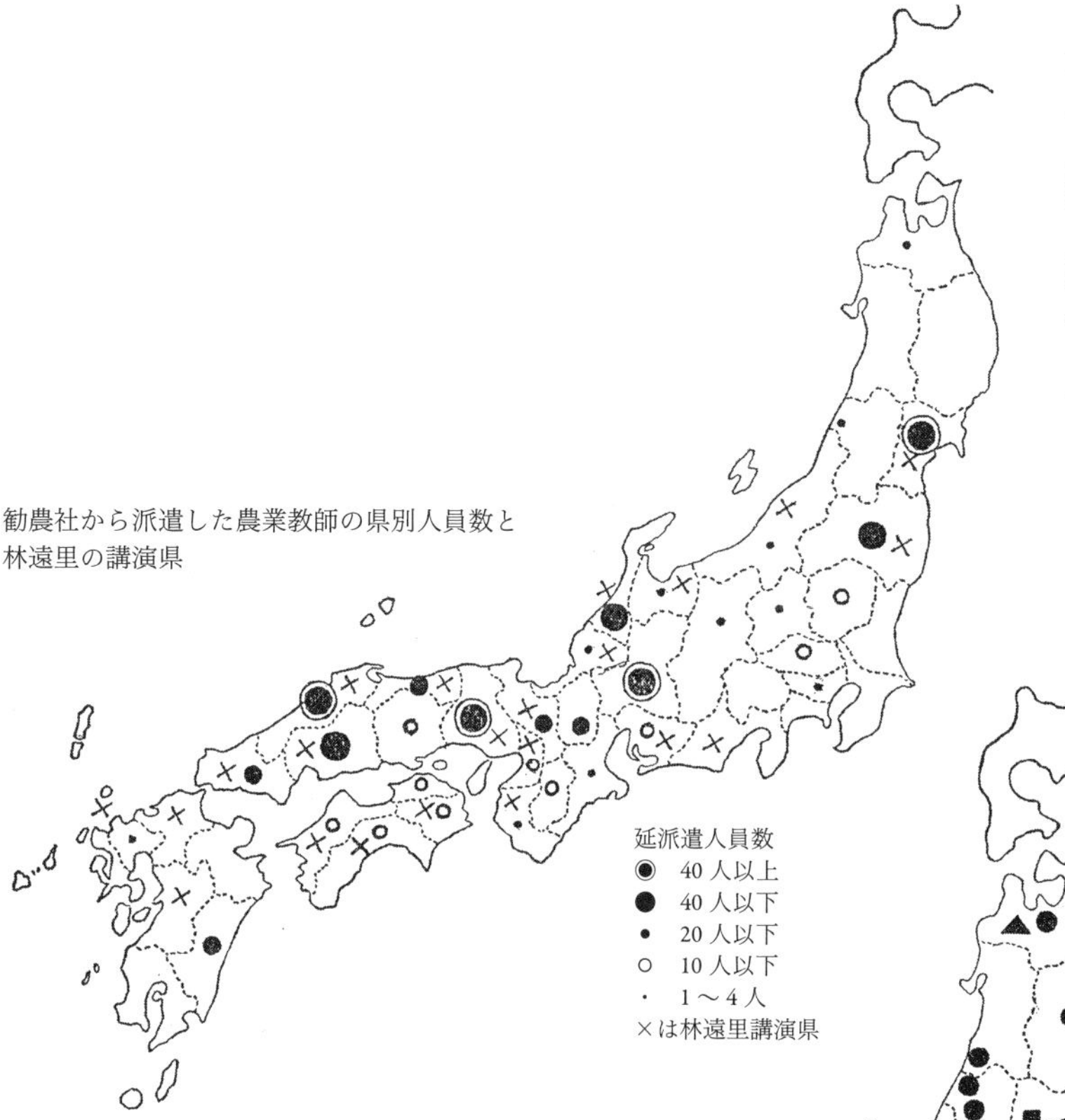

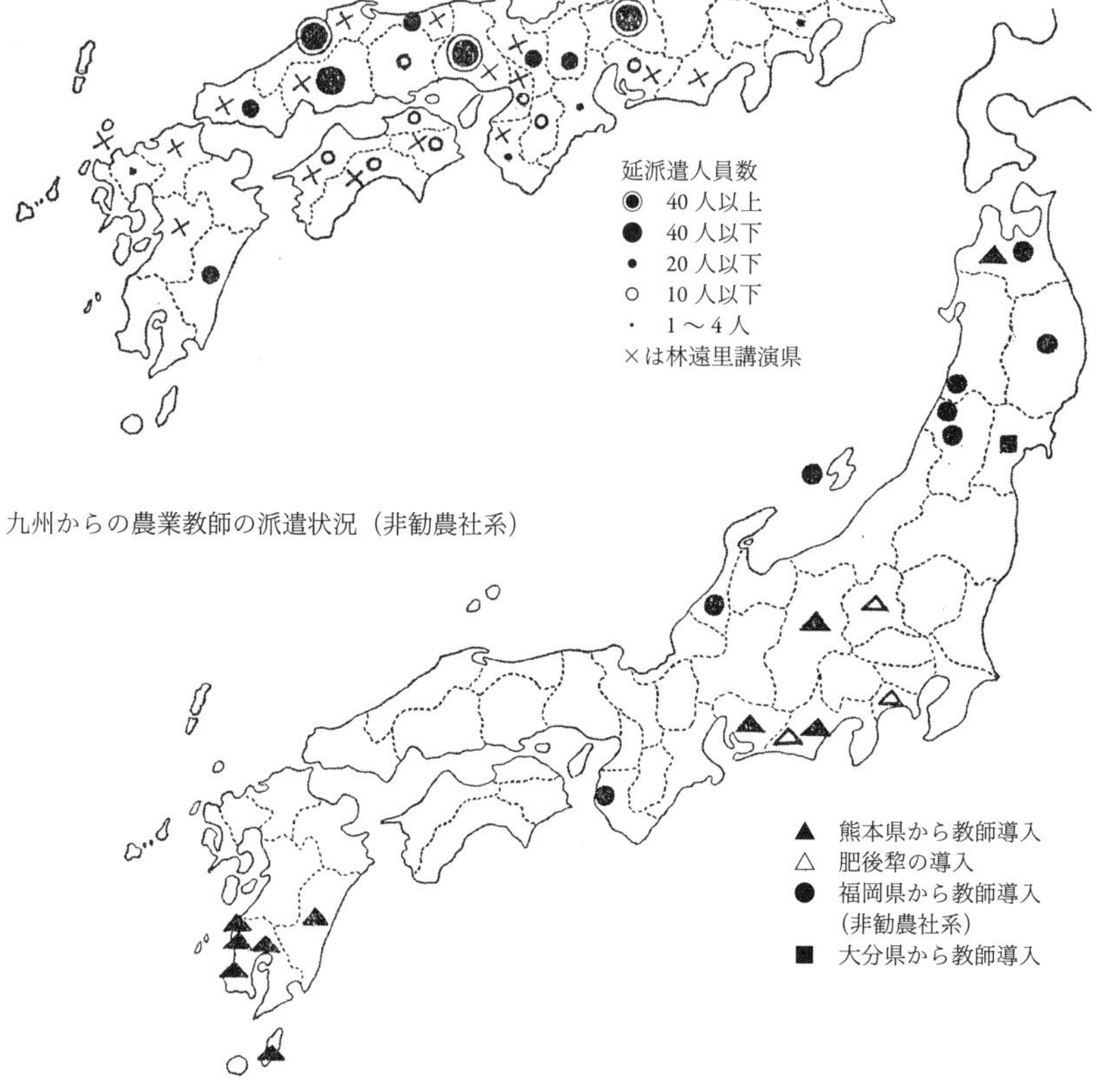

られているという指摘があることも付記しておきたい。[12]

乾田化にむけて

深耕については、酒匂常明の次のような指摘がある。

本邦の田地は概して浅しとす。蓋し田耕の深浅は農業の進歩と随伴するものと見え、深耕は既に農業開進の地方に行われるけれども、農業の拙なる奥羽地方においては最も浅く、其の甚だしきに至っては土地を耕すと称するよりは、寧ろ撫でると言うほうが妥当ならん。すなわち其の深さは大抵僅々二寸、甚だしきは一寸に止まるものあり。又東京以西は三寸より四寸に位し、夫れより段々農業の開けたる西国に至りて農業を励む処にては五〜六寸を耕し、其の間作をなす地なれば、深さ六〜七寸に至るもの少なしとせず。[13]

ここには東北地方を農業後進地域と位置づけての断定とともに、この地域に犂による深耕を広めていこうとする意欲がうかがえる。

振り返ってみての、きわめて大まかな図式的把握になるのだが、近代における農業生産力の増加という要求は、土をより深く、よりこまやかに耕すということが必須の前提とされ、そのための主導的役割の多くを、近代短床犂による牛馬耕という技術が負うことになった——東日本への犂の普及を軸にして見る限りは、そう表現

暗渠排水　地下の過剰な水を排水して地下水位を適度な高さに保たせるための技術。通常は地下一・〇〜一・二メートルのところに粗朶（そだ）や木材、石材、あるいは土管をうずめ、そこに集水して外に排出するしくみをとる（『日本農業図説』より）

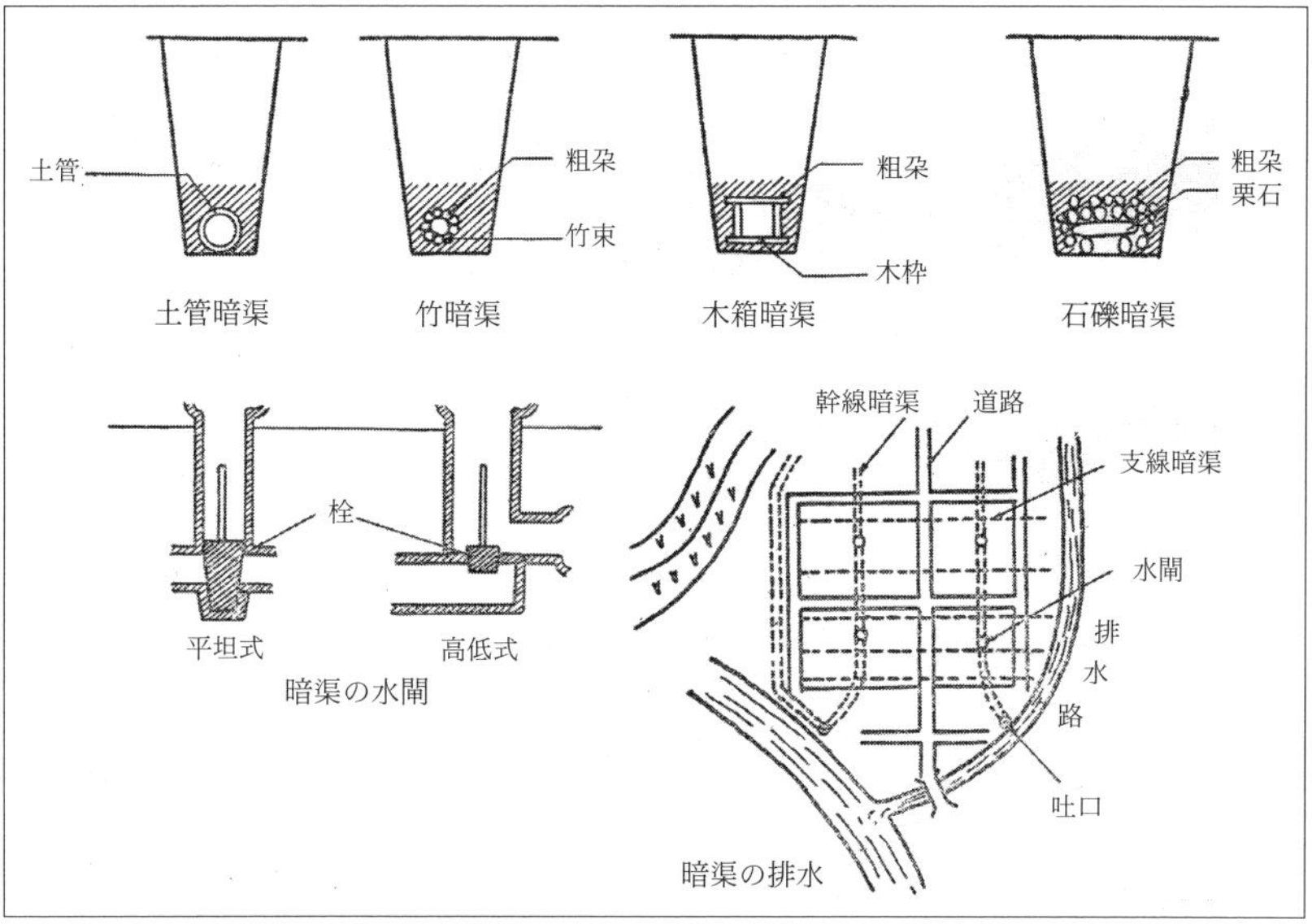

できるように思う。

とはいえこの道具は、これを使う耕土状況の抜本的改良（暗渠排水*）を求めた。そしてまた犂の効率よい利用のために耕地区画の変更（耕地整理）を呼び込んだ（七〇―七一ページ参照）。逆にいえば、湿田地帯においては、乾田化の程度が犂の普及度を規定していくことにもなる。こうした改良は多く、個別の農家の選択としてでなく、それを越えた地域の意思の統一が必要となってくる。もとより元来乾田地帯であったところも、深耕を以前より強く意識し実施していくことになる。

と書くと、これは水田地帯を中心とした動きということになる。一般的には水田地帯ほどではないが、畑作地帯も犂普及の影響があり、そしてこの動きは田畑を問わず、多肥料を要求する農法の確立、そして多肥増産品種の普及へと連動していった。

こうした大きな流れの中で、馬耕教師ひとりひとりの旅が続けられることになる。

三　東へ北へ

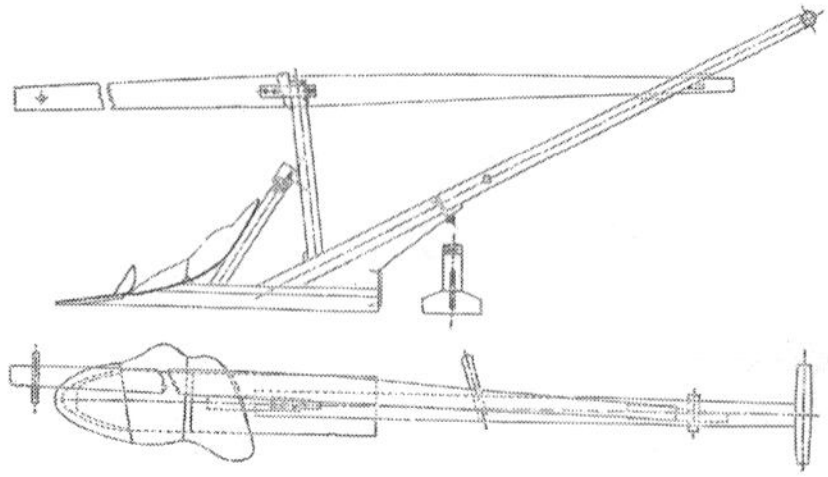

長床犂　（『広部農具論　耕墾器編』より）なお同書では「長底犂」との名称を用いている。

長床犂の形もひといろではない（『日本農業発達史』(1)に紹介された長床犂の三形態）

二種類の在来犂

農業技術史における定説をごく大まかに要約すると、犂および犂耕については次のようなことが指摘されてきた。

まず、日本列島の在来犂には無床犂と長床犂*とがあった。ここでいう「床」とは、耕地に接する犂の底面を指している。無床犂は文字どおりこの床が「点」であり、接地面が小さく、不安定で扱いにくいが、それだけに土に深く入り深耕が利く。長床犂は床の形状が長細く、つまり耕土にふれる底面が広く、それゆえ操作が容易で安定性を持つが、深く耕せない犂になる。その二つの性格を折衷するような形で、明治中期に短床犂が考案され、乾田化、耕地整理の進展とあいまって普及していった。

ただし、東日本に目を向ければ、西日本に比べて犂の普及が遅れており、明治以降、まず前述した勧農社によって無床犂が先行して伝えられ、ついで短床犂が普及していった。

犂について、きわめて大まかにであるが、こう説明できよう。ただ、地域に即して見ていくと、在来犂にもさまざまな形のものが使われており、短床犂として分類されうるものも少なくなかった。ふたつの在来犂を折衷した形状をもつ短床犂が、さまざまな地域の長床犂 (『日本農業発達史』(1)より) なお同書では、明治期の農書や伝来の農具のスケッチなどから多くの例を紹介している。

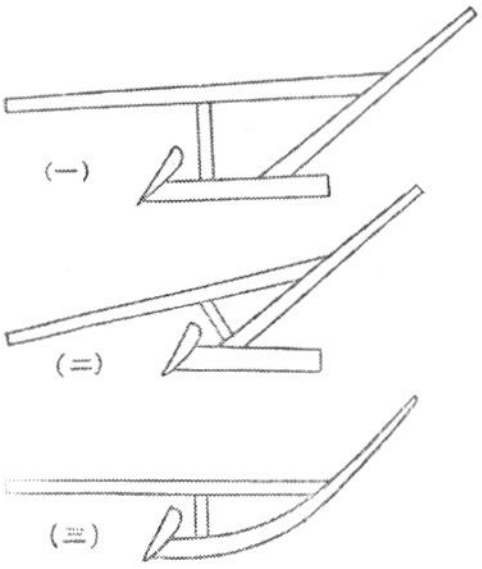

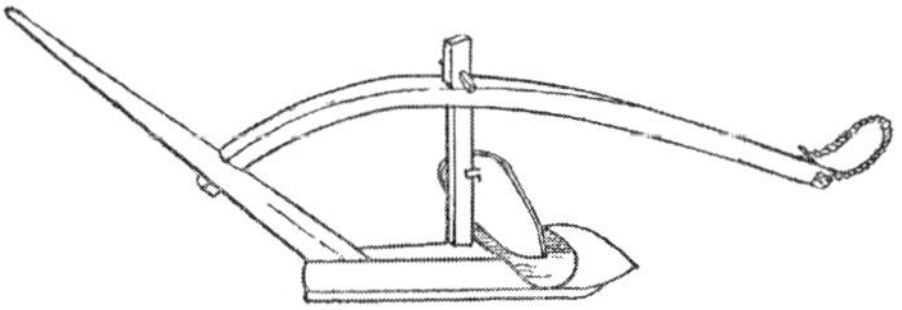

兵庫県但馬国

京都府

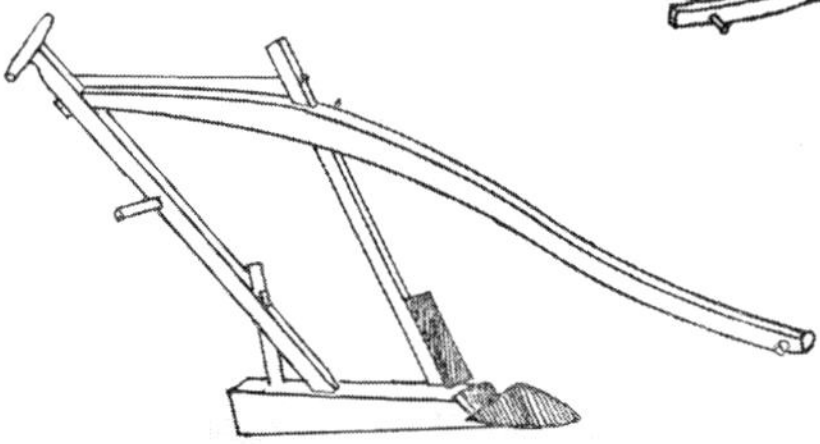

香川県大川郡

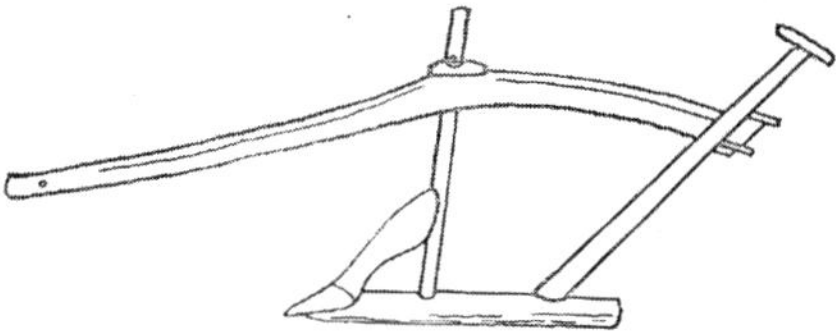

兵庫県尼崎付近

愛媛県温泉郡

三重県名賀郡

中床犂　中床犂という概念は、犂の製造業者よりも犂の形状を分類し系譜を探ろうとする研究者によって使われることが多い。嵐嘉一は『犂耕の発達史――近代農法の端緒』の中で、これは長床犂の後代の改良型であると考察している。なお広部達三は『広部農具論』で犂を無底犂、長底犂、中底犂と分類し（この場合「底」は「床」と同義）、犂床の長さが犂先の長さより大きく、その大きさが約三倍以下のものと規定している。

中床犂の犂床　長床犂より短く、短床犂より長いのだが、明確な基準はない。福岡県農業資料館にて（二〇一〇年九月）

近代になってはじめて出現したわけではない。また、犂の類型や系譜の研究上では、長床犂ほど長くはないが明らかに短床犂より長い床をもつ犂について、「中床犂*」という概念もつくられている。(14) 近代短床犂の普及を主題として述べるにあたり、その前史的状況にそこまでたちいっての記述は煩瑣にすぎるように思い、乱暴ではあるが、とりあえずこれも長床犂のなかに括って扱っている。「中床犂」の形態については、Ⅳ章で少し示すことにする（一八四―一八五ページ）。

そしてまた東日本に犂が皆無だったというわけでもない。こうしたことについては、折にふれて述べることになる。さらにここで頻繁に用いている「在来」という言葉もきわめて漠然とした概念のものであることもお断わりしておかねばならない。系譜論を本意とする記述ではないからである。そしてこうしたことついては、なによりも『日本農業発達史――明治以降における』（以下サブタイトルを省略）の(1)、(2)、(4)の三冊にきわめて詳細に論考されている。

なお、「犂」にはもうひとつ「犁」という字があり、ともに用いられているが、本書では原則として「犂」を使っている。さらに、「すき」と称される農具に、通常「鋤*」の字をあててあらわされるものがある。これは足を使って踏み込む人力の農具を指すことが多く（図参照）、この農具の歴史も古く、犂とまったく無縁な農具でもないのだが、本稿の流れのなかではふれていない（こうした点については六八ページ参照）。

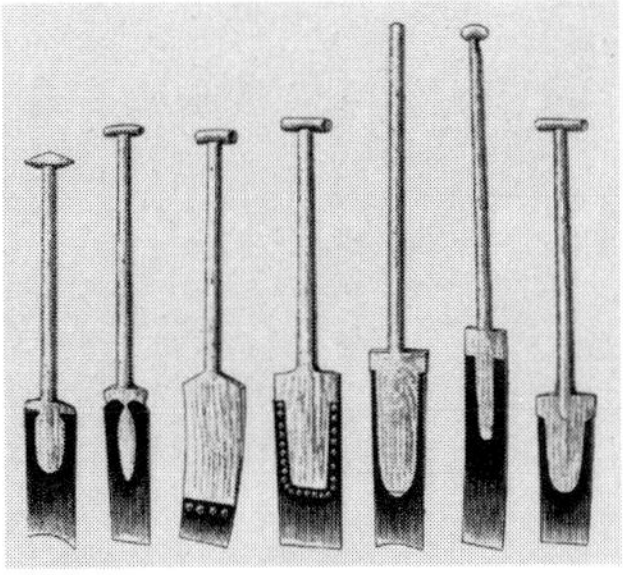
鋤（『広部農具論　耕墾器編』より）

犂と御巡幸

東日本への犂の普及について、たとえば次のような指摘がある。

東北地方へ犂耕の普及したのは青森県津軽地方へのものが最初といわれている。明治九（一八七六）年六月二日、明治天皇は東北地方御巡幸の旅に出た。そのとき青森県知事の斡旋によって津軽の農民が犂耕を天皇の御覧に入れている。これは当時の知事が熊本の出身であり、熊本では早くから犂耕がおこなわれていたので熊本から教師をやとい、津軽の農民に学ばしめたことにはじまるものであった。

青森についで犂耕の入ったのは山形県庄内地方で、福岡県から教師をまねいて学んだという。福岡の教師たちは持立犂をもってやって来た。この犂のことを庄内地方では筑前犂と呼んだ。いま鶴岡市致道博物館に持立犂一挺が保存せられている。

秋田県へは、耕地整理のすすめられはじめた明治三三（一九〇〇）年ごろから、やはり福岡県から犂耕技術が導入せられている。[15]

こうした動きが一気に犂の普及を呼び込む、とはいかなかった。役畜の去勢や調教の問題もあれば、前述したように湿田の乾田化や、小さく不定形な水田群に農道、畦畔を計画的に引き、田も広くする耕地整理が要求される。さらに地域によっては、

山形県鶴岡市致道博物館の抱持立犂の図（『農具　農業　農民』より）

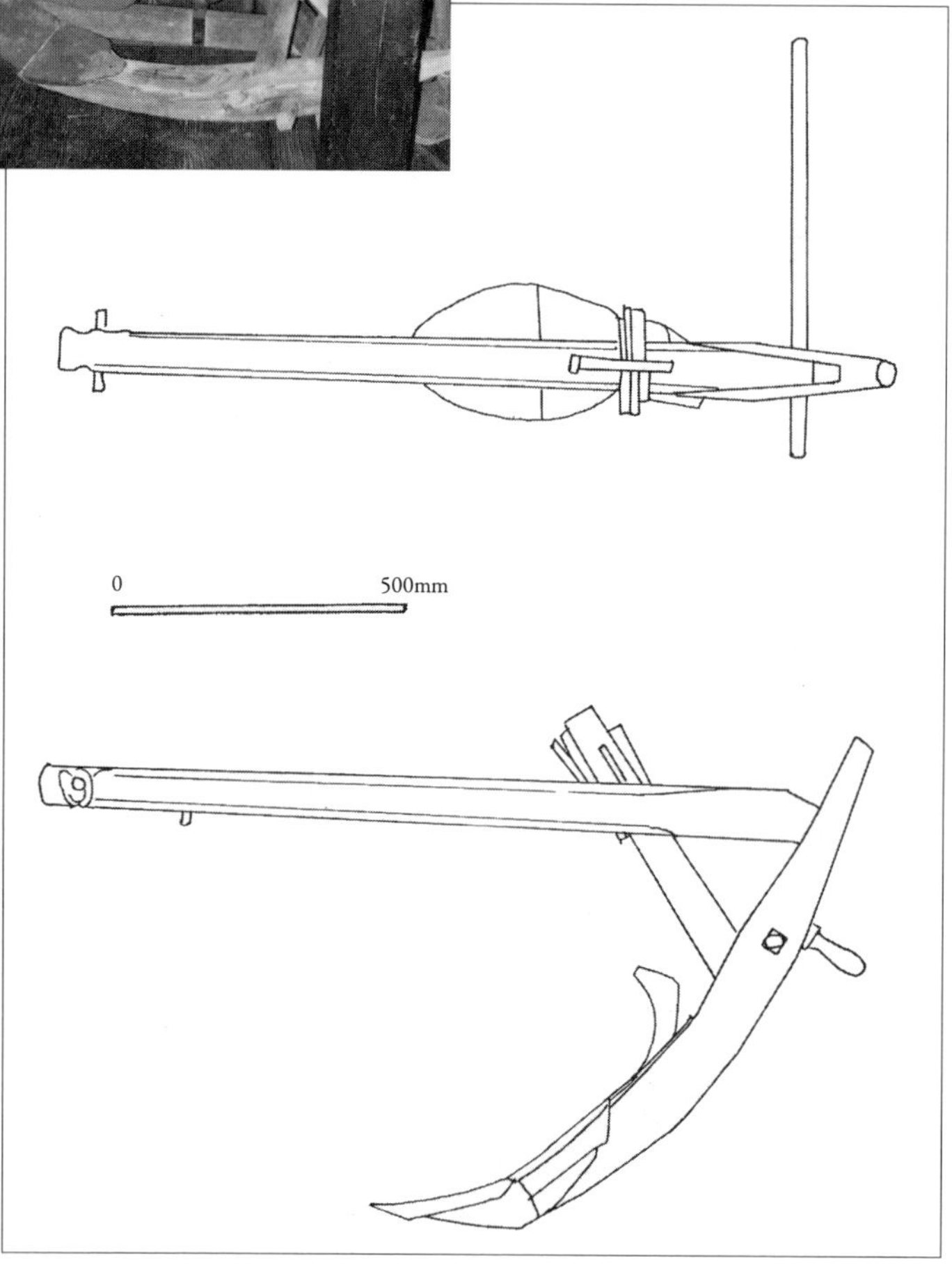

致道博物館の持立犂（二〇一〇年六月）

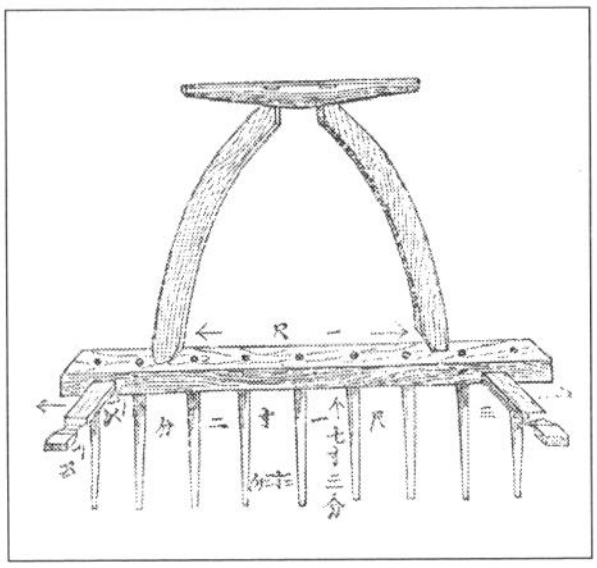

馬鍬　右：『帝国百科全書　第六十一編　農用器具学』より。左：馬鍬を使っての作業。長崎県佐世保市宇久町（一九七一年三月）

馬を泥田のなかで役畜として使うことを拒む感覚もあったらしい。前述の『日本農業発達史』(1)には、「牛馬ヲ耕田ニ使用スレハ神明ノ罰ヲ蒙ル等ノ誣説《ふせつ》ヲ信シテ固ク之ヲナサヽルアリ」との報告が紹介されており(16)、また冒頭で紹介した佐渡では、地域によっては、牛馬を田に入れると、田が底無しになるといわれていたともいう(17)。

岩手県での犂の普及のありさまを、森嘉兵衛が『明治前期岩手県農業発達史』のなかでふれている(18)。

これによれば、岩手県では、馬は*馬鍬《まぐわ》を使っての代掻きのみに使い、耕起には用いなかった。馬鍬を使っての代掻きとは、犂で田をすいた後での、あるいは犂が使われていなかった地域では人力によって鍬で打ち起こした後での作業になる。

犂耕が普及していたところでは、田植え前に、まず荒田を犂で起こし、ついで田に水を引き、再び犂で土をすきこなす。それから馬鍬でその泥田をさらにこまかく均等にしていく。馬鍬には強い力で土塊を起こし、砕きこなすという機能は求められていない。犂の作業に比べると牛馬への負荷ははるかに軽く、また操作も容易である。

進まぬ普及

南部藩では寛政年間（一七八九－一八〇一）に一時馬耕を試みようとしたが、「馬大いに痛みよろしからず」ということで中絶していた。

その後、明治九（一八七六）年に大分から佐藤関太郎という馬耕教師を招き、各広沢安任（一八三〇―一九一）　会津若松の生まれ。江戸の昌平黌に学ぶ。戊辰戦争により逆賊とされた会津藩は減封され斗南藩となったが、広沢は旧斗南藩士の生活救済策として牧畜に着目、旧八戸藩の太田広城と語らい開牧社を設立。明治五年、英国人ルセー、マキノンの二人を招き開墾と牧畜に着手。明治十年以降は馬の生産に主軸を移し馬種改良をすすめた。

地を巡回指導させた。さらに同十一（一八七八）年、元斗南藩の小参事広沢安任《やすとう》*の経営する農場からマキノンというスコットランド人を招聘するとともに、西洋式の馬耕器（プラウであろう）を輸入し、その貸与、指導体制をとったが、普及にいたらなかった。技術的な問題と経済的な問題が障壁になっていたようである。同十六（一八八三）年、岩手県は二〇台の馬耕具を購入し、各郡に貸与し、一方で馬耕講習会を開き、同十九（一八八六）年には一六人の馬耕教師の合格者を各郡に送るにいたったという。

しかし、明治二十（一八八七）年の馬耕普及状況は、県下全耕地の〇・二八パーセントにすぎず、同二十五（一八九二）年、その経過を上申した報告書によれば、馬耕講習を受ける者は、一村中に四～五名にすぎず、道具はすべて県からの借用で、農民みずから新調しようにも資力が及ばず、修繕も容易でなく、利便性の多いことを知ってはいても、在来の農具に甘んずる者が多い、と報告されている。

県側は、一応全郡に周知したということで、同二十六（一八九三）年に馬耕の啓蒙指導を中止する。同四十年代にはいり、県と県農会が中心となり、馬耕教師を各郡に派遣することを再開し、同四十二（一九〇九）年からは犂耕の技を競う競犂会《きょうりかい》（Ⅲ章七参照）も催されるに至ったという。

『胆沢町史　Ⅷ　民俗編Ⅰ』には次のような記述がある。

明治三十（一八九七）年頃、馬で田を打つのをみて村民が驚いている。明治三十八〔一九〇五〕年ころに馬による犂が使い始められ大正十〔一九二一〕年頃から一般化した。作業中に馬が物音に驚いて田から飛び出し、犂（馬耕）を引《ひ》き摺《ず》りながら我が家に駆け込むことがよくあった。犂（馬耕）が普及してくると働き易いように不整形の田を方形になおして田打をするようになった。犂が使われた明治三十八年頃からは、全耕地に厩肥を出し、女子は肥を散らし、男子は犂による田返しをした。[19]

馬耕導入による変化がよくうかがえる。

そして大正五（一九一六）年には、県農会が牛馬耕伝習会を各郡五〇か所でひらき、伝習生は一〇二五名に達し、修得証書を授与された者が七九三名、彼らを中心に牛馬耕組合が組織されたという。[20]

庄内平野の馬耕

おそらく東北地方で、犂の普及が際立った形で進んだ例として知られているのは、前述の引用文（一七ページ）にある山形県の庄内地方（東・西田川郡、飽海郡）であろう。明治四十（一九〇七）年の山形県の牛馬耕反別は二万四八六二町歩であり、うちその九四パーセントが庄内平野に集中していた。[21] その増収は反当たり五斗（約七五キログラム）であったという。[22]*

これはひとり庄内地方が突出して犂を受け入れていたことを示している。そして

庄内平野での馬耕　①現代の庄内平野。②山形県酒田市日吉町の日枝神社。③同社に奉納されている抱持立犂などの農具奉納額。「飽海郡稲作改良実業教師　福岡県筑前国早良郡原村大字小田部　伊佐治八郎宗養」と左下に記されている。なお、犂先は近年はずれたため写っていない。④伊佐治八郎の肖像画（池田亀太郎画）。上の部分の文字が剥落。同神社にはこのほかに地主本間家が農業振興をはかったことを伝える奉納額がある（いずれも二〇一〇年六月）

❶

❷

❹

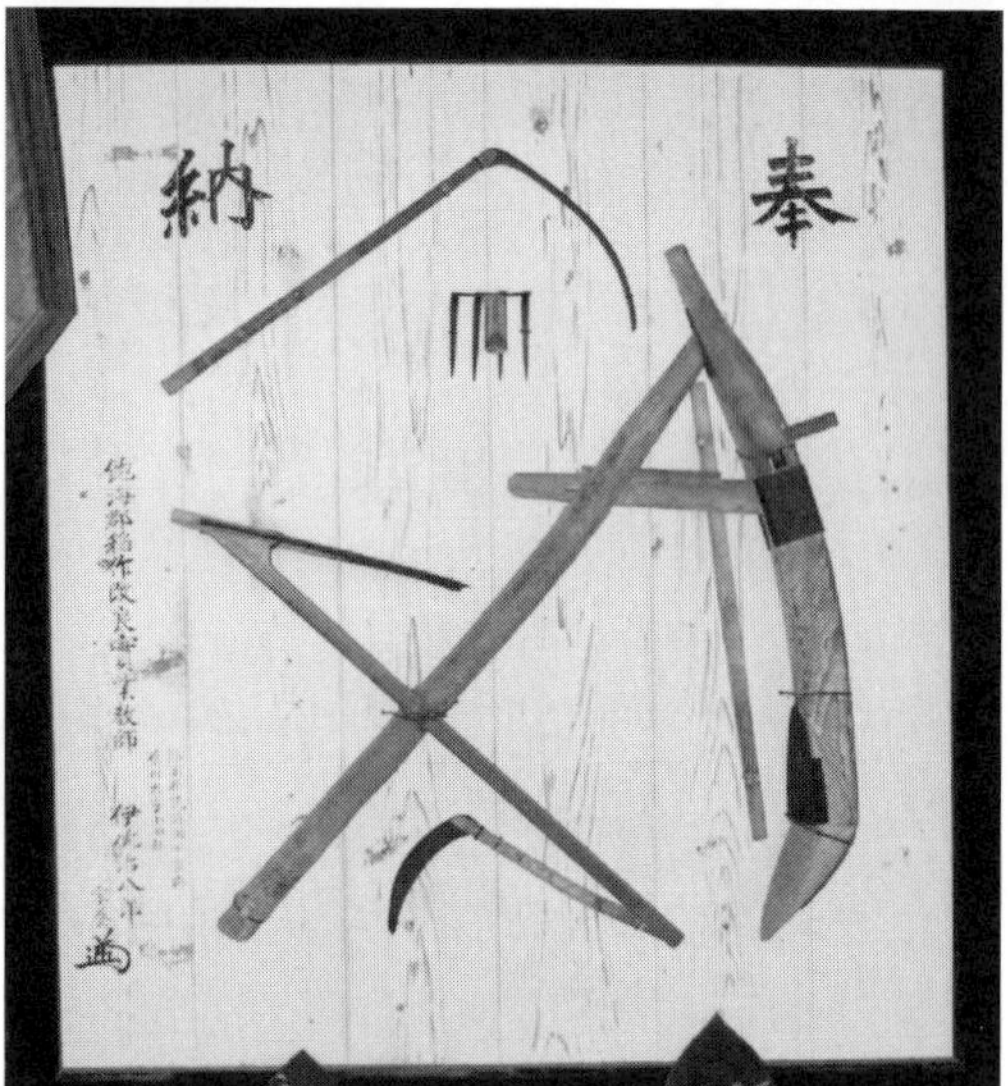

❸

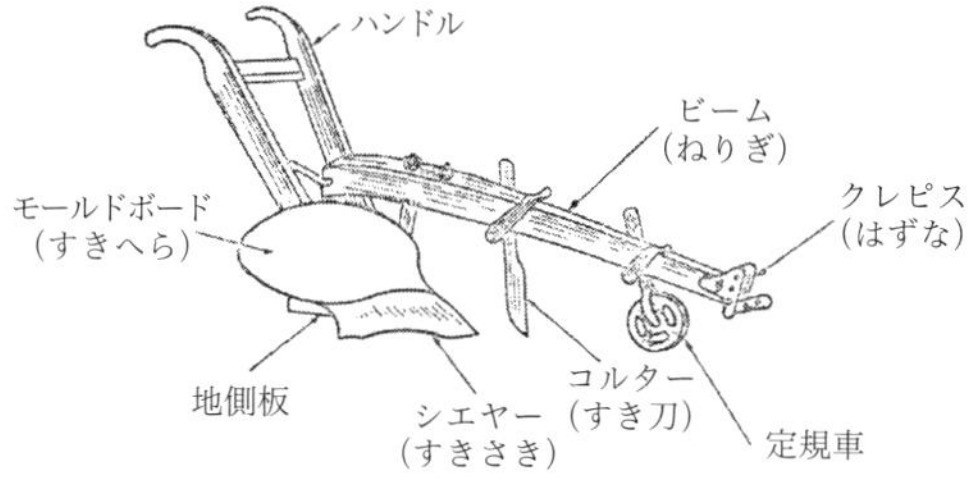

プラウ（『日本農業図説』より）

庄内平野では馬耕普及ときびすを接するように、乾田化が進み、用水路、排水路が整備され、農道や畦畔が整えられ、耕地整理も進んでいった。

　こうした庄内地方の例があるにせよ、県全体からみると、その普及は当初から順調にすすんだとはいいがたい。

　明治十六（一八八三）年、山形県の勧業課は、乾田馬耕に着目し、県令折田平内（鹿児島県出身）も予算をつけてこれを奨励した。翌年、折田が庄内地方を巡視した折にも馬耕をすすめた。これにこたえる形で庄内から六名の農民が福岡へ馬耕の視察にでかけている。こうした動きと前後して、県内に農事巡回講師をおき、横井時敬、酒匂常明が農業振興の講話に来県するといった動きもおこっている。県は明治十八（一八八五）年には、山形市千歳園内に馬耕伝習所を設けた。ただ、「当時の犂は外国から入ってきたプラウ*に似た形式の物と思われ、当局の熱意にも拘らず、ただ物珍らしさだけが先行して、内陸地方での普及は思うように進まず、わずかに農業技術進展への心理的啓蒙に止まった」との指摘がある[23]。

　明治十六（一八八三）年に山形県では勧業諮問会を設けて討議をし、馬耕奨励のために地方費をもって洋式農具と耕馬を購入し、西日本の馬耕を紹介している。しかし明治二十（一八八七）年前後にはこうした技術の紹介もほとんど下火になり、普及を見ずにおわった旨の記述が『山形県史　農業編　中』にみられる[24]。

　そして明治二十四（一八九一）年、東田川郡に福岡県勧業試験場の島野嘉作が、飽海《あくみ》郡に同じく福岡から前述した伊佐治八郎が馬耕の指導にはいることになる[25]。

馬耕の奉納絵馬　①山形県鶴岡市熊出の熊岡神社所蔵。明治四十二年奉納。②（次ページ）同県同市下山添の山添八幡神社所蔵。明治四十三年奉納。いずれも『絵馬と農具に見る近代』（板橋区立郷土資料館、一九九〇年）より。

庄内平野での犂の普及の早さは、本間家などの大地主が主導したことが大きい。本間家は小作人に農耕馬購入費を貸し付け、馬耕競犂会をひらき、また明治二十九（一八九六）年に郡の指導を終えた馬耕教師伊佐治八郎を自宅に招聘して、明治三十五（一九〇二）年まで本間農場で犂耕の実習生の養成や小作人の農事指導にあたらせている。(26)

それまでの常時水が溜まっている湿田では、温度があがらず、土壌は酸素が不足気味であり、肥料の分解もおそく、稲の根の発育はきわめて不健全であった。苗代は坪当たり一升を蒔き、本田への植え込みは、坪当たり三〇株ほどの疎《まば》らな植え方で、一反あたりの収穫は一石七斗ほどであったという。(27)

実は、ここで述べてきたような犂の県ごとの普及の概略は、前に引用した『日本農業発達史』(1)のなかに具体的に紹介されている。東北地方の犂の普及が紆余曲折を経たものであった事例として、ふたつの県について走り書きをしたが、詳しくは同書を見ていただきたい。近代短床犂普及以前の東日本においての在来犂のありようについてもその概要が紹介されている。

ただし、ここで紹介した事例のほとんどは、同書からの引用ではない。同書は刊行されてすでに五〇年ほどを経ている。ここではそれ以降に刊行された資料で例示する形で述べてみたのだが、犂の普及についてのよりこまやかな、あるいは新しい事例の報告は、この三、四〇年のうちに刊行された自治体史などのなかにいくつも見ることができるように思う。(28)

❷

湿田の広がり

> それが昭和の初めころ犂《すき》ってものが入ってきて、馬に引かせて畜力でできるようになったの。馬耕《ばこう》といって、これでうんと楽になったのさ。ちょうど、おれらが耕耘機《こううんき》を使うようになったときと同じだったんでねがすか（ではないですか）。これ、ちょっとどころではない革命だったべよ。[29]

これは仙台平野の北、宮城県登米《とめ》郡迫《はさま》町の農家での聞書きである。ここでは大正の末に近くの町に犂を製造する店ができた。犂耕はそれまで使っていた三つ鍬に比べると二〇倍の作業能率をあげ、耕す深さも二寸から五寸になったという。深いところの土が天地返しされて乾土効果があり、雑草も埋没して肥料分となった。この地域では、「一寸一石」といい、一寸（約三センチ）深くおこせば、反当たり一石（二・五俵）の増産になると言われていた。

なお、この「一寸一石」という表現は、あるいは明治以降の深耕奨励にともなって普及していったものかもしれない。明治二十一（一八八八）年、兵庫県における林遠里の演説筆記に次のような一節がある。「一段歩の田、深さ凡一寸耕すときは米一石を得る（中略）二寸の田には二石余、三寸の田には三石以上の収得あり」[30]。

仙台平野の聞書きにもどるが、

もっとも馬を使えたのは、馬が飼えて、しかもドベ田（超湿田）でない上田を持っている家だけで、牛で田打ちするようになるのは、ずっとずっと後、戦争が激しくなって軍馬がいなくなってからだよ。

当時この地域では、主に軍馬として売るために馬を飼っていた。また、ドベ田とは、「田を歩くと、ゆっぱゆっぱ揺れたからね」というほどの湿田を指している。かつてこうした田も少なくはなかった。

勧農社の林遠里の動きから始まった百年の間、犂の普及は、時期によって、また地域によって、緩急、疎密をもって広がっていった。その過程のなかには、「地域性」という曖昧な概念で括られるさまざまな問題も顔をのぞかせていよう。ただ、本稿の主題はその普及への動きにかかわり旅をした馬耕教師と、それにともなう「教科書」としての犂耕技術にしぼっている。

その前にさらにふたつほどふれておきたいことがある。

暗渠排水を奨励する紙芝居　農林省選定の『農業増産画劇第四号　湿田改良暗渠排水』（社団法人農山漁村文化協会発行、昭和十七年）全二〇枚より。作業の方法と効能を具体的に示している。

四　犂と近代

肥後の大津末次郎

日本列島の在来犂には、無床犂と長床犂とに分類される二種の形があったことは

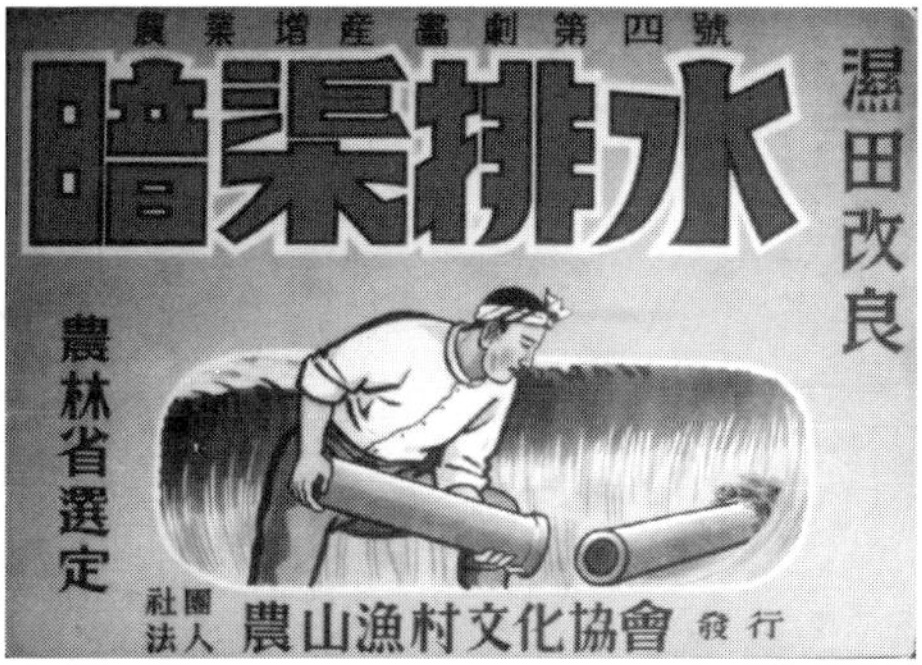

❷ ❶
❹ ❸
❻ ❺

①タイトルのある一枚目。「あまり固苦しくない程度に講演口調で」と「演出手引」に記されている。
②作業の材料。土管、セメント管、箱樋、松や雑木のソダ、竹、丸太、石、砂利など。
③溝を掘り、ワラやシダを踏みこむ。
④その上にソダを入れる。
⑤乾田後の様子。
⑥「国民食糧の自給確保こそ、大東亜決戦の最後の勝利を得る鍵であります」との表現がある。

前に述べた。

明治後半期、この両者の性格を折衷する短床犂が、熊本県北部の山鹿の金物農具商、大津末次郎によって考案された。これは短い床を持ち、それによってある程度の安定性を確保し、深耕を可能とした。彼の特許出願は明治三十三（一九〇〇）年のことになる。

もっともこの地域には、それ以前からさまざまな在来の短床犂が使われていた。大津末次郎が素案とした形の犂は、江戸時代中期にこの地に帰農した武士の作男が考案したものだという伝承がある。(31) この在来の短床犂の構造や形状をより洗練させ広めたのが、大津末次郎ということになろう。『日本農業発達史』(4)では、大津末次郎考案の短床犂を単用（一方向のみに土を返していくこと）の短床犂の祖とする理由について、構造そのものにではなく、「この種の短床犂が広く世人の注目を受けることとなり、その要望する新しい形式の犂として広く普及」した点に特徴を認めている。(32) まさに農業政策上の要望のもとに、伝播力をともなって登場した犂ということになる。もちろんこれは「深耕」を求めたフェスカの指摘や、林遠里に収斂して語られる動きの延長線上に登場した犂であることを意味している。

なお、在来の短床犂と明治後半以降に普及する短床犂とが、文中でまぎらわしい場合は、後者を「近代短床犂」と表記することにしたい。

大津末次郎が考案したこの形の犂は、その後、福岡県の磯野、深見、長《ちょう》、熊本県の東洋社といった犂の製作所でも考案・改良され、増産されていくのだが、そうし

松山原造と彼の考案した双用犂（『大地を耕す　創業一〇〇周年記念誌』より）。稲の収穫後、単用犂で畝をたて耕起をして年を越し、春にこれをすきわって平面とする方法は西日本の暖地では適しているが、長野県のような低温の地域では、冬の間、畝の外側は氷結するが心土まではいたらず風化の効果は薄い。双用犂は畝をつくらぬ平面耕に適していた。

た九州での動きとはまったく別に、長野県の松山原造*は、ほぼ同じころ、さらに進んだ短床犂を考案し、明治三十四（一九〇一）年に特許を出願している。これは犂先の左右への反転が可能なところから双用犂と称されている。そして松山原造はこの犂先に鋳物でなく鍛造鉄を用いた。鋳物の犂先の三倍の費用を要したというが、きわめて丈夫な犂先をもつ犂となった。

　なお、ここで反転板についてもふれておかねばならない。犂先が土にはいり、土が犂先に乗り、犂先に続く反転板に押し上げられていくのだが、当初の抱持立犂は、この反転板に横への傾斜がなく、反転放擲がきわめて不十分で、土の塊も残った。これに傾斜がつきだしたのは明治三十（一八九七）年代前半のことらしいが、傾斜は一方向に固定されていて、左右どちらかの方向にのみ返していく形をとっていた。これが単用犂である。たとえば進行方向の右側に土を返してゆく。先までいって右にUターンして往路のラインのそばをすき戻ってくると、往路と復路の間に土の盛り上がりができることになる。スタートの場所に戻ると、初めの往路の左側をまたすいて進む、こうしたすきかたを繰り返していくと、一定の幅の土の山のつらなりがそこにできてくる。原理としては、耕土をこなれた状態にしつつ、そこに凹凸をつくっていく機能をもつことになる。しかし松山原造考案の双用犂の場合は、反転板が可動式のため、畝をつくらない平面耕にも適していた。なお、平面耕は主に一毛作田や畑でおこなわれ、畝たて耕は二毛作田の裏作で広くみられた。

　また、三重県の名張《なばり》でも高北新治郎が、犂の改良を推し進めた。これら一連の動きは「近代短床犂」の洗練・改良であり、明治中期以降から耕耘機の普及をみる昭和三十（一九五五）年代前半まで、畜力による耕起道具の主流となっていった。

そのため近代に普及した短床犂は、一部の地域でそれまで使われていた在来の短床犂とはまったく異なる時代性と意義を背負ったものであり、本稿で「近代短床犂」と別称する次第である。

「土着」の動き

この近代短床犂普及の意味は、たんに新しい農具が広まったということのみに帰すものではない。

明治初期、日本政府は西洋の農業技術の日本への移入をはかった。耕起のための諸道具も同様であり、プラウやハロウの普及を試みたが、北海道以外にはほとんど根づかず、むしろ在野で自分たちの風土に適した犂の考案・改良を農民が進め、それが日本の農耕を発展させていった。その役割を担ったのが近代短床犂ということになる。この動きは、近代化ということを考える際、大きな問題を提示してはいないか。この犂の登場の向こうに、たんに一農具の域を越えて「近代」を考える問題が存在しているのではないか。そうした指摘がなされてもきた。

「近代」という時代に追いつこうとした国にとって、近代化とはたんに新しい思想や制度や技術が普及していくことではなく、それらが「土着」、「在来」、「伝統」などと呼ばれるものとどう摩擦をおこし、融合し、あるいは融合されえず受容され

犂で畝をたてる

図は耕地の断面を示している。進行方向にむかって左に土を反転放擲する犂で、まず手前からむこうに犂をすいていく。土は左に反転放擲される（点線の矢印）。それが①の1である。そうして先まで行きつくと、次は犂の向きを変えて2の場所を手前にすすんでくる。次いで3を手前から前方にすすみ、同じように帰りは4をすすむ。10まで同様である。その次に②の1を手前から前方にすすむ。土は実線の矢印のように寄せられる。帰りは2を手前にすすんでくる。これをくりかえしていくと③の図のような土が十分にこなれた状態の畝がつくられる。これは短床犂による七株畦標準耕法（株間二四センチ植）の作業図。

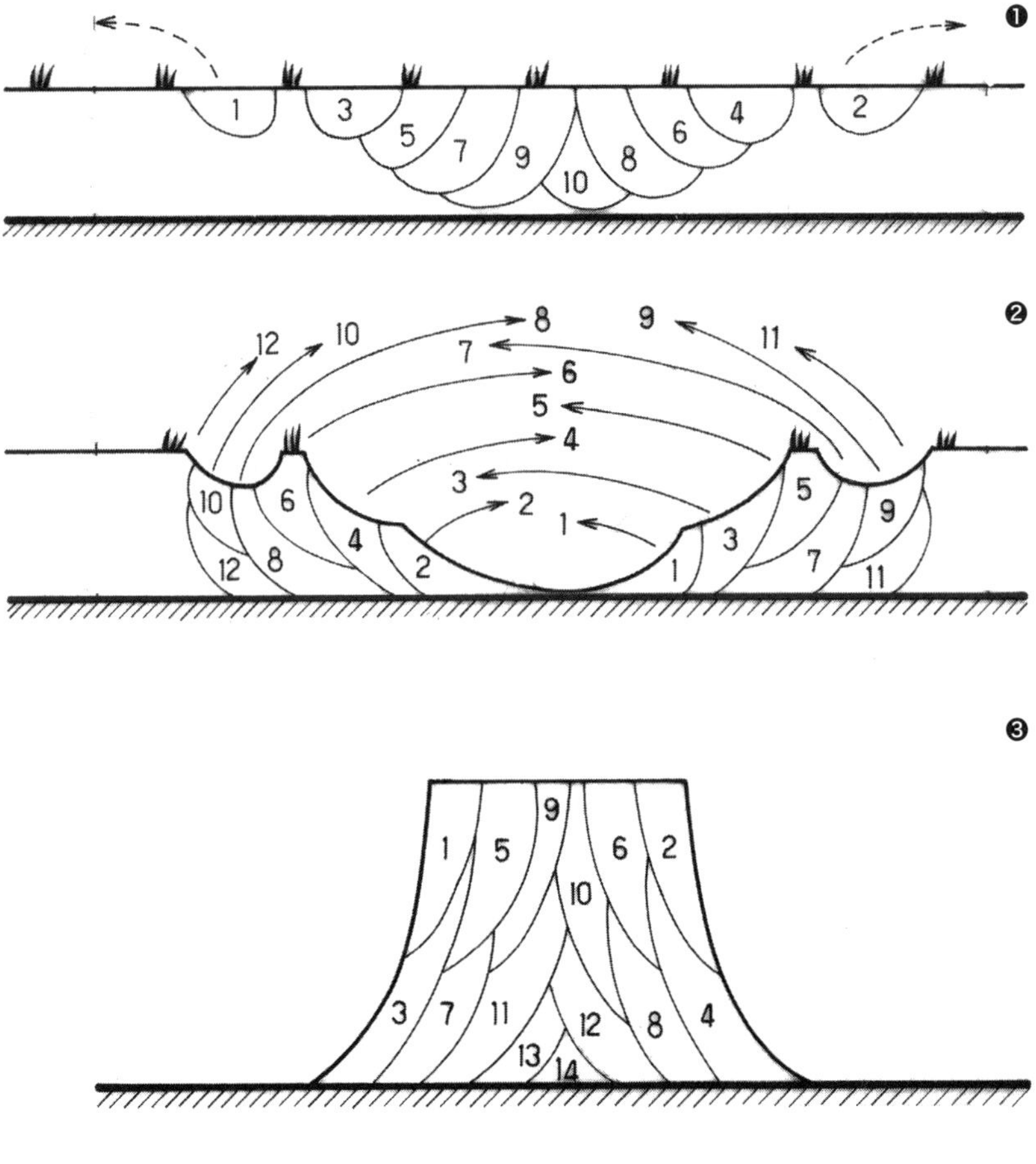

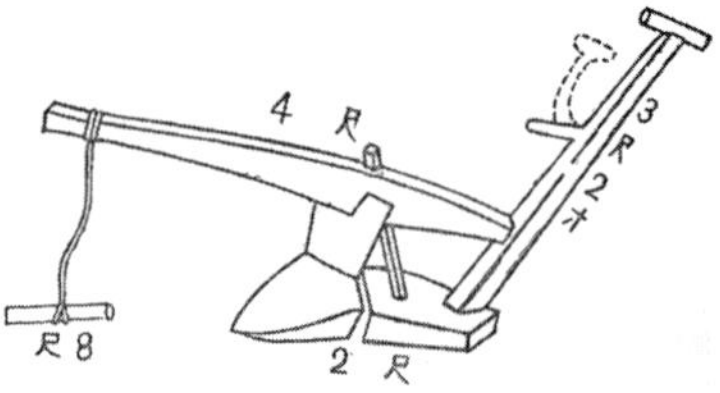

オオグワの一例　『和洋農具図解』（一八九一年）に描かれていた栃木県下のオオグワ。「栃木県下に専ら用ふ　其地方に於ては之を大鍬と呼べり」（『日本農業発達史』(1)より）

ていったのか、その適応のありかたそのもののなかにこそ、その問題の本質があるとされてきたからでもある。

次にもう一点、東日本における在来犂について少しふれておきたい。

東日本に犂がまったく普及していなかったわけではない。これについても『日本農業発達史』(1)に詳細に述べられているのだが、俗にオオグワ*と呼ばれる二メートルほどの長さの在来犂が東日本のところどころで使われてはいた。しかしこれは当時東日本に多かった湿田では使えず、限定された耕地のみ使用可能な農耕用具としての域をでなかった。農業の「発達」という観点からすれば、等閑視されざるをえなかった存在であった。それだけに、近代短床犂の投げかける問題にくらべ、逆に東日本の在来犂であるオオグワの存在の意味や性格についての研究の動向は鈍かったといっていいように思う。

本稿の主題は前述したように、近代短床犂の改良・普及の末端で現場と関わった人たちの動きにある。そこには概論化して把握される以前の、普及現場ゆえの多様さや混乱もある。そのことの持つ意味あいにも、ところどころで目配りをしておきたいと思う。

五　去勢以前――再び佐渡へ

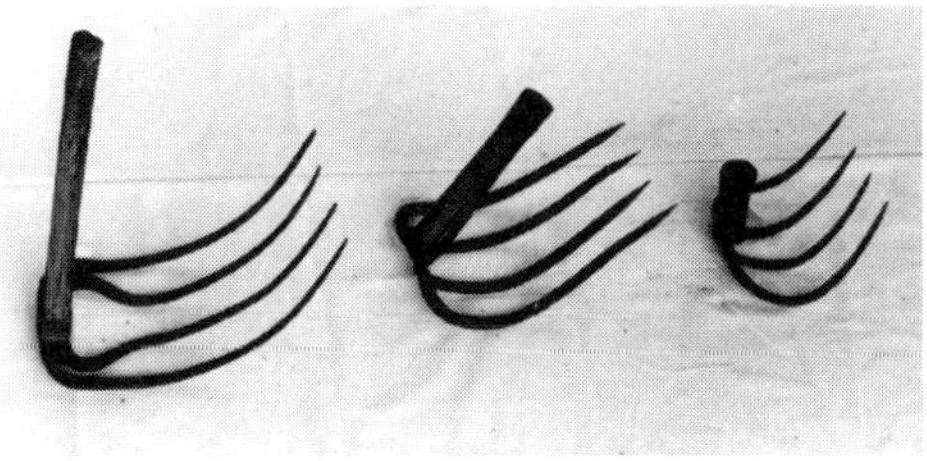

塩水選　種籾を適切な濃さの塩水に入れ、浮いたものを取り除く種子選別法の一種。

雁爪打ち　ガンヅメと呼ばれる手鍬を使っての除草。

雁爪（がんづめ）　田の一番草、二番草の除草に用いられた。大正期になって田打車や押雁爪の普及により次第に姿を消していった。佐賀県立農業試験場にて（一九七〇年四月）

佐渡の長沼幸七

さて、文を再び明治中期の佐渡の農村にもどしたい。

推薦を受けて佐渡にはいった長沼幸七は、中興《なかおく》村に設けられた私立の農事試験場に勤務し、牛馬耕の指導に専念することになる。さらに翌明治二十四（一八九一）年、長沼の同郷で、その弟子筋にあたる浦山六右ェ門が招聘をうけて来島、佐渡郡内の各地につくられていた農事試験場を巡回指導することになった。講習がおこなわれたのは牛馬耕のみならず、*塩水選、正条《せいじょう》植え、短冊苗代、*雁爪《がんづめ》打ち、堆肥舎造りから、栗、甘藷、菜類の栽培技術などにいたるまで多岐にわたっていた。

明治二十七（一八九四）年に日清戦争が起こると、佐渡のこうした動きは縮小化を余儀なくされ、翌二十八年に長沼幸七は解任され福岡に帰ったが、*浦山六右ェ門は佐渡に残り、馬耕の指導（一八九四）と犂の製作販売をおこない、佐渡に骨を埋めることになる。山形に出向いた伊佐治八郎の場合も庄内地方に少なくとも六年は滞在しており、この時期のこうした技術の「指導」とは、そのような意思のもとでの継続性、交流性をもつものであったらしい。明治二十四（一八九一）年にやはり庄内地方（東田川郡）に出向いた福岡県の馬耕教師島野嘉作は、「自分の熱意がこの土地の人に受け入れられるには十年かかるであろう。それまでは故郷に帰らない」と巡回指導に専念し、明治三十六（一九〇三）年までの一二年間指導を続け、そののち福岡に戻ったという[33]。

長沼幸七が佐渡に滞在中、第一回目の指導会は金沢村大字泉にある北見新平所有

浦山六右ェ門（『佐渡牛馬耕発達史』より）

の一反歩ほどの「未整理田」においておこなわれた。「未整理田」とは耕地整理がなされていない田を指していると思われる。本章の冒頭で紹介した、馬が田を耕すというので半信半疑、集まる者引きもきらず、という旨の記述はこの時のことになる。そのため「時ならぬ大市が立った」とある。

こうしたいきさつから、佐渡の馬耕は金沢村から始まったとされ、『佐渡牛馬耕発達史』のタイトルには、脇に「附金沢村」と付され、金沢村に関しての記述は同書の中で独立した項が設けられている。その著者のひとり、本章の冒頭でふれた北見順蔵さんは、「未整理田」を提供した北見新平の養子にあたる。

このとき指導を受けた農民のひとり川上今次は、長沼幸七が佐渡を去った後、同士を糾合し、「佐渡郡馬耕奨励会」を創設し、明治三十二（一八九九）年に佐渡ではじめての馬耕競犂会を畑野村で開催した。後にこれは牛耕の必要性も反映して牛馬耕競犂会と改称された。

そして明治四十（一九〇七）年秋、金沢村の字東沖というところの耕地整理完了の式典をかねて第一回の牛馬耕競犂会がひらかれた。それまで入賞者への賞状は郡から与えられていたが、この頃から県が交付するようになったという。また、同四十二（一九〇九）年の競犂会で吉井村の農民が但馬牛の牡牛を使って優勝旗を獲得してからは次第に牛耕も広まっていったという。佐渡は明治以降の統計でみるかぎり、馬よりも牛のほうがはるかに多く飼われていた地域である。

年譜的に犂耕の普及の様子を略記していくとこうした形になるのだが、犂という農具が確実に佐渡の地へ着床していく様子がうかがえる。その様子をもう少しひもときながらみてゆきたい。

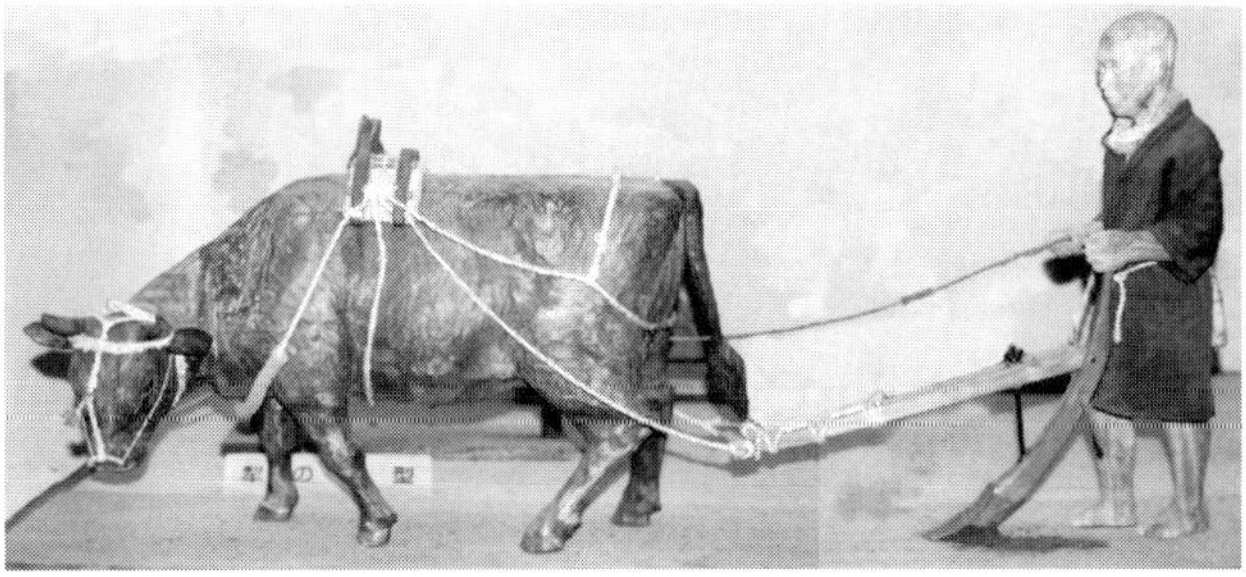

抱持立犂による牛耕の模型（福岡県農業資料館所蔵、二〇一〇年一〇月）

荒れる馬

犂が普及する以前の佐渡の馬は、体高三尺六寸〜三尺八寸（体高とは地上から首のつけ根までの高さ）、二歳までは山で育ち、人に慣れないため、人を見ると飛びつき噛みつくなどの野生を発揮した。そんな記述が『発達史』にある。二歳までは山で育ち、というのは夏季の山間での放牧を指していよう。放牧の季節になると、耕地と山の境に木の柵をむら総出でつくり、どの家の馬もいっせいに山に放していた慣行があったことを佐渡の内海府のむらで聞いたが、このむらでは、馬の放牧に関しては、村内での私有山・共有山の区別なく、山の斜面に築き通す形で柵を設けていた。また、佐渡の山中で放牧のための石垣跡や夏馬屋《なつまや》の残存を見たことがある。夏馬屋とは、夏の放牧の際に利用する馬舎である。

『発達史』からは、その調教も荒かったらしいことがうかがえる。激しく野生を発揮する馬を佐渡では「なんかん馬」と言った。この言葉の前に持ち主の屋号をつけて、たとえば四郎平の家の馬であれば「四郎平なんかん」と称したというし、そうした荒い馬を引く馬子《まご》を「なんかん馬追い」と呼び、これを誇りとしたという。ただそれだけに、佐渡の馬子の制御技術は、周辺地域の馬子よりも高かったと記されている。馬がはげしくせり合ったとき「他郡の馬子は一筋の差縄の他に更に左右に差縄をつけ口には太縄を食まして自由を失わしめ、やっと制御するのを、佐渡の馬子はタッタ一筋の差縄で制御した」（同書六〇ページ）とある。

しかしこれは、たんに調教技術の問題という以上に、この時代に去勢の技術が普及していなかったことが大きい。ここでいう去勢とは役畜の牡の睾丸を切除することであり、未成熟の段階でこれをほどこすと、性格が温和になり取り扱いやすく、また肉質も柔軟で美味になるという。

かつて日本の馬には去勢がなされておらず、気性が荒く御するのが困難だったことは、幕末に来日した外国人の記録にしばしば記されている。[34]

作家の宇野千代に、「日露の戦聞書」という作品がある。作品といってもこれは小説ではなく、その舅《しゅうと》北原信明からの聞書きであるため、ひとつの記録といってよい性格のものである。「日露戦争の始まる時分には、わしは近衛騎兵連隊附の軍医であった」という言葉からその話が始まるのだが、その中に次のような一節がある。[35]

馬については、北清事変のときも、各国の武官が日本の軍馬を評して、猛獣の如しと言ったという話があるが全くその通りで、訓練も何も不充分なただの百姓馬を曳いて来るのだからなァ、昨日まで、単独に畑で働いておった馬が、一時に一個所に集合するのだから、その有様は、あれをみた人間でなくては到底想像出来ん。厩へ行って見て驚いたな、蹴りあったり、嚙み合ったり、わしも始めて見たが、ぎゃんぎゃんぎゃんぎゃん、ひいひいひいひい、馬同士が大喧嘩なんじゃ。（中略）何しろ、馬を去勢するなどということもない頃のことだからなァ、すぐに蹴っ飛ばす、かかって来る。これぱかりは、よその人は知らんことだが、お蔭で、獣医とわしはまだ戦争の始まらん前から、並大抵の忙しさではないのじゃ。（中略）この戦争のすんだあとで、始めて軍馬の改良ということが言われるようになった。

引用文中にある北清事変での列国による日本の軍馬への評価は、痛烈だが当を得たものであり、これは日清戦争時から指摘されていたことでもある。日本政府は明治三十四（一九〇一）年に馬匹去勢法を発布している（なお、戦後この去勢法は廃止されたが、慣行として自主去勢はおこなわれている）。

宇野千代の聞書きのこのくだりは、次に紹介する『発達史』の荒れる馬の記述と通じる一面がある。

浦山先生が初めて本郡の馬耕を指導された明治二十四（一八九一）年頃の馬は前述のような「なんかん」馬が多かったので「佐渡の馬は油断ができない、命がけのものだから、田を起こすより耳と足とを注視せよ」と言われた程であった、耕鞍〔犂をつけるための鞍――引用者〕を嫌う馬も相当多かった。（六一ページ）

追い掛馬把・追打ち鋤　いずれも田ごしらえにおいて、田に次々と馬把（馬鍬）や犂を入れて作業をすすめていくこと。

そしてさらに次の記述、

明治四十三〔一九一〇〕年十月、羽茂《はもち》村で開催した第四回牛馬耕競犂会の時、競技中双方の馬がせり合い組みついたので犂者や附近の者が漸やく引き分けたことがある。そのため時間が後れ畦形が潰れたので当日優勝旗を争った流石の渡辺八十八、土屋仙吉両氏も他に漁夫の利をとられてしまった。又其他顎を蹴られて医師の手当を受けた者さえあった。春田の*追掛馬把《おっかけまぐわ》や*追打ち鋤〔犂――引用者〕の時、馬のせり合い、組み付き、蹴ね廻り等で、人具畜の危険は度々であったが犂者も別に意に介せず面白半分に馭する時代であった。おとなしい馬もいるにはいたが、大半有識者や資産家が飼っていた。

こんな時代だったから持立犂《もったてすき》の使用も一《ひと》しほ辛酸苦労を嘗《な》め口取りをつけたものである、即ち鼻竿《はなざお》という長さ五尺位の竹を馬の口の辺りに結びつけ、一人か二人で馬を牽制し、犂者は犂く一方であった、明治末期から大正初期へかけては馬の操り方にも慣れ、馬への愛情も増し口取りの必要も次第になくなって大正末期には大体独り立ちできるようになった。

それに馬質も次第に改良され、大正六年から去勢も実施されたので馬もおとなしくなった（六一ページ）

畜力を利用する農具の普及現場の困難さがうかがえる記述である。

こうした記述は長野県での犂耕普及の記録においてもみられる。明治二十七（一八九四）年頃に塩川村の模範田（犂耕実習にあてられていた田）で抱持立犂の講習がおこなわれたが、「当時の馬は去勢していないので嚙みついたり、気が立って人を抱き込んだりするような乱暴な馬ばかりであった」とある。(36)

六　馬匹改良の波

追い風を受けて

佐渡では大正六（一九一七）年に導入されたという、この去勢の問題。日本の社会の中に、牛馬の去勢技術が根づいてなかったという指摘はしばしばなされてきた。馬の品種改良（馬匹改良）は、明治以降、軍の強い主導や要請のもとですすめられてきた。その施策のひとつに去勢技術の普及があった。

もとより馬匹の改良は去勢面にとどまらず、馬の体格や素質そのものの品種レベルからの改良、安定した生産体制に向けての整備、また蹄鉄工の育成などにいたるまで幅ひろくなされた。明治三十九（一九〇六）年から馬政第一次計画の第一期（十八年）が始められ、これは大正十二（一九二三）年に終了、続いて第二期（十二年）が続けられ、その後さらに同第二次計画が実施される。

この改良計画では全国を六馬政管区に区分し、馬政官がこれを担当し、馬匹改良の進捗を監督した。この政策は開始後三〇～四〇年のうちに大きな成果をあげる。[37]これについてはさまざまに指摘されているため、ここでは昭和十八（一九四三）年に子供向けに刊行された本の一節を紹介しておこう。

明治時代に海外に渡つた者が、今度の大戦で帰朝してまず驚いたものはなんだらうかといふと、波止場などで、荷車を引いてゐる馬の背丈の高くなつたことださうだ。なるほどさうかも知れない。今から三四十年前の日本の馬、それは百三十糎しかない小馬であつたものが、眼の前に、百五十糎以上の馬ばかりが揃つてゐる。[38]〔ここで記されている「百三十糎」「百五十糎」とは、馬の体高、地上から馬の首のつけねあたりまでの高さを指している――引用者〕

佐渡における馬匹改良の動きは、前述の第一期計画開始よりも少し早い。明治二十二～二十三（一八八九～九〇）年頃に県下の西蒲原地方から越後馬が移入されている。『発達史』には「十頭百円から百二十円位、輸送費十七八円位、丈四尺六寸位、性質温和」とある。明治三十二（一八九九）年頃には運送馬として青森県のベル種、アラブ種、乗馬としてハクニー種などが入り、大正十二～十三（一九二三～二四）年頃に種馬として県の種畜場からアラブ種などの優良種が移入され、このころから牛馬商の数も増し、東北地方の産地へ買い付けに行く者も増えてきたという。

本書でこれから述べていくのは、その去勢技術が普及してからのちの時代、また馬匹の改良が目にみえて進んでいく時代の馬耕教師の動きが中心になる。それだけに、そうした障害が取り除かれていった時期ゆえの勢いや熱気の直截さを書いていくことにもなる。

私が若い頃に話をうかがうことができた元馬耕教師の方々は、そうした馬匹をめぐる諸状況の改善に国家と社会が加速をつけていった時代に犂を広める旅をされた方々になる。それ以前の状況をご存知の方はすべてなくなっておられた。と、書けばたんに時間の流れのひとつのスパンの中でたまたま出会えた人たちの記録という趣になってしまうのだが、そこにはさまざまな問題が顔をのぞかせているように思う。そのためには彼らの時代の前史――追い風が強く吹く前の時代――についてふれておく必要があろう。

馬の口取り

馬の去勢、また調教と関連して「口取り*（あるいは鼻取り）」の存在についてひとつ付け加えておきたい。

明治以前、犂は東日本では、西日本ほど使われておらず、オオグワと呼ばれる在来の犂がところどころで見られる程度だったことは前にふれた。この東西の差自体については、すでに昭和十八（一九四三）年に古島敏雄の論考[39]があり、馬耕教師の動きもおおまかに言えばこの地域の落差を前提にしている。しかし東日本でも、岩手県での事例でふれたように、犂の普及以前から、畜力を使っての馬鍬の使用はあ

馬の口取り　この写真は馬鍬使用の光景（『機械化の四季』より）

る程度見られていた。

東日本の場合、馬鍬を使う場合でも、役畜を操作する際に、しばしば「口取り」と呼ばれる役の人間をひとり必要とした。これは馬の鼻先に縄を結わえた二メートル余りの竹ざおを持ち、馬を先導する役、三八ページの引用文にある「鼻竿」持ちになる。口取りと犂使いと二人がかりで馬を使うことになる。これはおそらく西日本の農村ではほとんど見られなかった光景であろう。牛馬耕について、東日本で、「口取りはつけてましたか」と聞くと「ああ、つけてたよ」との答えはよく聞いたが、西日本では「いや、つけない。ひとりでやるもんだ」といった答えが返ってきたものだった。

後に紹介する熊本県の「日の本犂」の製作所の田上龍雄が、大正十四（一九二五）年、市場視察のために関東地方に入った折の回想文に、彼方に秩父連山が見える車窓からの風景を前に、

折よく耕耘の時期で、この広い平野は殆んど鍬で耕し、稀に犂を使っているが、それは祖父が作った長床犂より更に長い古式を、しかも牛の鼻取りをつけて二人で耕しているではないか。九州では二人で犂を使うのを見た事はなかった。(40)

というくだりがある。ここでいう「更に長い古式」な犂とは、オオグワであろうし、九州の人間にとって、鼻取り（口取り）がいかにめずらしかったかがうかがえる記

述である。

馬と牛

なお、馬耕、牛馬耕という言葉は普通に使われており、「馬耕教師」、「犂耕教師」という語はあっても「牛耕教師」という語はない。近代短床犂の普及に関しては、馬に力点をおいた形で言葉が成っている。明治三十九（一九〇六）年に刊行された『実験　牛馬耕伝習新書　全』をみると、役畜を指して「耕牛馬」と表記し、カッコ書きで「以下単に耕馬と記すことあり」としている。[41]このころから、煩瑣を避けるときには「馬」の語が選ばれている。耕起に馬を使っていた福岡県から、馬の多い東北、北陸地方への普及・指導を嚆矢として犂が広まっていったことがその背景にあるのだろうが、ある程度までの湿田での犂耕が可能な牛と違い、馬はそれが困難であり、もっぱら乾田での使用が犂耕の対象とされた。犂は乾田で使ってこそ、土壌の風化や有機物の分解を促進し、植物の根の空気を好む性質に適合してその効果を増す。「乾田馬耕」という言葉が成立しているように、乾田化を促進する犂耕こそ時代が求めていたということが、「馬」という語のすわり具合のなかにある。

馬はきわめて臆病な性格をもつ。犂耕作業中に物音に驚き、犂をひきずりながら自分の家に駆けもどった旨の記述を前に紹介したが、中野重治の「梨の花」という自伝的小説のなかにも次のような描写がある。

牛馬のかわりに人が犂を引くこともあった　この写真はかつてのその様子を模してもらったもの。使われていたのは抱持立犂である。新潟県佐渡市にて（一九七〇年一〇月）

何かで、馬がおびえて、鋤〔犂のこと――引用者〕を引きずったまま駆け出すことがある。馬を使うおんさんが、泥だらけになって、田から田をまたぐようにしてそれを追う。[42]

こうした光景は、かつてよく見られたものである。しかし馬はこうした臆病さをもつ反面、強情さを併せもつ生き物である。この臆病さを人間への信頼感にかえることで、馬は役畜としての聡明さを十分に発揮することとなる。意思疎通の面で、馬は牛よりもはるかに気をつかっての調教を必要とする。こうした点も犂耕の指導上、馬に力点がおかれた理由であろう。

馬には二歳くらいから犂をひかせるという。四歳くらいになるとかなり力をつける。それでも速さにおいては牛にまさるが、力において牛に劣る。

深見犂製作所の資料『深見式深耕犂』には、牛と馬の違いについて、「牛は馬より神経痴鈍なれば、諸事敏速を欠ぐ《ママ》ものである」、「業務工程に於いても牛の馬に及ばざるは敢て贅言を要するまでもありません」と述べつつも、「峻坂険路の処、粘強土にして動力を多く要する処は、馬よりも却って牛に利があります。又飼育の容易なると相当価格を維持するの点」がすぐれているとしている。[43]

もっとも馬耕教師にとっては、指導に行く土地の役畜が牛であるか馬であるかということよりも、それがどのような性格、体力の牛あるいは馬であるかということのほうが、はるかに気になることだった。

牛馬への掛け声　犂耕の際、牛馬に意思を伝える掛け声も、犂耕の伝播とともに広がっていった。いくつかの資料をみると、ある程度は共通しているが、必ずしもすべて同じではない。①は『日本農業図解』、②は『福岡県史　近代資料編　福岡農法』収録の深見犂の資料からのもの。このほか、巻末資料4にも示されている。

❶

動作	号令		発音の仕方
	馬	牛	
前進	マエまたは舌打ち	シツ	「マ」または「シ」に力を入れる
加速	ハイハイまたは舌打ち	ハイハイまたは舌打ち	「ハ」に力を入れつづけて発音す
減速	ホーホー	ホーホー	やわらかくくりかえす
右寄り右廻り	ウセまたはセイ	ウセまたはセー	「セ」に力を入れる
左寄り左廻り	サシ	サシ	「サ」にやや力を入れる
停止	ドオ	バ	力を入れて強く短く発音する
静かに停止	ドオ	バー	ゆるやかに発音する
後退	アト	アト	「ア」に力を入れる
肢をあげる	アシ	アシ	たたきながらおだやかに
しずめる	ホーラまたはオーラ	ホーラまたはオーラ	おだやかに
愛撫	〃	〃	〃
叱る	コラ	コラ	強く短く

❷

使役用語

地方によりて異れども大体左の用語を使用致します。

1　止まること　　牛にありてはワー‖、馬にありてはドー‖と呼ぶ
2　前進せしむる事　　シー‖と呼ぶ（牛馬同じ）
3　左行せしむる事　　サシ‖と呼ぶ（同）
4　右行せしむる事　　セー‖と呼ぶ（同）
5　後退せしむる事　　ゼレ‖又はアト‖と呼ぶ（同）
6　脚を上げしむる事　　アシ‖と呼び脚部を手に握り注意を促す

注意　使役用語は簡単に明瞭に適当の時期に極めて徹底的に発令する事

なお通常、牛は鼻輪をつけ、口縄一本で操作をする。馬はくつわで御し、口縄は二本つける。こうした装備や調教については、巻末にかつての指導書から抜粋した資料を付している。

調教や犂耕の際の誘導の掛け声*は、牛馬を問わず、指導、普及する側が標準的な語を設定している。犂やその装備品のみでなく、それらを使う時の用語までともなって各地に広まっていったことになる。たとえば、沖縄八重山地方の年表、昭和十四（一九三九）年六月の項に、「銃後の女性に牛馬耕講習（牛馬に標準語で掛け声）」とあるのはそのことを示していよう。(44) この掛け声は必ずしも一種類に統一されてはいなかったようだが、四五ページの表にそれを示した。

戦前の松山犂の絵葉書二点

七　犂製作所群

六つの製作所

近代短床犂が普及していくなかで、福岡の磯野、深見、長、熊本の大津、東洋社、三重の高北、長野の松山*といった犂製作所は競い合って犂の考案・製作・普及に努めた。「その競争の激しさは今の耕耘機の比じゃなかったよ」、そんな言葉は幾人もの馬耕教師から聞いた。これらの犂製作所の名は、以後しばしばふれることになるため、ここで少しそれらの概略を述べておきたい。これらはのちに会社組織として

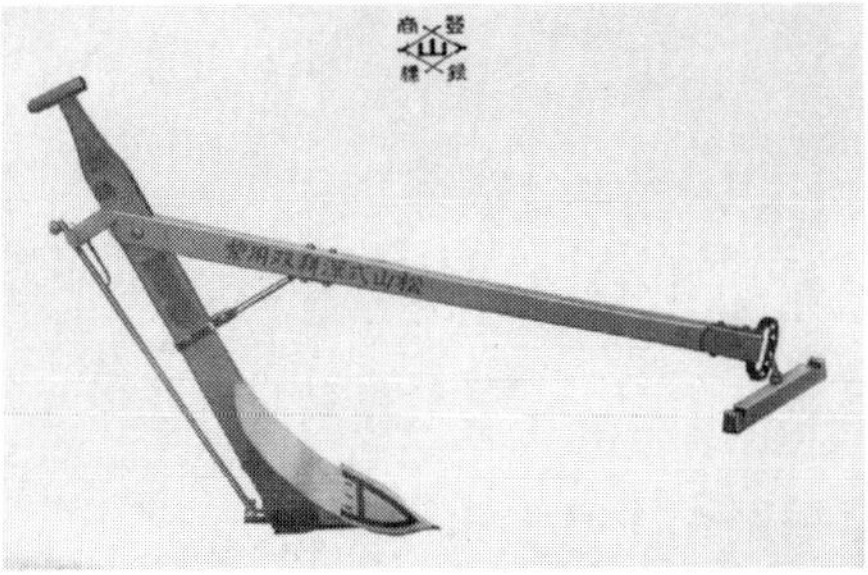

主要な犂製作所（『農用機具』より）
犂の名称と製作所　製作者住所　氏名
磯野犂　福岡市上土居町　磯野七平
深見犂　福岡市上土居町　深見平次郎
高北犂　三重県名賀郡名張町　高北新治郎
松山犂　長野県小県郡塩川村　松山原造

発展していくものが少なくないのだが、その草創期には、規模・形態ともに素朴なものも多かった。こうした製造所のありかたについても、前に紹介した『日本農業発達史』(4)に詳述されている。

「犂が最も多く生産されたのは大正初めから終戦までで、その生産高は磯野、深見、長、日の本、高北の順であった。松山犂は主として東北と北陸で使われ、九州には入らなかった」と、磯野製作所の支配人であった神屋貞吉（明治十九＝一八八五年生まれ）の手記にある。[45] この順位は確定したものではないかもしれないが、これらが主だった製作所であったことは間違いない。

犂の普及熱が最も高かった時期の昭和十一（一九三六）年に刊行された森周六の『農用機具』によれば、その当時、全国に犂の製作所はきわめて多く、販売されている犂は一五〇種を越すとしている。そのうち「五府県以上に普及して居り且つ各博覧会、共進会等でよく入賞する犂を製作する製作所」として九つ*をあげている。[46] うち二つは北海道にあるプラウの製作所であり、犂については、磯野犂、深見犂、高北犂、松山犂、長式犂、菊住式犂、日の本号犂の七社のものを列記している。菊住式犂とは、日の本号犂の考案者の弟子筋にあたる人物の考案になる犂である。

上記のうち、長、日の本（東洋社を指す）についてはこのあとの章でふれるため、ここでは磯野、深見、高北、松山について少し紹介しておきたい。長、日の本についてふれる折も、これらの名は関連して登場してくる。

長式犂
　福岡県糟屋郡多々良村　長末吉
菊住式犂
　熊本市琴平町　菊住伊八
日ノ本号犂
　熊本県御船町　東洋社
赤プラウ
　北海道胆振国伊達町　小西力蔵
岩城プラウ
　札幌市南二条東二丁目　岩城農具製作所

磯野と深見　本文では「磯野」「深見」と略称で記しているが、正式名は『日本農機商大鑑』（農機新報社編、一九三四年度改訂版）によると、それぞれ「磯野鋳造所」「合名会社深見商店農具部」となっている。ただし農業関係の雑誌の広告ページには「磯野」は「磯野七平鋳造所畜力農具部」との表記も見られる（『現代農業』一九三七年一月号、一六六ページ参照）。「七平」「七兵衛」とは磯野家当主が襲名する名である。

磯野と深見

福岡県下で犂の製作所といえば、まず挙げられるのが磯野と深見*であるが、この二者は明治期後半に近代短床犂の製作を始めたというが——磯野は明治三十七（一九〇四）年——ほかと違い、いずれも鋳物製作を家業にしてきており、その歴史は古い。この点は他の製作所と性格を異にする（六四―六五ページ参照）。

　磯野家の創業は永禄二（一五五九）年であるという。磯野家の先祖は、浅井長政の臣で近江国滋賀郡磯野の城主であったが、筑前に落ちのび、糸島郡の豪族原田家に寄寓して鋳物業を始めたとの由緒をもっている。黒田藩より鋳鉄業の特権を与えられて武器をつくり、代々継承して明治にいたった。鋳物が家業であるということから、犂先の製造をし、勧農社が活動していた頃、磯野から犂先を勧農社に納めていた。明治三十七（一九〇四）年に犂の製作を始めた。

　のちに朝鮮半島、満州（中国東北部）、台湾まで販路を伸ばし、サイパンに販路拡張調査のために社員を派遣している。こうした動きについては、前述した神屋貞吉の手記にくわしくふれられている。その馬耕技術員の項には、昭和十九（一九四四）年十二月現在の数を総員二一〇名とし、「余りにも多人数に亘り、不明の点もあり省略さして貰います」としつつも、そのうち二五名については名をあげ、活動地域や性格、業績を逐一記している。

　そこに記されている方のひとり、磯野犂製作所に大正十（一九二一）年に一七歳で入社した池田三次という馬耕教師の方に話をうかがったことがある。これもう四〇年も前のことになる。その方は、自分の前の時代の磯野犂のことも聞き伝えで知っておられた。

たとえば、

■かつて福岡の犂は、ほかの地方から「筑前犂」と呼ばれていたこと、明治十（一八七七）年代後半から各地の県庁から技術指導者派遣の依頼がきて出かけることが多くなってきたこと、ことに山形県には早くから出かけていたこと、新庄まではなんとか汽車で行けてもそこから酒田までは最上川沿いに歩いて行かねばならなかったこと。

■磯野犂製作所では、当初在来の無床犂である抱持立犂を作っていたが、ほどなくそれに手を加えた押持立犂の製造を始めたこと、従来のものは犂を腕の力で保持しなければならなかったが、これは犂底に床がほんの少しつけられていて、抑えて押していけば耕盤が平均して耕起されるようになったこと。この犂を作る頃から工場は大きくなり、鉄鋼部、木工部、販売部など、あわせて二五〇人をこえる大所帯になっていったこと。

■短床犂は、大正五（一九一六）年ころから製造され、「改良犂」とよばれていたこと。床は長さが三〇センチほど、幅六センチほどが一般的だったこと。このころ犂一台は一七円ほどで、これは当時の米一俵の値段と同じだったこと。

■勧農社の林遠里は、はっぴに脚絆、草鞋がけで普及に歩いたとの話が伝わっていること。

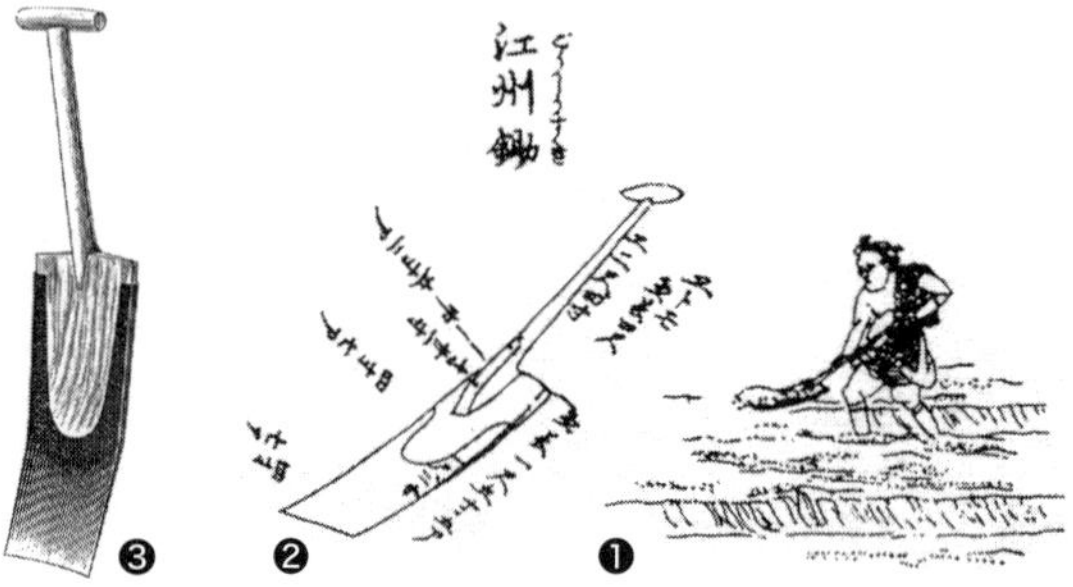

江州犂　一七ページで示した鋤の一種（①②は『農具便利論』、③は『広部農具論　耕墾器編』より）

など、いわゆる聞き伝えの話として教えてくださった。

池田さんも一七歳から犂の指導、普及に三重、滋賀の両県や東北地方をあるいている。池田さんが入社した大正十一年ころは、彼のような普及指導員は十数名いて、それぞれ受け持ち範囲を決め動いていた。年明けから五月までのうちに通算して九〇日ほどは旅だったという。

池田さんがおぼえているのは、当時滋賀県の大津まで、人の汽車賃が六円、同じく積んでいく自転車の輸送費が一〇円。大津の駅で降り、自転車を受け取って、三重、滋賀二県を二〇日ほどかけてまわっていたという。春の田起こし前と秋の田起こし前にまわれるよう予定を組んでいた。当時、滋賀県の長浜、近江八幡あたりの水田は、湿田で粘りがあり、乾きが悪い土で、犂はいりにくかった。農民は、土の風化を促し、耕土の水はけをよくしようと、江州鋤*というシャベルに似た道具で土を角状の塊に掘り出し、田の表に溝を切っていた。このことも強い印象として残っているという。

東北は、福島、山形、岩手、青森をまわったが、汽車で東京まで行くと、そこでそれまではいていた革靴を預け、ゴム長にはきかえて列車にのった。

こうした普及・販売の旅での犂の販売は、当初は自治体が窓口になって、すべて前金での取引だったのだが、事務がなにかと煩瑣なため、後には業者が中にはいり、一括しておこなうようになったという。

この磯野の犂製作廃業は、昭和四十二（一九六七）年のことであり、磯野はその後、

高北新治郎　名張市の高北農機にある高北新治郎の像とその下のレリーフ（部分）（一九七〇年一〇月）

不動産関係の会社に転じたとのことである。

福岡では磯野とならび称される深見の創業も古く、慶長三（一五九八）年である。藩政期は、藩の御用鋳物師として続き、幕末には、大砲や兵器などの製造をおこなっている。明治以降、磯野と同じように、犂先の製作から犂の製作へと経営を発展させた。その廃業は昭和三十八（一九六三）年。その後は磯野と同様に不動産業務の会社として現在も続いているという。この深見の詳細についても、『福岡県史　近代資料編　福岡農法』の巻に資料が示されている（六九ページ参照）。

高北と松山

高北犂は、三重県名張《なばり》の*高北新治郎（一八八七―一九六八）の創始になる。彼は金物店で働き、のち犂の開発に努め、大正二（一九一三）年に改良に成功、製作を始めた。昭和二（一九二七）年に高北製作所の社長となる。ここは昭和二十（一九四五）年に株式会社高北農機製作所と改組し、現在は株式会社タカキタとなり、農業機器を扱う会社として続いている。

私が同社を訪ねたのは、昭和四十五（一九七〇）年のことになるが、会社の門を入ると、そこにはまず高北新治郎の銅像があり、その像の下に、像を取り巻くように、彼の一代記のレリーフが配されていた。この会社の近くには、小さな規模の犂製作所がまだ続いていて、ほそぼそとではあるが、犂を作っていた（六三ページ参照）。

*松山犂とは、明治八（一八七五）年に長野県小県《ちいさがた》郡大門《だいもん》村に生まれた松山原造が

古川烈一　松山犂関係の資料には「烈一」と「列一」の二通りの表記がある。

松山犂　初期のポスターより（松山記念館所蔵）

考案・製作した犂を指す。彼は小さいころから馬が好きだったというが、一九歳のときに福岡県の勧農社の古川烈一*という指導員から馬耕を学び、犂に興味をもった。二一歳で小県郡役所の農事助教手、二四歳で更級郡農会の農事教師となったが、翌年これを辞め、さらにその翌年の明治三十四（一九〇一）年に双用犂を考案・製作、特許をとる。翌三十五（一九〇二）年に松山犂製作所を設立し、さらに犂の考案・改良を進めるとともに、その普及に努めた。明治四十四（一九一一）年の時点で一府一九県に一七四店の販売所をもつに至っている。

彼が考案したのは、前述したように、九州で考案された犂先固定の単用犂とは一線を画し、犂先が左右に可動する双用犂と呼ばれるものであった。これは往行と復行で犂先の向きを変えると同一方向に土をかえすことができ、平面耕をおこなうのに適していた。彼は昭和三十八（一九六三）年に八八歳で亡くなったが、その会社、松山株式会社は、ニプロという商標で農業機器を扱い、今も長野県上田市に続いている。

松山犂については、その創業者松山原造と二代目松山篤の伝記や同社の社史が刊行されており、その歩みを知ることができる。(47) 上田市のこの会社の近くには、財団法人の形で松山記念館という施設が造られ、またこの犂製作所の草創期からのさまざまな犂、会計資料、松山原造の日記、犂の製造道具、競争相手の犂製作所の犂（たとえば、長式犂、日の本犂など）、宣伝用パンフレットをはじめとして、その歩みを語る資料がていねいに保存・展示されている。おそらくかつての大手の犂製作所で、

松山犂の工場（『大地を耕す　創業一〇〇周年記念誌』より）

ここまでの資料を保存・管理しているところはほかにないと思われる。みごとなコレクションである（六六―六七ページ参照）。

競合と盛衰

犂耕の普及に関しては、明治十（一八七七）年代の勧農社の時代から、九州勢が大きな力をもっていた。松山犂製作所の後身である松山株式会社の情報誌『Niplo Wave』一〇号には、草創期のことを述べたコラムがあるが、そこには「当時九州馬耕の先生といえば神様のように尊敬され、また威厳をもっていた」ため、松山犂の普及が妨害され、苦労したエピソードも記されている。(48)

ある犂製作所の古老に話をうかがった折、ライバルの名をあげ、「あそこ〔の製作所〕からはずいぶんいじめられました」と述懐されたことがある。互いに改良を重ねて特許*登録をする状況では、改良と剽窃は紙一重の場合があり、訴訟沙汰寸前のこともおこったらしい。また、よく似た名称の模造品――松山犂の場合には「改良松山犂」という別社の模造品――も出まわったという。

農具の博覧会や品評会では、政府や行政側により力をもつ製作所が有利だったとの話も耳にしたし、かつて犂製作所に勤めていた方が、こうこぼしてもいた。

> 農家の人は、結局は県指定のラベルが貼ってある犂だったら安心して使うんですよ。そのため県の農事試験場の農機具部門の人を抱きこんで、指定を受ける

大正期から終戦時にかけて松山犂製作所が取得した特許・登録実用新案（『大地を耕す　創業一〇〇周年記念誌』より）。

1916（大正５）年	「単鐰双用犂」
	第4975号特許権存続期間５カ年延長許可
1918（大正７）年	「犂」実用新案第45778号
1919（大正８）年	「犂」実用新案第47370号・第50204号
1920（大正９）年	「犂（回転元金）」実用新案第53168号
1921（大正10）年	「穀扱器」実用新案第34873号
	「犂」実用新案第45776号
1927（昭和２）年	「砕土器」実用新案第109833号・第109835号
	「耐寒水道栓」実用新案第110846号
1928（昭和３）年	「豆粕削機」実用新案第116112号
	「耐寒共同水道栓」実用新案第117957号
1929（昭和４）年	「牛馬耕用鞍」実用新案第125838号
	「犂」実用新案第126701号・第126702号
1930（昭和５）年	「豆粕粉砕機」実用新案第147213号
1934（昭和９）年	「犂（螺調節単用犂）」実用新案第195027号
1935（昭和10）年	「双用犂回転止法」実用新案第209726号
	「単用犂横柄取付装置」実用新案第209727号
	「単用犂犂箭装置」実用新案第209728号
	「単用犂犂床取付装置」実用新案第209729号
	「単用犂耕巾調節装置」実用新案第210673号
	「双用犂犂床金具」実用新案第212511号
1936（昭和11）年	「単用犂犂箭定着装置」実用新案第217900号
1937（昭和12）年	「双用犂犂体回転調節装置」
	実用新案第242125号
1938（昭和13）年	「双用犂」実用新案第249120号
	「双用犂犂鐴換向装置」特許126730号
1940（昭和15）年	「農作物手入装置」実用新案第289497号
1942（昭和17）年	「双用犂回転軸支持装置」実用新案第318216号
	「双用犂」実用新案第319336号
1945（昭和20）年	「甘藷掘起用犂」実用新案第353744号

ための試験をしてもらうんです。犂耕をして、まず土の抵抗をみる。犂の振動具合をみる。すいた土を掃きよせて、すきおこした面が深さ五寸ほどで一定にすかれているかをみる。それに合格すれば県指定のラベルがＯＫとなるわけです。

大きな製作所は、日本の朝鮮半島、中国大陸への侵略が進むと、競ってこれらの地方に出かけ、犂の普及をすすめ、その勢力を伸ばした。そしてそれをとりまくように、数多くの中小の製作所も生まれ、盛衰をくりかえした。それらが互いに競合する激しさは馬耕教師の話——たとえばすぐれた馬耕教師の引き抜きなど——からもかいま見ることができるのだが、本稿ではそこに正面から踏み込むほどのゆとりはないし、そこに踏み込むことが本意でもない。これまでの記述は、私が会ってきた馬耕教師の方々の話を伝えるための前置きにすぎないからである。ここで走り書き的に紹介してきたいくつかの製作所は、そうした苦闘の経験を含め、それぞれに興味深い歴史をもっている。そうしたことについての文献や資料は、ある程度註に示した。

大変長い前置きになってしまったのだが、しかしそれでも古島敏雄、嵐嘉一、家永泰光といった方々の精緻で勢力的な先行業績を思うと、「はじめに」で述べたように端折りすぎの感がある。それをここで認めつつも区切りをつけたい。

(1) 北見順蔵・石井治作『佐渡牛馬耕発達史　附金沢村』(金沢村農業協同組合、一九五一年)。
(2) 「金井村を創った百人」http://kawakamikanto.web.fc2.com/tiharatetuzo.html
(3) まずあげなければならないのは、東畑精一・盛永俊太郎監修／農業発達史調査会編『日本農業発達史——明治以降における』(1)、(2)、(4)(中央公論社、それぞれ一九五三、五四、五四年)であろう。これは本書でしばしば引用することになる。ほかに大日本農会『日本の鎌　鍬　犂』(一九七九年)、岡光夫『日本農業技術史——近世から近代へ』、飯沼二郎『風土と歴史』（岩波書店、一九七〇年）、同『日本農業技術論』（未來社、一九七一年）、同「日本の近代農業の誕生と崩壊」（『談』No.37、たばこ総合研究センター編・発行、一九八七年）、家永泰光『犂と農耕の文化』（古今書院、一九八〇年）、近年で散見したものをあげれば、西村卓『「老農時代」の技術と思想』（MINERVA日本史ライブラリー④、ミネルヴァ書房、一九九七年）、有馬洋一郎「犂と犂耕に関する関東地方の民俗知識」（『日本地域社会の歴史と民俗』神奈川大学日本経済史研究会編、雄山閣、二〇〇三年所収）など。また、二〇〇二年の日本地理学会での中西僚太郎の発表「関東地方における明治農法の地域的展開――牛馬耕普及の地域差を中心として」。このほかに在来犂の分布とその系譜を精力的に追求している河野通明の業績をあげておかねばならない。民俗学の分野での早い時期の考察は小谷方明「農具覚書」（『民族文化』第二巻第四号、山岡書店、一九四一年所収）になるだろうか。

(4)『明治大正農政経済名著集2　フェスカ　日本地産論　日本農業及北海道殖民論』（農山漁村文化協会、一九七七年）二四四ページ。

(5)『明治農書全集1　勧農新書　重要作物塩水撰種法　増訂三版米作新論　北海道米作論』（農山漁村文化協会、一九八三年）所収。

(6) これは磯野犂に勤めていた神屋貞吉の一九七三年作成の覚書による。『福岡県史　近代資料編　福岡農法』（西日本文化協会、一九八七年）六四一ページ。

(7) 岸田義邦『松原原造翁評伝』（新農林社、一九五四年）二八ページ。

(8)『福岡県史　近代資料編』は西日本文化協会編・刊行で、「福岡農法」は一九八七年刊。「林遠里・勧農社」は一九九二年刊。これらもしばしば引用する。

(9) 前掲『福岡県史　近代資料編　福岡農法』六四一ページ。

(10)『余目町史　下巻』（余目町編・発行、一九九〇年）一五七ページ。

(11) 前掲『福岡県史　近代資料編　福岡農法』六四〇ページ。

(12) これについては、註5の『明治農書全集1』の須々田黎吉の解題に詳しいが、ほかに同「明治農法形成における農学者と老農の交流(1)」（『農村研究』第三一号、東京農業大学農業経済学会、一九七〇年所収）、また同じく『農村研究』三三・三四合併号「特集横井時敬」一九七二年）など。

(13)『熊本県史　近代編第2』(熊本県、一九六二年)三三八―三三九ページ。
(14)一例として嵐嘉一『犂耕の発達史――近代農法の端緒』(農山漁村文化協会、一九七七年)における分類参照。
(15)宮本常一「民具試論」(『宮本常一著作集45　民具学試論』未來社、二〇〇五年所収)。
(16)前掲『日本農業発達史』(1)、二九〇ページ。ただしこの文は『大日本農会報告』第四号(一八八一年)からの引用。
(17)『生活誌　高千の牛とくらし』(高千地区生きがいあるむらづくり推進協議会発行、一九八三年)で『佐渡の百年』からの引用として紹介されている伝承だが、しかしこの高千では、農具をつけず、牛だけを田にいれて引き回す田ごなしをおこなっていたとも記されている。蹄耕の一種であろうか。
(18)森嘉兵衛『明治前期岩手県農業発達史』(岩手県、一九五三年)六六―七一ページにかけての記述による。
(19)『胆沢町史　Ⅷ　民俗編Ⅰ』(胆沢町編、胆沢町史刊行会、一九八五年)二三〇ページ。
(20)川原仁左ェ門編『岩手県農会史』(岩手県農会史刊行会、一九六八年)一一四ページ。
(21)『山形県史　農業編　中』(山形県編・発行、一九六九年)六四ページ。
(22)『八幡町史　下巻』(八幡町史編纂委員会、一九八八年)二八七ページ。なおこれは中鉢幸夫『庄内稲づくりの進展』にもとづいている。
(23)前掲『余目町史　下巻』一四五ページ。
(24)前掲『山形県史　農業編　中』五三ページ。
(25)前掲『山形県史　農業編　中』第一章および『山形県史　第四巻　近現代編上』(山形県編・発行、一九八四年)、註12の『農村研究』第三一号の須々田論文など。
(26)本間家の馬耕導入については、『酒田市史　改訂版　下巻』(酒田市史編さん委員会編、酒田市発行、一九九五年)の第二章第一節参照。この書では本間家は福岡県の勧農社から独自に馬耕教師伊佐治八郎を招いたとある。同家は、乾田馬耕普及のため、農耕馬の購入金を貸し付け、乾田馬耕の田の米とそれ以外の米とでは、小作米納入検査の折、格差を設定し、また乾田馬耕をおこなわない小作農には貸付地を不貸与にした旨記されている。

(27)　前掲『八幡町史　下巻』二八六－二八七ページ。

(28)　この註で引用している自治体史のほかに、たとえば山形県では『藤島町史　下巻』（藤島町役場編・刊、一九七二年）、『亀ヶ崎史』（酒田市亀ヶ崎農業区編、一九九四年）、『三千刈誌』（櫛引町三千刈誌編集委員会、一九八九年）、滝沢洸『庄内稲作技術のあゆみ』（東北出版企画、一九八一年）など。なお、岩手県については本文で森嘉兵衛氏の著作を引用したが、一九七九年に同氏監修の『岩手県農業史』（岩手県編・刊）が出ている。

(29)　名主忠久・陽子・智樹『名《みょう》主家三代　米作りの技と心』（草思社、一九九八年）。二か所の引用部分は、七九から八一ページにかけて。

(30)　前掲『福岡県史　近代資料編　林遠里・勧農社』六七ページ。

(31)　前掲『日本農業発達史』(4)、二三七ページ。

(32)　同前書、二四一ページ。

(33)　前掲『余目町史　下巻』一五一ページ。

(34)　こうした点については坂内誠一『碧い目の見た日本の馬』（聚海書林、一九八八年）にとりまとめられているが、オールコック『大君の都――幕末日本滞在記』（上・中・下の全三巻、岩波書店（岩波文庫）、一九六二年）。「馬は去勢されることはなく、牝馬はたんに繁殖のためにのみ飼っているようだ」との文が上巻二五五ページにみえ、日本の馬が御しにくく、それゆえに手荒く扱われているさまが中巻一五〇ページ、二三七ページなどにみえる。イザベラ・バード『日本奥地紀行』（平凡社、二〇〇〇年）にも、日本の馬が小さく、また御しにくいことが記されている（三一ページ、二三九－二四〇ページ）。また、バンベリー『日本踏査紀行』（『新異国叢書第二輯6』雄松堂、一九八二年所収）では、「日本の馬は小型で強靭ではあるが、低劣な体軀をし、明らかにタタール系の退化した末裔である。いつも去勢されていない牡であるため、彼らの劣悪な性質は、普通はっきりとあらわれる。本州で改良された馬もいるが、これは大名や高い身分の役人用の馬として、実に優れたものとなっている」（一〇七－一〇八ページ）とある。

(35)　宇野千代『日露の戦聞書』（文體社、一九四三年）。二〇〇三年に平凡社刊の『宇野千代聞書集　人形師天狗屋　おはんほか』に収録。引用は後者によった。

(36) 前掲『松山原造翁評伝』一九ページ。
(37) 武市銀次郎『富国強馬　ウマからみた近代日本』（講談社、一九九九年）。加茂儀一『騎行・車行の歴史』（法政大学出版局、一九八〇年）。
(38) 小津茂郎『馬づくりの話』（三省堂、一九四三年）一七六―一七七ページ。
(39) たとえば古島敏雄『近世日本農業の構造』（日本評論社、一九四三年、のちに東京大学出版会から一九五七年）。
(40) 田上泰隆編『耕耘の歴史　日の本号・すき・犂』（二〇〇五年、非売品）七一ページ。
(41) 小田東畊著『実験　牛馬耕伝習新書　全』（東京興農園蔵版、一九〇六年）五ページ。
(42) 中野重治『梨の花』（岩波書店、一九八五年）六八ページ。
(43) 前掲『福岡県史　近代資料編　福岡農法』六一六ページ。
(44) 『八重山近・現代史年表　明治12年〜昭和20年8月14日まで』http://www.city.ishigaki.okinawa.jp/100000/100500/Timeline/timeline-page/timeline-11.html
(45) 前掲『福岡県史　近代資料編　福岡農法』七九五ページ。
(46) 森周六『農用機具』（周防時雄発行、明文堂発売、一九三六年）七二―七三ページ。
(47) 松山犂の歴史については、岸田義邦『松山原造翁評伝』（新農林社、一九五四年）、松山篤翁評伝編纂委員会『松山篤翁評伝』（同会発行、一九九〇年）、『大地を耕す　創業一〇〇周年記念誌』（松山株式会社、二〇〇二年）などがあげられる。ほかに岡部桂史「創業期の松山犂製作所の経営発展と地方企業家・松山原造」（『経営史学』Vol. 39 No. 3　経営史学会、二〇〇四年）所収。
(48) 「大地とともに　松山すきについて　10」（『Niplo Wave』Vol. 10 春号）（二〇〇四年三月）松山株式会社ホームページ（http://www.niplo.co.jp/imgs/friendsclub/10.pdf）。

水田の犂耕

❶

❷

❸

水田の犂耕――長崎県佐世保市宇久島

使っているのは短床犂。写真の中のもう一人の人物はすき残しの田の隅などを鍬でおこす役割。④の写真を見ると、三日月形の棚田を、まず上端を耕起し、次いで下端にすすみ、次いではじめに起こした上端の内側を、といったかたちで次第に中にすすんでいるのがわかる（一九七一年三月）

水田の犂耕

❹

❻

❺

畑の犂耕——長崎県佐世保市宇久島
使っているのは在来の無床犂（一九七一年三月）

❶

❷

❸❹

犂の製作所

犂の製作所

一九七〇年頃までは、ほそぼそとではあるが、犂をつくっている工場があった。これは三重県名張市東町の大山農具製作所（一九七〇年一〇月）

①作られていた犂のひとつ、双用犂
②犂の型紙（板）
③型紙と材
④犂にペイントする際のテンプレート

❶

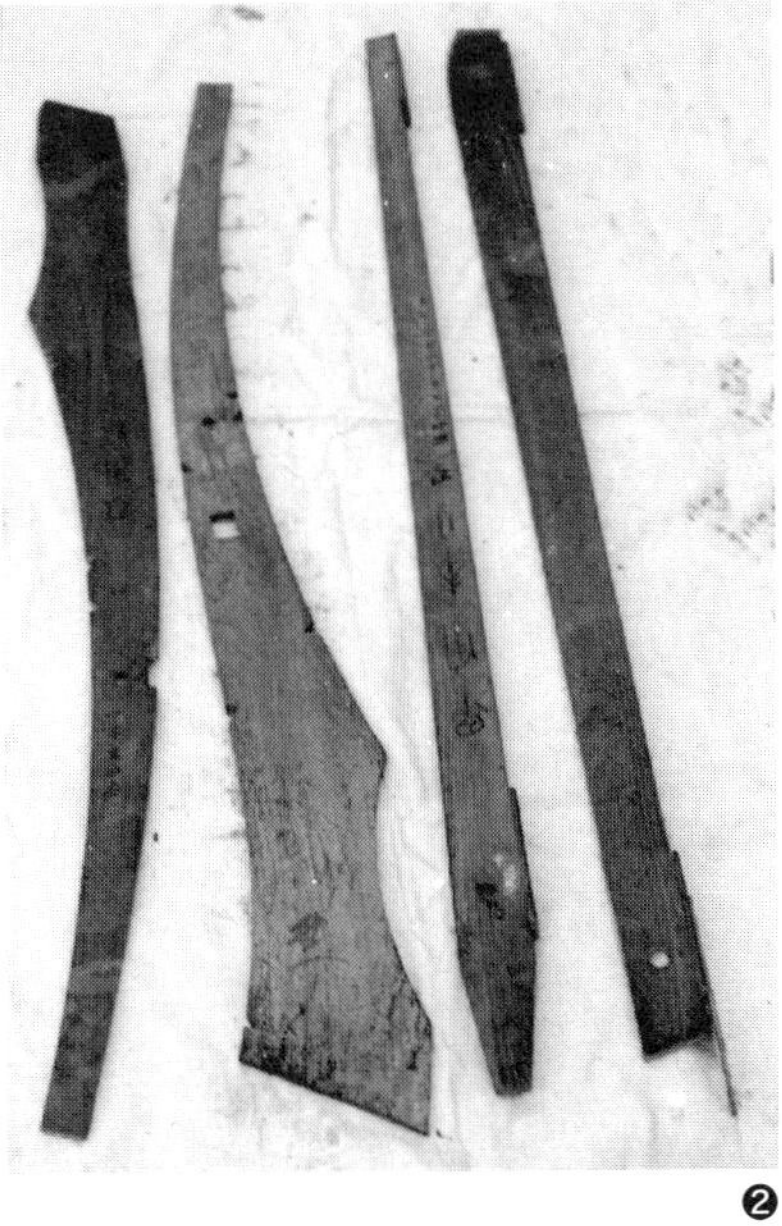

❷

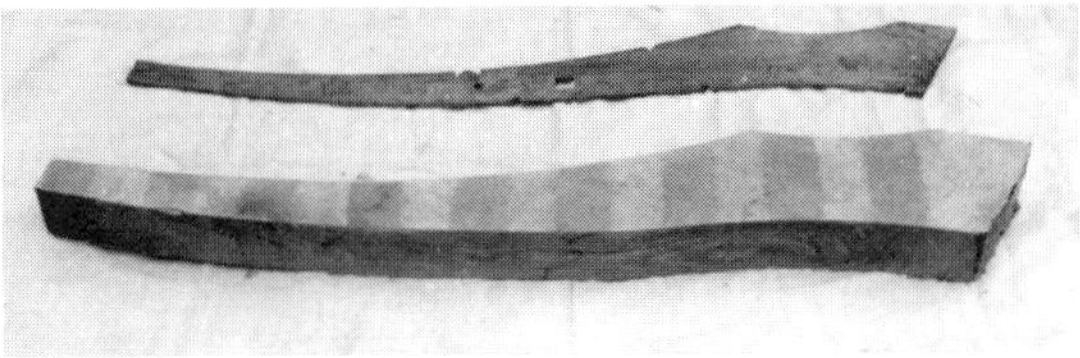

❸

❹

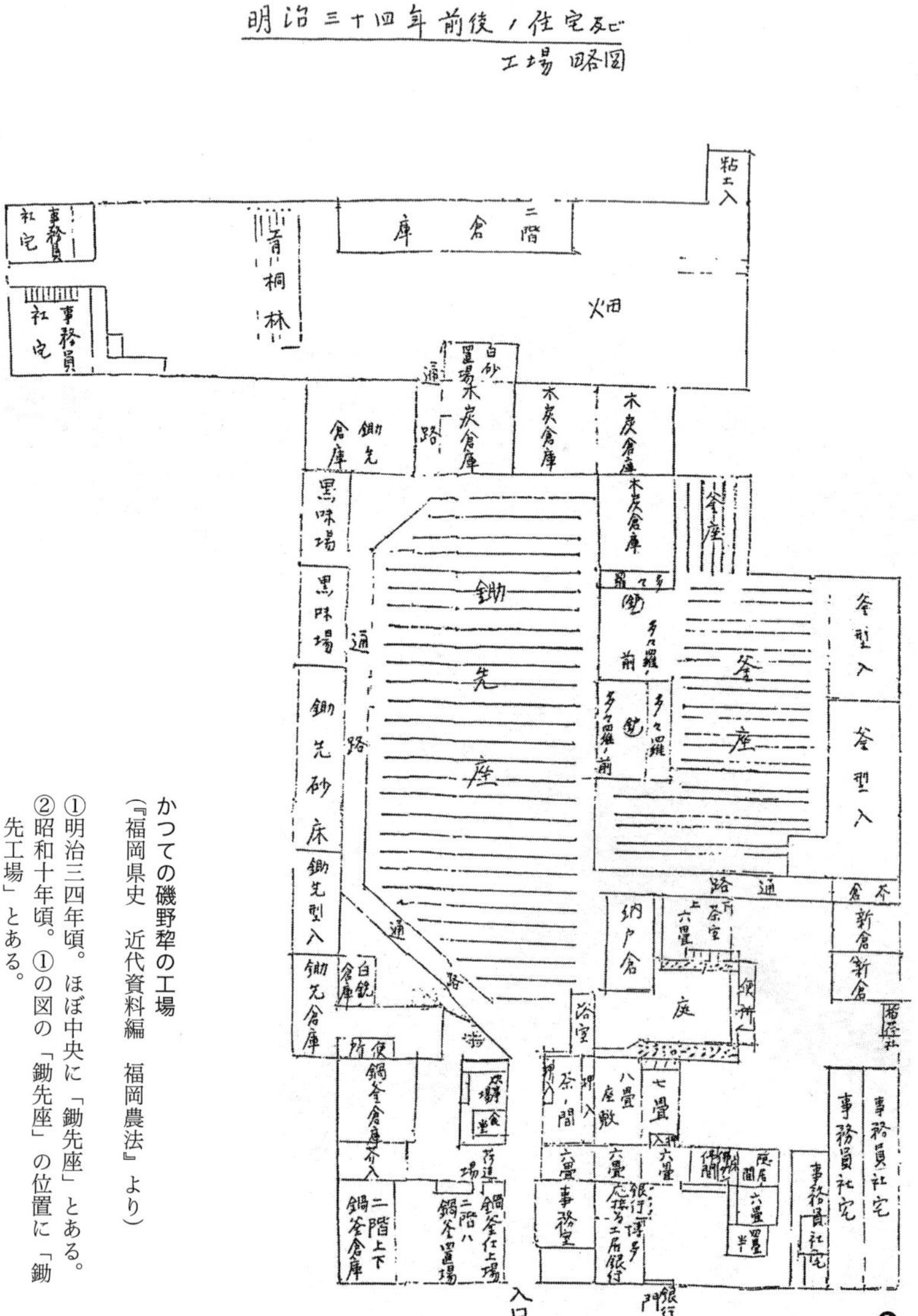

❶

かつての磯野犂の工場
（『福岡県史　近代資料編　福岡農法』より）
①明治三四年頃。ほぼ中央に「鋤先座」とある。
②昭和十年頃。①の図の「鋤先座」の位置に「鋤先工場」とある。

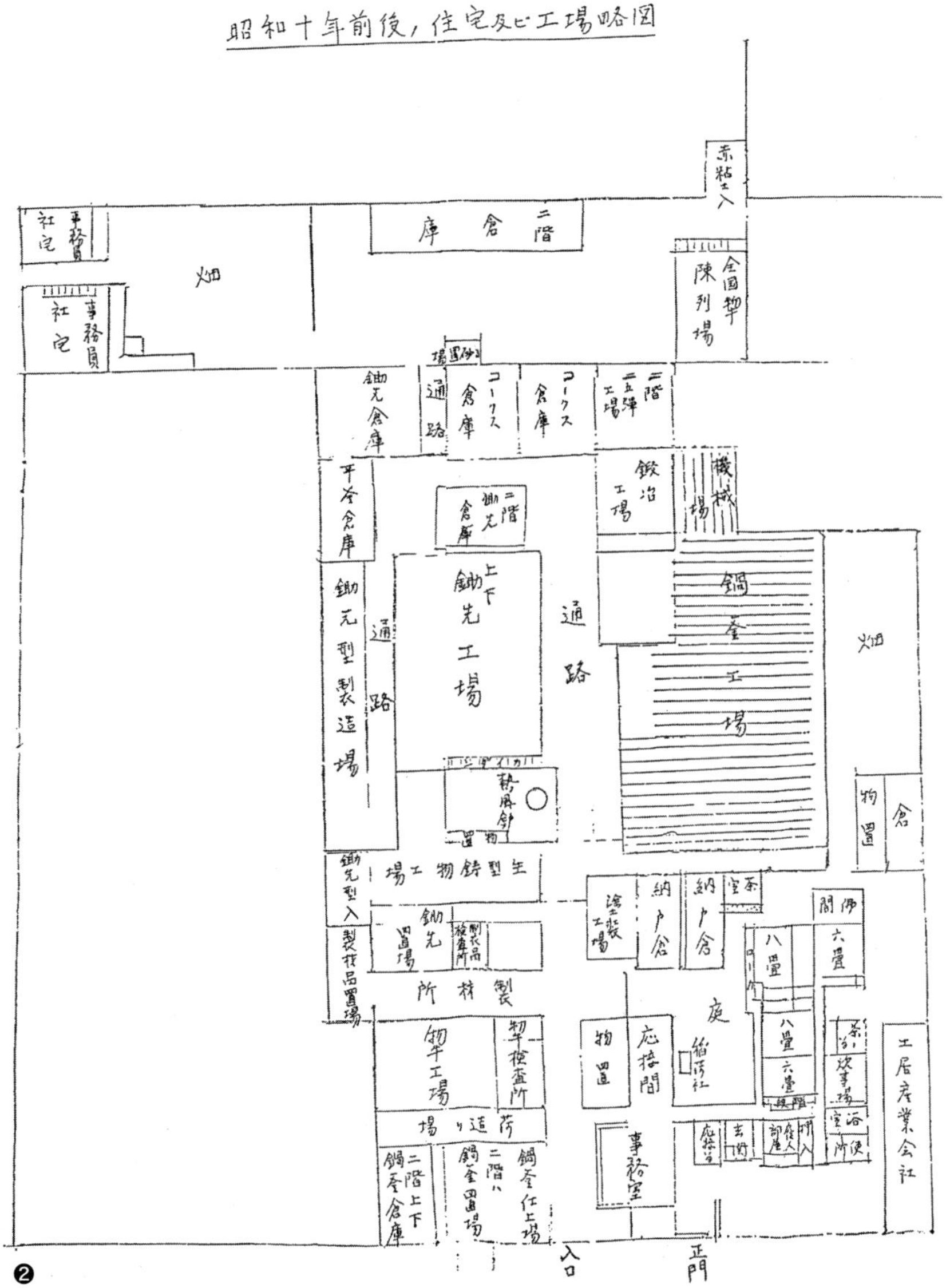
昭和十年前後，住宅及ビ工場略図
赤粘土入
二階倉庫
事務員社宅
畑
全国犂陳列場
通路
コークス倉庫
鍛冶工場
機械場
二階鋤先倉庫
上下鋤先工場
鋤先型製造場
通路
鍋釜工場
畑
物置
倉
生型鋳物工場
鋤先型入
納戸倉
茶室
製材所
八畳
六畳
庭
応接間
物置
犂工場
犂検査所
炊事場
浴室
便所
事務室
二階上下鍋釜倉庫
鍋釜仕上場
入口
正門

❷

❶

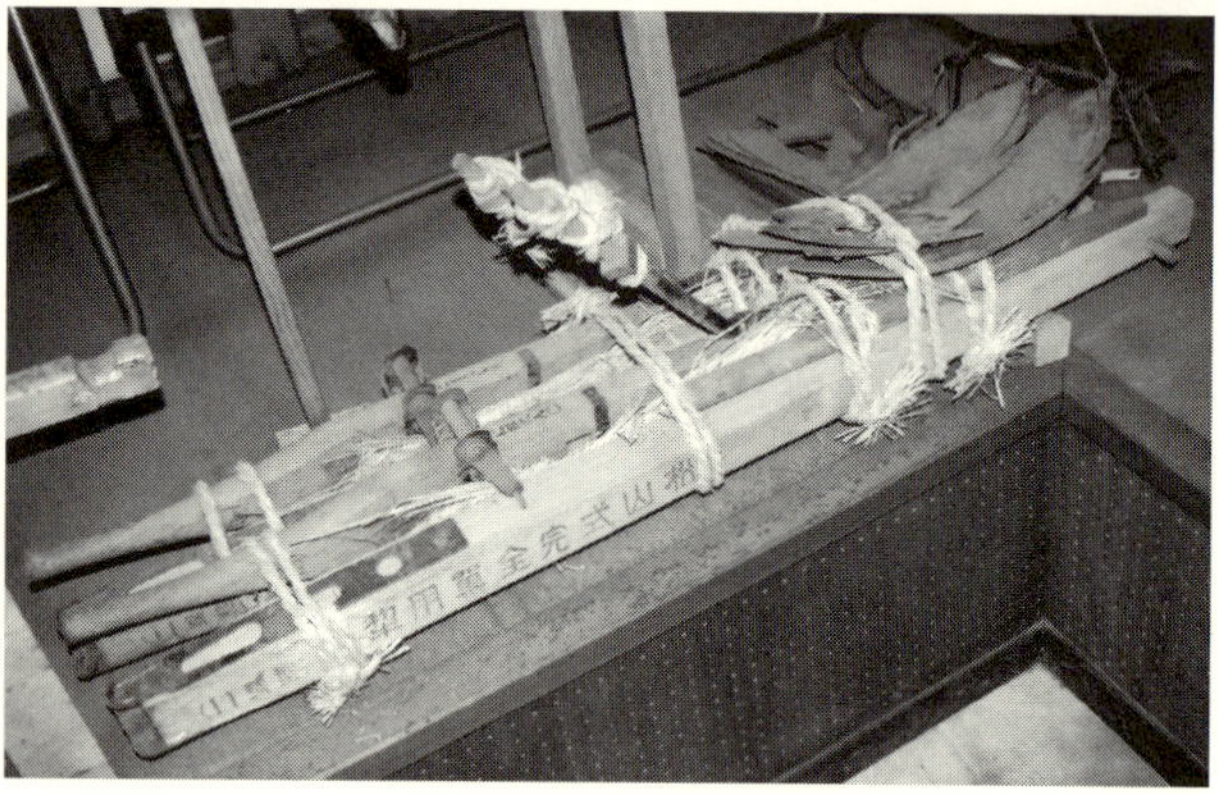

❷

松山記念館

松山記念館

①展示されているさまざまな松山犂

②運送されるときの犂の梱包

③松山犂製作所の前掛けと旗。旗は普及宣伝活動や社員旅行などで使用。昭和二十五年作成。

④展示されている経営資料。

⑤検討用として集められたライバルの製作所の犂。

（いずれも二〇一〇年六月）

❹

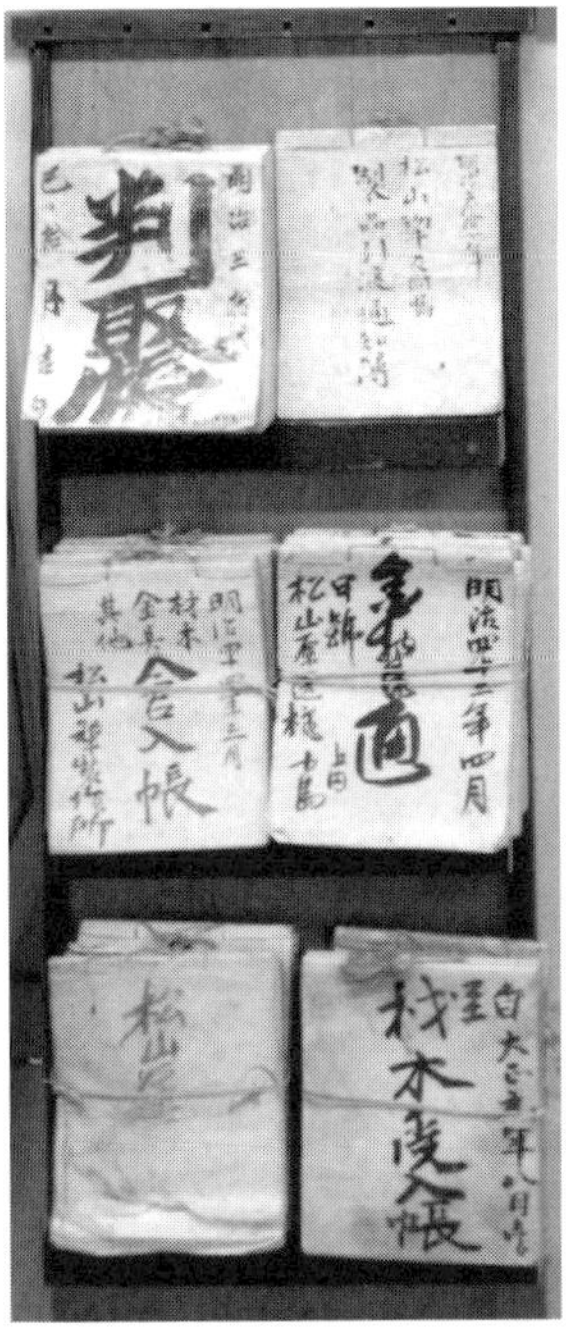

❸

❺

土をおこす農具

❹

❸

土をおこす農具

本書でとり扱う犂のほかに耕起用の農具はさまざまにある。犂とこうした農具の関連性などについては本書で一切ふれないため、ここにその主要なもの――ただし鍬を除く――をいくつか例示した。①②は踏み鋤。長い柄をかつぐようにして肩にあてがいつつ両手で柄を持ち、鋤先の手前に足をかけて土をおこす。関東から東北にかけて多く使われていた（『広部農具論　耕墾器編』）。③から⑥は手引き。柄の撞木部を両手で持ち後にすすみながら土をおこす。③は佐渡農業高校所蔵、④はその先端（一九七〇年一二月）。⑤は徳島県徳島市八万町法花谷の農家のもの。二台ならんでいるが、手前が耕起用、むこうが種をまく溝切り用。⑥はその各々の先端。右が耕起用（一九七〇年一〇月）

❶
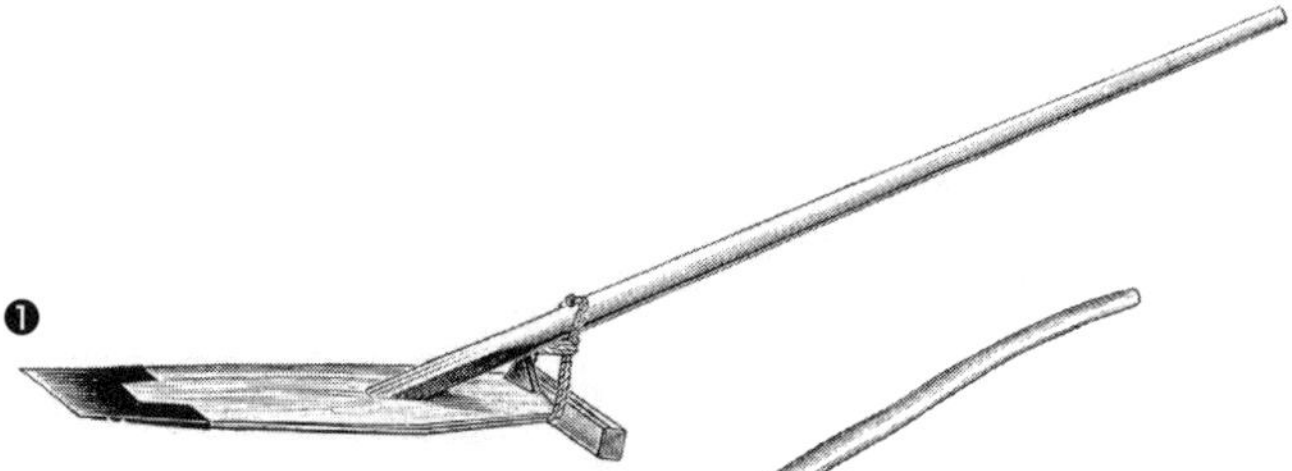

❷
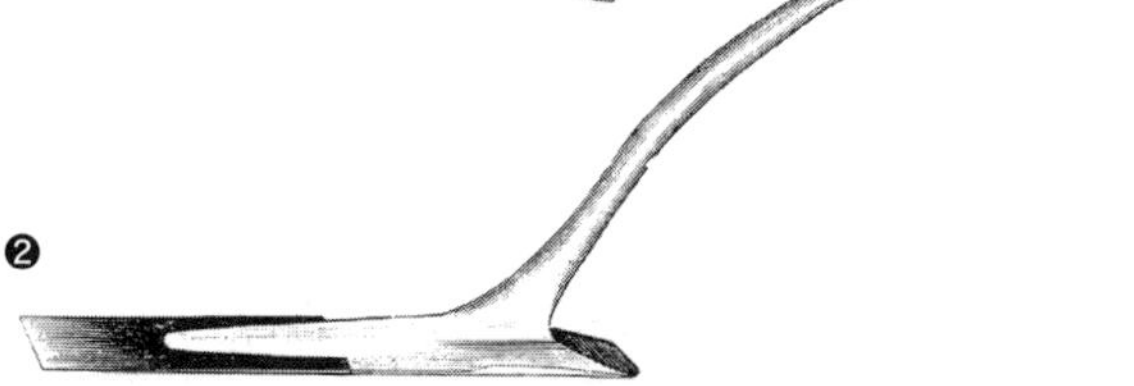

❺

❻

深見犂の受賞目録

深見犂の受賞目録（『福岡県史　近代資料編　福岡農法』より）

受賞目録

明治十四年六月	褒状	第二回内国勧業博覧会
同　二十八年七月	褒状	第四回内国勧業博覧会
同　三十一年四月	宮内省ヨリ御買上ノ栄ヲ賜フ	
同　年五月	記念状	創設二十五年記念博覧会
同　三十二年四月	有効銅牌	第三回五二会全国品評会
同　年四月	宮内省ヨリ御用品トシテ御買上ノ栄ヲ賜フ	
同　三十四年五月	進歩三等銅牌	全国製産品博覧会
同　三十五年四月	二等賞木盃	第二回福岡県重要物産品評会
同　年五月	有効二等賞牌	第二回全国製産博覧会
同　三十六年七月	三等賞牌	第五回内国勧業博覧会
同　三十六年七月	優等賞 木盃三ツ組壱重	大阪硫曹株式会社観覧人得票点ニ由ル
同　三十七年四月	三等賞銅牌	内国製産品品評会
同　年五月	二等賞銀牌	第三回全国製産品博覧会
同　年五月	一等褒状	内国製産品博覧会
同　三十九年四月	二等賞銀牌	第十二回九州沖縄八県聯合共進会
同　年五月	有功銀牌	凱旋記念内国製産品博覧会
同　年六月	名誉銀牌	戦捷記念博覧会
同　年七月	金賞牌	日韓商品博覧会
同　四十年五月	有功金牌	第四回五二会全国品評会
同　年五月	両陛下御用品トシテ御買上ノ光栄ヲ蒙ル	
同　年七月	記念三等賞	東京勧業博覧会
同　年十一月	二等賞牌	京城博覧会
同　四十一年四月	有功一等賞	全国特産品博覧会
同　年五月	銀賞牌	第五回全国特産博覧会
同　年六月	金賞牌	全国名産博覧会
同　四十二年四月	一等賞金牌	藤公記念共進会
同　四十三年四月	一等賞金牌	第十三回九州沖縄八県聯合共進会
同　年十一月	有功金賞牌	第三回全国特産品博覧会
同　四十四年四月	一等賞金牌	福岡県製産品評会
同　年五月	記念状	京都博覧協会創立四十周年記念全国製産品博覧会
同　年十一月	陸軍特別大演習ニ付久留米へ行幸ノ際賜天覧ノ栄	
同　四十五年六月	進歩金賞牌	山陰鉄道開通記念全国特産品博覧会
大正元年十一月	二等賞銀牌	第九回福岡市工芸品々評会
同　二年十月	功労金牌	第八回全国特産品博覧会
同　三年四月	一等賞金牌	水天宮七百年祭記念共進会
同　四年四月	一等賞金牌	九州沖縄勧業共進会

大正四年十月	名誉金賞牌	御大典記念全国特産品共進会
同　年十一月	感謝状	始政五年記念朝鮮物産共進会
同　年十一月	陸軍特別大演習ニ付福岡へ行幸ノ際賜天覧ノ栄	
同　六年五月	進歩一等賞	維新五十年記念博覧会
同　七年四月	一等賞	九州沖縄物産共進会
同　年八月	進歩一等賞	第三回帝国勧業共進会
同　年十月	名誉金賞牌	第二十三回全国特産品博覧会
同　九年五月	一等賞金牌	工業博覧会
同　十年四月	一等賞金牌	第十四回九州沖縄八県聯合共進会
大正十年四月	宮内省ヨリ御買上ノ栄ヲ蒙ル	
同　十一年四月	金牌	福岡県主催全国優良農具展覧会
同　七月	名誉金牌	平和記念東京博覧会
同	優等金牌	福島県全国改良農具展覧会
同　八月	一等賞金牌	佐賀県改良農具展覧会
大正十二年四月	名誉金牌	大阪府主催全国改良農具展覧会
同　九月	優等賞	山形県主催改良農具展覧会
同　十月	一等賞金牌	第五回九州聯合畜産共進会
大正十三年三月	金牌	香川県農会主催全国改良農具展覧会
同　四月	名誉金牌	愛知県農会主催全国改良農具共進会
同　十四年五月	名誉大賞金牌	全国撰抜農具展覧会
同　年五月	名誉賞金牌	熊本市三大事業記念国産共進会
同　年八月	名誉金牌	満洲大連勧業博覧会
同　年十二月	名誉賞牌	農林省後援東京府主催全国改良農具共進会
大正十五年一月	特別賞金牌	全国実演農具共進会
同　年十月	名誉賞牌	農林省後援大分県主催全国改良農業共進会
同　年十月	有功賞	帝国発明協会
同　年十二月	感謝状	全羅南道物産共進会
昭和二年五月	功労賞	東亜勧業博覧会
同　同	感謝状	同
同　年五月	特別賞牌	帝国発明協会
同　年九月	名誉賞牌	農林省後援山形県主催全国改良農具共進会
同　年十月	名誉金牌	香川県農会主催丸亀市全国改良農具共進会
同　年十月	緑綬褒章御下賜ノ光栄ニ浴ス	
昭和三年五月	功労賞	別府市中外産業博覧会
同　年五月	名誉賞牌	高松市全国産業博覧会
同　年五月	優良国産賞牌	国産振興東京博覧会

耕地整理の先駆的事例——静岡県磐田郡田原村彦島（彦島は現在磐田市と袋井市にまたがる地域）

ここでは耕地整理は明治五年から始められている。①は明治六年、②は明治三十六年の様子（『日本農業発達史』(1)より）

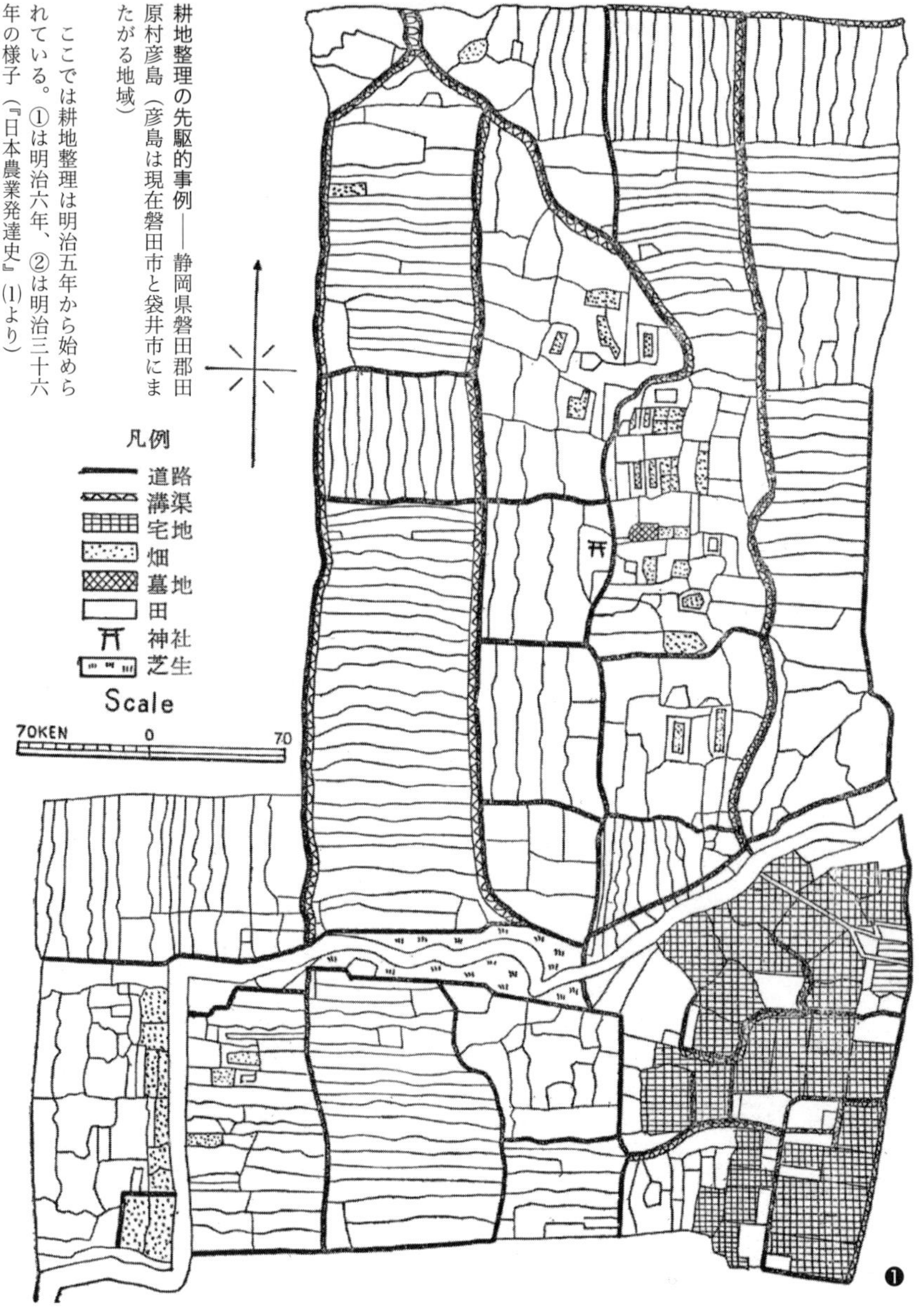

❶

耕地整理の先駆的事例

❷

II　佐渡から九州へ

中扉：昭和二十年五月五日、新潟県佐渡の加茂村でおこなわれた「食糧増産突撃隊牛馬耕講習会」（石塚権治さんのアルバムより）

そうようり［双用犂］　耕耘用畜力農機具で、犂の一種。両用すきとも呼んでいる。すきさきと、すきへらが犂身の左右に動きうるように取付けられているので、往復耕とも土を一方向に反転することができる。耕巾、壢土の反転作用は左右により多少の差異はあるが、田畑の平面耕、または傾斜畑の耕起に適し、特に小区画の圃場でも枕地を作らないで耕起できるので便利である。（『農業小辞典』より）

石塚権治さん　写真前列右。「大正九年九州ニテ写ル」とある（石塚権治さんのアルバムより）

一　石塚権治さんの青春

カブタ打ち

前章の冒頭でふれた佐渡の北見順蔵さんの支援を受けて、佐渡を中心として新潟県一円に犂を広めていった人に、新穂《にいぼ》村*の石塚権治さんがいる。小柄だが、そのひきしまった口、大きくがっしりとした手、弾機《ばね》のような体つきからは意思の強さが溢れている、それが石塚権治という人の第一印象だった。

石塚さんは明治三十三（一九〇〇）年十月、新穂村瓜生屋《うりゅうや》に生まれた。小さな頃から大変な負けず嫌いだったという。稲の株が残っている田を打つことは、当時の佐渡の冬の野良仕事のひとつだった。これをカブタ（あるいはカベタ）を打つ、という。

カブタを打つときは、田にできるだけ大きな畝《うね》をたてる。そうすると風化する面が大きく、冬になって凍り、これがとけると佐渡の粘土質の土は砂っぽくなり、良い土壌となるという。よく風化させ、よく凍らせ、そしてそれを春に打つとひとこやし分ちがうと言われていた。

カブタ打ちは、三、四人でさそいあわせ、鍬をかついで行った。田に着くと、よく競争になった。一日分の割り当ての田を打つ作業で、一番遅れた者が帰路、他の者の鍬をかついで帰ることになっており、皆で佐渡おけさを歌いながら戻ったもの

長末吉　（石塚権治さんのアルバムより）

だという。

石塚さんは、このカブタ打ちで体の大きな者に負けることが自分でも承服できなかった。そのため、大正のはじめ頃、佐渡で徐々に普及を始めていた馬耕に対して、まわりの者よりはるかに興味をもって受け止めていた。大正六（一九一七）年に県立佐渡農学校を卒業するが、このころから北見順蔵さんの教えを親しくうけるようになった。

ちょうどその頃、福岡県から馬耕教師が新しい犂の指導に来た。そのひとりを勝永増男といい、福岡市郊外の長式農具製作所の技術員だった。彼が使った長式犂とは、長末吉という犂耕の指導者が考案製作した犂のことである。

馬耕教師・長末吉

この講習会が終わった後、石塚さんは勝永増男から、九州に馬耕技術の修得に来ないかと声をかけられた。石塚さんの履歴書の表現を借りればこうなる。

大正十（一九二二）年十一月　佐渡郡農会の推薦並に新穂村農会の嘱託を受け畜力利用の研究と犂耕技術の修得に　約一ヶ月福岡県に滞在して福岡県犂耕教師長末吉につきて指導を受く

このとき石塚さんは、同じ新穂村出身の半田忠一という青年と九州に向かった。

長末吉の銅像　この像は戦時中に供出されて今はない（写真は後藤明氏所蔵）

長末吉の顕彰碑　福岡市東区多の津にある。昭和二年建立。「牛馬耕鼻祖　長末吉翁碑　貴族院議員山崎延吉書」とある（二〇一〇年九月撮影）

佐渡から新潟に渡り、汽車で二日ほど揺られたのち、石塚さんは福岡郊外（現福岡市東区多の津）の長末吉家の戸口に立った。新潟県からは初の講習生であったという。『発達史』[*]によると、それから昭和二十五（一九五〇）年までの間に、佐渡からは延べ四九人の人々が犂の技術を修得するために福岡、熊本、三重へと出かけている。

当時福岡県には、この長末吉のほかに前述した磯野、深見という犂の製作会社があり、熊本県には大津末次郎という製作者がおり、三重県にはこれも前述した高北農機があった。彼らは多かれ少なかれ全国から農民を受け入れ犂耕の技術を教え、またその農民をとおしてみずからの犂の普及をはかっていた。これら犂の製作所は互いに競いあってはいたが、技術を修得する農民たちは、自分の地域により適した犂を選び使いこなそうとしていたため、必ずしも特定の犂製作所の犂に固執することはなかった。そこにはひたすらより効率のよい耕作用具をつくりあげて売ろうとする、また一方にそれを選ぼうとする、切実で激しい動きがあった。

こうした状況は、一面で犂の多様化を生み、また後述するように過度に細分化された評価を導入する競犂会（犂耕の腕を競う競技会）も発展させた。耕地の地力をあげることが現在よりもはるかに国と社会から求められていた時代のことであり、そうした加速は必然ともいえた。そして犂製作所は、それに応じるように、時をおかず整備された会社組織的な形をとり動くようになっていく。

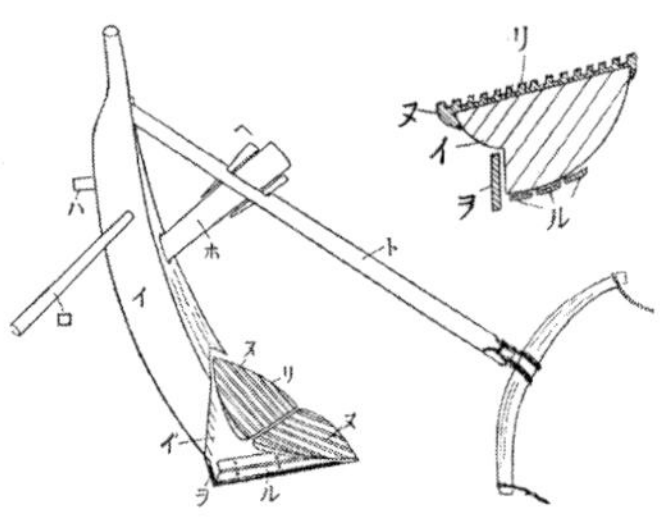

長末吉考案の犂　一九〇九年に特許を出願し、翌年、特許一八六五〇号として取得した最初の考案犂。特許とする点は、犂床に隆起部をもうけ錬鉄製の底板（ル）を装付し、側面切断部に鋼鉄製の板（ヲ）を定着し、また犂板に凹凸の線（リ）を設けて土塊の昇上を確実にした点であるという（『日本農業発達史』(4)より）

二　犂耕実習の日々

冬の空田で

長末吉は明治十一年（一八七八）、大川村に農家の三男として生まれた。生家は豪農といってよいほどの大きな農家だった。一六歳のときに改良犂の製作をおこない、三一歳のときに*深耕犂を完成、明治四十三（一九一〇）年にこの犂で特許をとり、長式農具製作所を創立して本格的な製造・普及にのりだした。それまでは、農業の合間をみて、あちこちの農家の納屋を借りては犂を造り歩き、年に百台余りの犂を作っていた。鋳物の犂先は、同じ福岡の磯野や深見の品を購入していたという。

佐渡から石塚さんが訪れた頃、長家は子供が九人、長夫婦を合わせると一一人の家族で、さらに住み込みの男衆、女衆がそれぞれ一〇人近くおり、二〇頭近い牛馬も飼っていた。長家は家をあげてこれらの若者たちを迎え入れた。この頃、多い時期には泊まりがけで三〇〜四〇人、通いを加えると一〇〇人、そして田を起こす実習の時間になると二〇〇人ほどの若者が集まってきていたという。

それだけの人数は長家のみでまかなえるものではないし、それだけの若者が犂耕の練習に使う田は、とても長家の一町四反ほどの田では足りない。若者は近所の家々に分宿し、その農家の馬を借り、その田を実習用の田として使い耕起した。これは農家にとってはありがたいことだった。この実習用の田を「*犂耕田《りこうでん》」と呼び、

かつての犂耕田付近　福岡市東区多の津（二〇一〇年九月）

二〇〜三〇町歩はあったという。

この講習は田が空いた季節、ことに晩秋におこなうことが多かった。夜や雨の日には、犂鞍の作り方や手綱の付け方などの講義がおこなわれ、それが終わると若者たちは互いの郷里の話で時間をすごした。

一日中田で動きまわる青年たちはよく食べた。長家では多いときには一日に米を二俵（八斗）炊くこともあったというが、炊いても炊いても足りないありさまだった。習いに来る若者は、米だけは郷里から持ってきた。しかしこの当時は、講習料などは一切取らなかったという。

長末吉の妻は、青年たちの世話に追いまくられた。彼らが来る季節の前には漬物を四斗桶に一〇個は仕込んでおいた。彼らの滞在中は、針仕事や洗濯など自分の家の仕事は、夜なべに時間を見つけてはこなしていた。朝は三時に起きだして米を研ぐ。秋も十一月をすぎると、早朝の水は手を切るように冷たい。研ぐ米の量もなまなかなものではない。その爪の先はすっかり擦り切れてしまっていたという。子に乳をやると、子の世話は子守りに任せ、食事の準備に忙殺された。やがて講習を受ける若者たちが起きだす。近くの粕屋郡の講習生たちは、自転車で通って来るのだが、夜が明けるとすでに外で待っている。文字どおり朝飯前の練習である。長家の男衆も講習生の対応に追われた。家のあがりかまちで座って一休みするつもりが、朝まで寝こんでしまったこともあるという。この家では農閑期のほうがはるかに忙しかった。

このとき石塚さんが最初にあてがわれた犂は、この後石塚さんが広めて歩いた短床犂ではなく、深く耕せはするが、安定の悪い在来の無床犂であり、まずむつかしい犂を使っての練習だった。石塚さんの言葉を借りれば「犂をすく合間をぬって寝る」日が続く。夢の中でも犂を持って格闘していたという。

講習生は、二週間から一か月の講習を終え、それぞれの村へと戻っていった。長家では若者たちの出立前夜に、心づくしのすき焼きを作るのが慣例だった。

三　長式犂の普及

長式犂を作る

石塚さんは、長家に勤めていた同年齢の後藤丈作《じょうさく》さん（一九〇〇―一九八九）と仲良くなり、その交友はずっとのちまで続いた。

私は昭和四十七（一九七二）年、後藤さんを訪ねた。そのとき後藤さんは七二歳、これまで述べてきた長家の様子の多くは、この折の聞書きに依っている。

石塚さんが長家にきた大正九（一九二〇）年、長末吉は『実験　牛馬耕法』という本を出している。巻末にその一部を紹介してあるが、奥付には著者として長末吉の名と住所が記され、発行所として同じ住所が記され吉原丈作の名がある。吉原とは、後藤丈作さんの養子にはいる前の姓である。後藤さんは、長式農具製作所の経営面での手伝いもおこなっており、この本の制作にも加わっていた（私はこの書を青森の古書店で入手した。東北への馬耕普及の波にのって、この書がなんらかの形で青森付近に残っていたのではないかとも考えられる）。

後藤さんは、やがて長末吉の長女と結婚し、犂の普及に尽力を続けることになる。以下、後藤さんの聞書きを紹介する。

後藤さんは、福岡の郊外、粕屋《かすや》町の農家に生まれた。小学校を出ると、当時大川（現粕屋町）にある農学校に入学した。そこでは馬耕の実習に力を入れており、長末吉が指導をしていた。長家と後藤家は親類関係にあたり（後藤さんのおばさんが末吉に嫁ぐ）、後藤さんの犂さばきの腕を長末吉にみこまれ、うちに来て働かないかと声がかかった。農学校を卒業し、一六歳のときから長末吉のもと、長式農具製作所で働くようになった。犂耕の指導と犂の製作とが主な仕事で、ほかにも鞍や馬鍬を製造していたが、ものを造るのは子供の頃から好きだった。

長家でも、まだこのころまでは、在来の無床犂も作っていた。道具は、チョウナ、カンナ、ノミなどで、材は杉が多く、ときにヒノキを使った。これには樹齢五〇〜八〇年の根まがりのものを用いる。木の芯を含めて木取りをし、根の曲がった部分が犂身の先になるため、一本の木からできるのは一台ということになる。材の切り出しに春は避ける。木が柔らかいためである。秋か冬に伐採したものを半年ほど乾燥させ、さらに荒削りをして半年乾かしておく。当時同家は、一〇人ほどの大工、鍛冶職人をつかう製作所であった。

長末吉の指導書とパンフレット
右は長末吉述『実験　牛馬耕法』（巻末資料1参照）。左は長式犂製作所のパンフレット『犂』（昭和十二、三年頃のものか）

もっともこのように手間をかけていたのは、犂身が一本の材で作られる無床犂の製造時代のことであり、短床犂が主流となってからは製造量も増え、根曲がり材の利用をやめた。こうした材は、犂鞍の用材のカシの木も含め、近在の業者に頼んで取り寄せていたが、のちにはそれでは足りなくなり、大分県からも取り寄せるようになった。後藤さんも日田まで材の買い付けに行ったことがあるという。佐渡から石塚さんが実習で訪れたのは、長家でこの短床犂の大量生産を始めた頃のことだった。

それから一〇年ほどのち、昭和五（一九三〇）年頃になると、木工部門、鍛冶部門、鋳物部門を置き、計五〇人ほどの職人が働く規模の製造所になっていた。形態としては、有限会社的な組織だったという。この頃になると、犂耕の実習生には朝鮮半島や中国大陸からの若者もいた。これは主に、九州大学や福岡県の農業試験場からの斡旋によるものらしい。

長末吉と馬

当時、福岡では、犂を引いていたのは主に馬だった。長末吉は馬が好きで、少年のころから、趣味は乗馬と獣医学だと言われるほど馬にのめりこんでいたという。昭和二（一九二七）年に建てられた長末吉の顕彰碑の一節に「幼ヨリ牛馬ニ親シミ殆ンド寝食ヲ共ニスルノ愛畜家ナリ」とある。二十代後半のとき、犂を抱えて馬に立ち乗りして疾走させ、村人を仰天させたというエピソードを残している。末吉は、

さまざまな牛馬耕の手引書

①酒匂常明序／安藤広太郎校訂／小田東畊著『実験　牛馬耕伝習新書　全』（東京興農園蔵版、明治三十九年）。これについては巻末資料2参照。

②『耕鋤法　出版第三十八号』（台中州立農事試験場、昭和五年）。磯野犂製作所と共同で犂耕研究をおこなった台湾の農事試験場の指導書（一六五ページに一部紹介）

③『有畜農業資料第二輯　畜力利用の手引』（京都府経済部、昭和十二年）

④『有畜農業資料第十六輯　畜力利用の栞』（島根県経済部、昭和十三年）

⑤『農民叢書（第9号）　農用役牛の扱い方』（農林省編纂、昭和二十二年）。これについては巻末資料4参照。

⑥『開拓パンフレット第7集　畜力開墾の実際』（農林省開拓研究所、昭和二十四年）

⑦『土の母号　畜力利用　牛馬耕の手引』（株式会社高北農機製作所、昭和三十年頃のものか）。これについては巻末資料3参照。

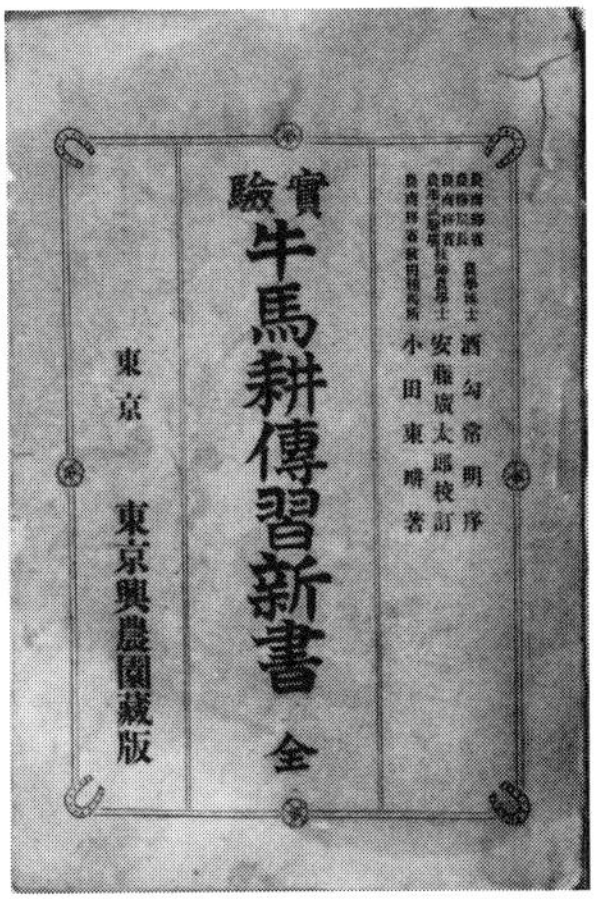

❶

❷

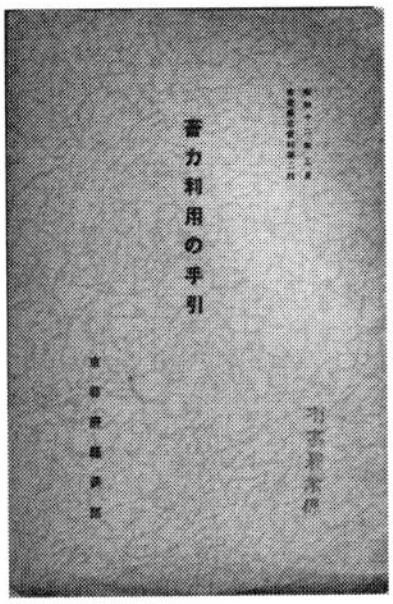

❸

❹

❺

❻

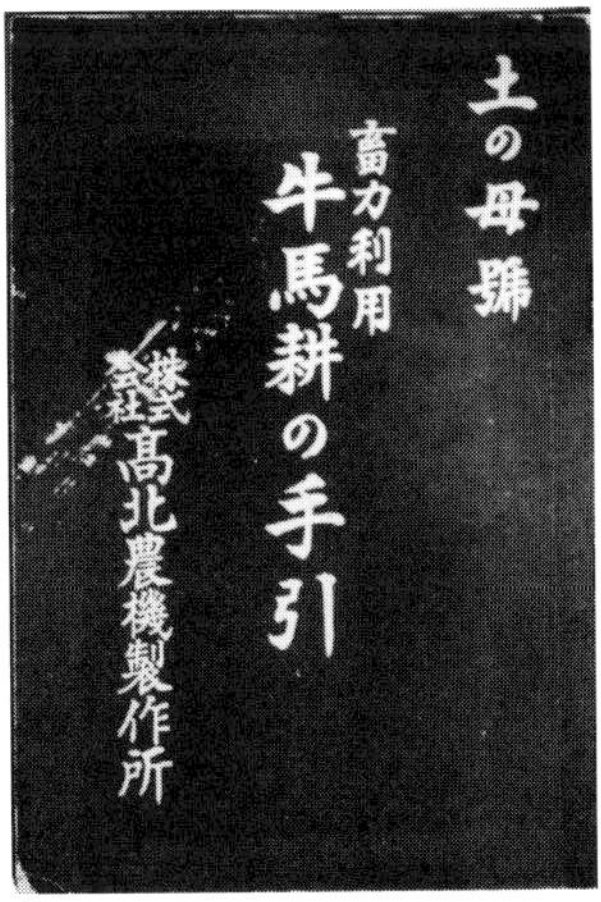

❼

地元では犂の名人として知られ、下駄をはいて馬耕をしても白足袋に土をつけなかった、杯に酒を満たし、それを片手に持って馬耕をしても酒をこぼさなかった、村人が「長さんの牛馬つかいは手綱はいらん。掛け声ひとつで思うように動かす」とうわさしたといった「伝説」を残している。

この地域は草競馬がさかんだった。長家の近くには筥崎八幡宮という大きなお宮があり、その下手に馬場があり、草競馬がおこなわれていた。といっても、近在の村の馬好きな者が集まり、直線の馬場で競争し、勝った者が村人から優勝旗をもらう程度のものだったが、長末吉もよくそれに出ていたらしい。

なお、その頃、この地方の馬の多くは、薩摩馬と呼ばれており、鹿児島から運ばれてきていた。後藤丈作さんの若い頃は、近くに馬喰《ばくろう》がいて、何日もかけて鹿児島から五～六頭の馬を引いて来たという。山口県からも馬車馬として買い付けにきていたし、博多の町には、馬車のための馬宿があった。

佐渡ばなし

後藤さんの話をもう少し続ける。

佐渡の人たちは、まだこの辺の稲刈りが終わらんうちに来ることが多かったですね。むこうでは冬が早いから早く刈るんだと言ってました。県外からうちに来る人で一番多いのは新潟県からで、それもほとんどが佐渡の人でした。何度か来た人もいましたね。むこうの農業の様子を聞くと、ずいぶん福岡とは違うもんだと思いました。

たとえば、こっちの稲は脱粒《だつりゅう》しやすいけど、佐渡のはしにくい。稲を干すときでも、立ち木に横棹を掛けて、それに投げ上げても落ちないような稲でないと木を利用しての乾燥はできないそうです。この辺は木に干しません。地面にならべて干します。だから稲を扱《こ》くときの稲束は、ここらの束は佐渡の二倍も束ねているんだそうです。それだけ籾が落ちやすいんですね。それからここらの土は乾燥しやすくて、畝をつくって風化させる必要はないんですね。裏作に菜種をよくつくっていましたし。佐渡では、冬に畝をつくって風化させるのとしないのでは、収量にかなりの差がでてくるんだそうです。

馬耕以外の野良仕事のこと、苗代とかわら細工とかについて聞いてみても、佐渡の人は本当に丁寧にやっていましたね。馬耕の学習にしても、いろんな資料で几帳面に勉強していました。同じ新潟県の人でも佐渡の人と本州側の人とでは、また感じがちごうていました。佐渡の人は、着ているもの、言葉、ふるまいなんかがどことなく垢抜けしていて、歌も踊りも達者じゃった。私らは、「佐渡の人はひらけとる」と言いおうたもんです。馬耕の練習が終わると、みんなで歌をうたいながら引き上げてきたもんです。私らが驚いて尋ねると、佐渡でもそうしよると言うとりました。「佐渡おけさ」なんかよう歌うとりました。

そのころまだラジオなんかがなかったから、歌の名を知らんで、「ありゃあむこうの歌じゃろうが、ええ歌じゃね」と言い合ってきいたもんです。夜は夜で郷里の話がでました。新潟の本土の山間部から来た人なんかは、「うちの家は普通は板敷きで、客が来たときだけ畳をひく」と言うて私どもをびっくりさせたもんです。

教えるほうも習うほうも農民である。この地域の農業はこうしたものなのか、と互いに語り合い交流する時間がそこにひろがっていったことにもなる。

四　時代の予兆

フロックコートで

長末吉家では、こうした自宅での指導のほかに、依頼を受けての県外での講習をおこなっていた。これも、長式犂の売り込みというよりも、まず犂自体の使い方の指導という色合いが強いものだったという。三重の高北犂や長野の上田犂とは提携を結び、懇意にしていたというが、話で聞く限り、長末吉は性格的にも、販売・普及よりも、技術の指導・伝播に向いた人であったらしい。指導に出かける先はほとんど犂が使われていない地域が多く、そのため長式犂をもって行くことになり、結

かつて長式農具製作所があった場所　福岡市東区多の津（二〇一〇年九月）

校長先生　一例として「私は十七歳の昭和十年秋には月収百二十円ほどになる。それは東京市内の小学校の校長の月給の平均額よりもやや多かった。」（加太こうじ『紙芝居昭和史』岩波書店、二〇〇四年、一〇一ページ）

局出張販売という形になった。

長末吉のもとから新潟へは、すでに大正期に勝永（前出の勝永増男）、実淵《みぶち》という二人の指導者が出向いていたが、こうした県外への派遣指導者が最も多かったのは、――これは長式犂のみでなく、ほかの犂製作所も同様なのだが――昭和十（一九三五）年ころであった。なお、長末吉は昭和十一（一九三六）年、五八歳で世を去った。犂の普及に最も忙しかった時代に死をむかえたことになる。

長式農具製作所の専属の犂耕指導員は二人だったという。これは前述した七つの主要な製造所のなかでも、最も少なかったのではないかと思う。この二人のほかには農閑期に犂耕に長けた農民を委託の指導員として派遣したが、彼らは出かける前に、さらに長家で特訓を受けた。県の要請で出向くときは、往復の列車の二等運賃と指導期間中の給料と宿賃をもらったが、当時としてはよい稼ぎになったという。

長末吉が指導して歩いた時代、その稼ぎは、土地の小学校の校長先生*（当時、社会的な格をそなえ高い月給をもらっていた例としてよくあげられる）の数倍だったという。彼らは指導に行くときは、フロックコートや三つ揃いの背広姿でその土地にあらわれることが多かった。泥のなかで牛馬をあやつる仕事とはいえ、時代が求める最先端の農業技術の伝導者という格を示し、矜持をもっていた。もっとも、勧農社の林遠里は、はっぴがけで脚絆、草鞋姿で犂をかついで歩いたとの伝承もある。時と場によって、いずまいを正しもしたのであろう。

長式農具製作所からの指導員は、ひとつの村うちを四～五日かけて指導にまわり、旅が二か月ほど続くこともあった。指導現場の田では、一か所で一〇人から二〇人の農民を指導したが、それをとりまく見学者も多かった。

後藤丈作さんも犂耕の指導と、その土地に合った犂を作るために、滋賀、岐阜、静岡、宮崎、熊本、さらには朝鮮半島、満州（中国東北部）まで出かけている。ことに朝鮮半島、満州方面への普及には興味をもっていた。

ここいらでは、犂で一日一反すけたら一人前ですが、満州の土は肥えてホクホクしていて肥料はいらないし、耕盤までが深い。馬二頭に犂をつけて三人でかかって一日一町歩の種蒔きをするんが普通でした。プラウと日本の犂をあわせたような形の犂を使うとりましたね。

耕耘機との出会い

後藤さんが四七、八歳のとき、静岡に招かれていった折のこと、村の人は犂の普及員が来たから、ひとつ自分たちのすけないところをやらせてみようと、すきにくい土質の田を用意していたという。やりにくかったが、とにかくすきおおせた。

その夜の座談会で村の人がこう話した。

あの土地はとにかくすきにくい土地で、日本でいち早く耕耘機がはいったところである。それも政府が援助してくれて村の者は一銭も出さずに耕耘機を入手したいきさつがある。しかし、それでやってもどうしてもうまくいかない。今日、あなたのすいたのを見て、犂だったらなんとかやれるのではないかと思った。耕耘機はもう不要だから、よかったら持って帰ってくれないか。

持って帰ってもしようがないが、その機械をみせてもらった。そのとき後藤さんはこう思ったという。これはけっして耕耘機が悪いのではない。耕起したあとの農法が犂に合わせた農法だったからうまくいかなかったので、機械に合わせた農法ができれば、この機械はこれから先伸びていく、と。

犂を広め歩く立場の者がそうは言えず、その場では黙っていた。しかし早晩、犂が時代遅れになるときが来るのではないかと感じたという。

そしてその場に同席していた静岡の農業試験場のひと――大島さんといった――が、後藤さんに、「たしかに犂で丹念にすき、そのために牛馬をよく調教して、ていねいに耕すことがよいということはそのとおりでしょう。しかし、それをやらなくても同じような効果をあげる方法というのはないんだろうか。そんなふうに考えたことはありませんか」と、その場に出された夕飯を食べながら尋ねた。

この静岡でのことは後藤さんの頭の中にずっと残った。戦後まもなく、犂の時代はもうそれほど続かないと見切りをつけ、農機具の販売業をはじめた。私が後藤さんをお訪ねしたとき、お宅には「後藤農機」という看板がかかげられ、店先には耕耘機が並んでいた。

なお、昭和二十四（一九四九）年頃までは、長家には実習生が来ていた。犂の製作所は長末吉の御子息が継いだが、昭和二十年代後半に自然消滅するような形で閉じたという。

後藤さんは、ご自宅の居間でひととおり思い出話をされた後、外に出て、裏の小山に上り、そこから見える限りの田を指して、「ここで講習をやっていたんです」と感慨深げに話された。寒々とした空の下に稲の切り株を残した田が広がっていた。かつてはこの空の下で多くの馬が黙々と犂をひき、講習生たちは額に汗して犂を操り、馬へのかけ声と指導の声とがとびかっていたのだろう。

平成二十二（二〇一〇）年、本稿の補足調査で再びここを訪れた。後藤丈作さんのご子息の明氏に案内していただいたのだが、かつて犂耕田と称されていたその一帯は、流通センターとしてさまざまな建物が並び、塗り変わるような変貌をとげていた。後藤さんの農機具の代理店もその一角に続いていた。

五　納屋の犂

普及の旅

長末吉家での講習を終え佐渡に戻った石塚権治さんには、多くの仕事が待っていた。すぐに地元の新穂村の農会から頼まれ、犂耕指導者として佐渡中をまわり、さらに大正十一（一九二二）年からは、新潟県から馬耕教師の委託を受けて県下をまわることとなる。当時石塚家は二町歩ほどの田を持っていたが、自分の家の稲刈りを待たずに指導に出かけることも多かった。石塚さんは、教え歩いた土地には地図に赤い印をつけていった。*新潟県の地図を真っ赤にするほどの彼の旅はこうして始まる（九二ページ参照）。

その当時、新潟県下の馬耕教師は、石塚さんを含めてまだ五人だったというが、若い世代の犂への関心は高く、その普及は予想以上に早かった。

しかし、指導先では、しばしばすきにくい田をあてがわれた。その地の農民としては当然であろう。困難な田をうまくすけてこそ、取り入れるに値する技術なのである。また、扱いにくい馬をあてがわれた。いやがって逃げたり、向かってくる牛馬も多かった。石塚さんは、いうことを聞かない馬には、手綱とは別に、馬の口に直接ヒモをつけて引っ張ることにしていた。こうすればたいていの馬は従った。手綱は轡《くつわ》につながっている。轡は馬の門歯と臼歯の間の空間にいれられた（馬にとっては）異物である。この異物に手綱を介して人は意思を馬につたえる。馬にとってこの場所は敏感なところである。ここにさらにヒモをつけてあやつることで、馬を強くこまやかに操作することができたのであろう。だから石塚さんは講習に出かけるときは、いつも細ヒモをポケットにしのばせていた。

ある講習会でのこと、石塚さんは指導中の弟子と一緒にその場所に出かけた。大勢の見物人を前にして、うまくすいて見せようと、弟子は意気込んで田にはいった。

石塚権治さんが大正十年から昭和二十年代にかけて犂耕の指導にあるいたところ　（石塚さんの地図から）

岩船郡——大川谷村、下海府村、猿沢村、高根村、三面村、館ノ越村、山辺里村、村上町、岩船町、神納村、西神納村、平林村、女川村、関谷村、保内村

北蒲原郡——築地村、中条町、紫雲寺村、菅谷村、新発田町、葛塚町、本田村、水原町、京が島村、堀越村、笹岡村、米倉村、赤谷村

東蒲原郡——三川村、津川町、小川村、西川村

中蒲原郡——亀田町、大郷村、白根町、小林村、新津町、金津村、小須戸町、五泉町、村松町、大藩原村

南蒲原郡——田上村、加茂町、下条村、井栗村、栗林村、大島村、大崎村、長沢村、鹿峠村、森町、本成寺村、福島村、中之島村、今町、大百村、新潟村、葛巻村、見附町

古志郡——下川西村、福戸村、上川西村、黒条村、新組村、長岡市、上組村、小通村、十日市村、六日市村、北谷村、栃尾町、荷頃村、下塩谷村、栖吉村、西谷村、東谷村、中野俣村

西蒲原郡——黒崎村、中野小屋村、曽根村、味方村、鎧郷村、巻町、月潟村、ウルシ山村、道上村、小中川村、和納村、吉田村、燕町、国上村、粟生津村、島上村、小池村

三島郡——寺泊町、桐島村、大河津村、島田村、西越村、与板村、黒川村、大津村、日吉村、大寺川村、関原村、日越村、深方村、大積村、来迎寺村、片貝村

刈羽郡——刈羽村、中通村、西中通村、柏崎町、田尻村、高田村、上条村、北条村、中鯖石村、南鯖石村、中里村

北魚沼郡——広瀬村、入広瀬村、小千谷町、山辺村、田麦山村、田川入村、小出町、藪神村

南魚沼郡——浦佐村、藪神村、大巻村、六日町、塩沢町、石打村、湯沢村、伊米ヶ崎村、大崎村、城内村、十沢村、田川村

中魚沼郡——真人村、橘村、岩沢村、下条村、中条村、十日町、水沢村、田沢村、下船渡村、中深見村、外丸村、芦ヶ崎村、秋津村

東頸城郡——奴奈川村、安塚村、下保倉村、牧村

中頸城郡——米山村、黒川村、

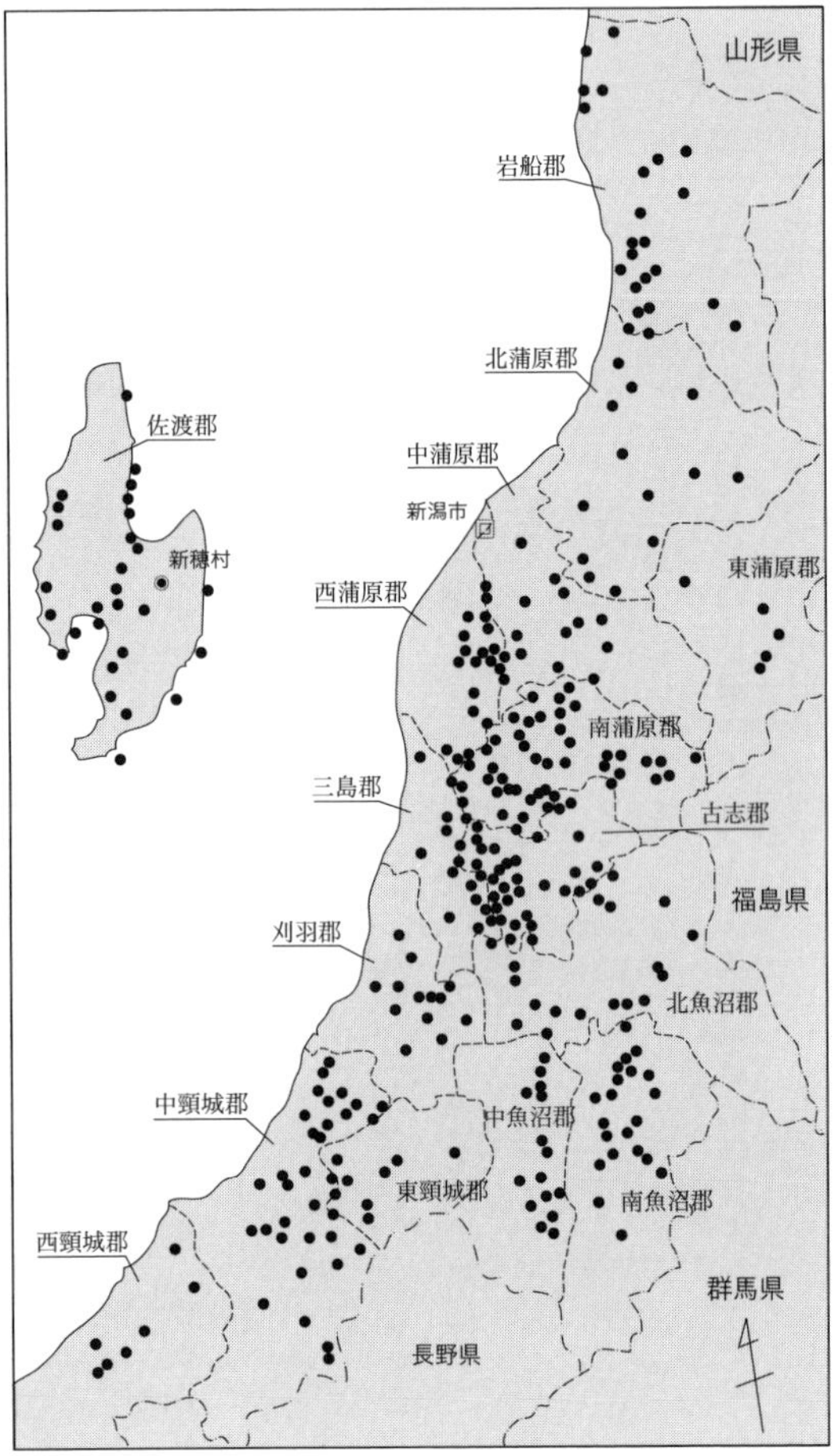

下黒川村、潟町、旭村、源村、大滝村、美守村、上杉村、里五十公野村、保倉村、直江津町、有田村、津有村、高士村、諏訪村、菅原村、春日村、高田町、金谷村、和田村、斐太村、矢代村、関山村
西頸城郡――磯部村、名立村、能生谷村、糸魚川町、早川村、西海村、大野村、今井村
佐渡郡――内海府村、加茂村、両津町、新保村、岩首村、松ヶ崎村、赤泊村、小木町、西三川村、真野村、野村、吉井村、金沢村、河原田町、二宮村、沢根村、二見村、相川町、金泉村、高千村

佐渡の中川式犂耕栄号の製作
（池田哲夫氏提供）

ところが、いざとなると馬はいうことを聞かない。弟子は注視するまわりの人にのまれて、すっかりあがってしまっていた。監督者として見守っていた石塚さんは、弟子にかわって田にはいった。作業用の服を準備していなかったため、下着ひとつになって馬と犂をあやつり、無事にすきこなしたという。

犂の普及、指導にあるく馬耕教師にとって、皆の前での失敗は許されることではなかった。その時その時が真剣勝負だった。そこで失敗すると、次に招かれることはなかったからである。これは犂の製造所間の競争が熾烈をきわめていたためでもあるのだが、その土地の農民の目もまた厳しかったからである。その土地でもっともうまく犂を操る者よりも上手にすくことは馬耕教師の条件だった。

たんに犂耕技術に向ける農民の目が厳しかったということだけではない。松山犂の普及についての記録に次のような記述もみえる。

> 昔の農村の若い者など随分乱暴なことや馬鹿なことをしたもので（中略）「我々のところに来て農業を指導するというのは生意気だ、一つ講師を困らしてやろうではないか」などとよからぬ相談をしたものである。当時は馬の調教という事も行われず、又去勢という事も行われなかったので、非常に荒馬が多かった。それでそういう時には選りに選った荒馬を連れて来るという有様で、翁〔松山原造を指す――引用者〕も石川県のある講習会でそういう眼に合ったことがあった。

佐渡における犂製作所　「渡辺氏は有底犂佐州号を製作し郡外へも大量移出している」とのただし書きがある（『佐渡牛馬耕発達史』より）

馬把
　川原田町田町　三浦忠五郎
持立犂
　西三川村西三川　浅井浅次郎
有底犂
　西三川村西三川　笠井静男
持立犂
　羽茂村大橋　中川玉次郎
持立犂・双用犂
　畑野村畑野　内田潤平
持立犂・有底犂
　畑野村畑野　中川磯ェ門
持立犂・耕具
　金沢村中興　浦山六右ェ門
持立犂・耕具
　金沢村平清水　本間武平
有底犂
　新穂村北方　柳島孫太郎他数名

しかしその馬を使いこなしてみせると、「すっかり恐れ入ってしまい、わざわざ宿に無礼を謝りに来た」という。これは去勢普及以前のことであるが、馬耕教師はこうしたむらの気風も相手にしなければならなかった。しかし、一旦「恐れ入ってしま」うと彼らは熱烈な馬耕の生徒になってくれたのである。(1)

地域のリーダーとして

石塚さんは、馬耕教師としてあるいた間に、各地の犂メーカーの作った犂を持ち帰っては試した。すぐれた犂であれば、競犂会に出場する教え子たちに持たせた。そして残った一五台ほどの犂が石塚家の納屋に保存されていた。

昭和四十五（一九七〇）年の冬、私はこれらの犂の写真を撮らせていただき、実測をおこなった。納屋は二階建てで、犂はその二階の梁に掛けられていた。石塚さんは身軽にその梁まで上ると、滑車で一台一台降ろしてくださった。納屋の軒下で、その撮影と実測をおこなった。

雪は止んでいたが、庭は一面の積雪をみていた。その中に石塚さんの教え子による馬耕の記念碑だけが黒い石の肌をみせて立っていた。とにかく寒かった。このとき写した写真を見ると、まずその寒さを思い出す。(2)

それから三五年以上のちの平成二十一（二〇〇九）年の秋、新穂村の石塚家を訪れ、権治さんの御子息の章さんにお会いした。章さんはそのとき八〇歳、権治さんは平成十（一九九八）年に九八歳でなくなられていた。記念碑も納屋もあのころのまま

有底犂
　二宮村　藤田・関川両氏
持立・耕具
　吉井村水渡田　土屋仙吉
持立犂・有底犂
　吉井村水渡田　渡辺角治

「少年も頑張る銃後の守り」　牛耕作業の少年は石塚権治さんの御子息・章さん（大正十五年生まれ）。その小学校五年生の時の写真（石塚権治さんのアルバムより）

だったが、家のまわりを囲んでいたみごとな針葉樹の屋敷森はきれいに切られていた。権治さんの犂は、新穂村歴史民俗資料館に寄贈されていた。

　ここで、権治さんが書かれた自身の履歴書（昭和三十五年までの事蹟が記載）から抜粋、要約する形でその足跡を紹介して権治さんについての記述を終えたい。(3)

大正六年三月　佐渡農学校を卒業
同　十年十一月　佐渡郡農会の推薦、新穂村農会の嘱託を受け、畜力利用の研究と犂耕技術の修得のため、約一か月、福岡県犂耕教師長末吉につき指導を受ける。
同　　十二月　長末吉より牛馬耕教師適任証を授与される。
　　　　　　　勝永増雄より犂耕教師適任証を授与される。
同十一年四月　新穂村農会より牛馬耕指導員を嘱託される。
　　　　　　　佐渡郡農会より佐渡郡農芸委員を嘱託される。
同十二年四月　新潟県より牛馬耕技術、同調教技術、同鞍製作教師適任証を授けられ、新潟県犂耕教師を嘱託される。
同十三年三月　佐渡牛の改良と産牛の奨励を志し、新穂村に産牛組合を組織し組合長に推される。
昭和四年六月　広島県神石郡の牛の調教師井上盛男について牛の調教を習う。
同　　七月　岡山県の牛の調教師三原佐之治について牛の調教を習う。

石塚権治さん　右に佐渡郡競犂会の優勝旗がみえる。郡の競犂会のテントの前でのものと思われる（同アルバムより）

同　六年四月　新潟県畜産組合聯合会より牛馬耕教師を委託される。
同　七年十月　新穂村犂友会長に推される（同九年、顧問に）。
同　八年十二月　大阪市で開催された全国馬匹博覧会に新潟県代表農馬部の馬耕選手として出場し入賞。
同　十年十一月　帝国農会主催の畜力利用講習会に牛馬耕の講師として委嘱される。
同十一年三月　佐渡郡畜産組合代議員に当選し、同評議員に推挙される。
同十一年十一月　福井市で開催された北陸四県主催の馬匹共進会に、新潟県の馬耕選手の指導者として派遣される。
同十一年十二月　第二次馬政計画全国馬匹共進会で、新潟県代表選手として出場し、役馬利用競技で二等を受ける。
同十五年三月　帝国馬匹協会より、馬の飼育管理において優秀にして模範たりと、表彰される。
同　十二月　皇紀二千六百年を記念して神奈川県でひらかれた全国馬耕大会に新潟県選手の馬耕指導者として派遣される。またこのとき馬事功労者として天皇の陪観を許される。
同十七年四月　福井県および福井県農会により犂耕教師を委託され、これより毎年春と秋に犂耕指導と犂耕用具製作指導のため出張（何年まで続いたかは不明）。

石塚さんの馬で脱穀作業　昭和十四年の写真。使っているのは馬場式畜力原動機。脱穀機は新津式（同アルバムより）

同十八年七月　佐渡郡馬匹畜産組合代議員に推され、また同組合の評議員となる。
同十九年二月　新潟県農業会より犂耕教師を委託される。
同二十年四月　日本畜力機械化農業協会主催の畜力利用講習会の講師を委嘱される。
同二十二年四月　新穂村村会議員に当選。
同二十三年五月　新穂村農業協同組合理事及び新穂村農業共済組合理事に当選。
同二十四年七月　新穂村和牛改良組合理事、組合長に推される。
同二十五年四月　新潟県農業共同組合連合会より牛馬耕教師を委嘱される。
同二十五年　新潟県生産農業共同組合連合会、新穂村、新穂村農協の推薦を受け、二段耕犂の使用法並びに水田裏作栽培の耕運整地の一貫作業の技術修得に一か月、九州に出向いて研究。
同二十七年四月　新潟県農協より犂耕教師を委嘱される。
（なお、この履歴書からの要約は、役職についての記述を網羅すると煩瑣になるため主要と判断したものだけを列記した。団体名などは記載されたままを記している）

こう書きしるしてくると、戦前、戦中、戦後を通じて一貫して犂耕の技術を広め、それとともに次第に地域のリーダーとして生きていった石塚さんの軌跡をうかがうことができる。とはいえ、こうした履歴書的項目の具体的な羅列は、逆に人物像を

石塚権治さんの顕彰碑　碑文は本章の註2を参照。新潟県佐渡市新穂（一九七〇年一二月）

きわめて類型的にしてしまう感もある。

石塚権治さんの意思とエネルギーには、たしかに目をみはるものがあるのだが、時代と社会はさまざまに個性的な「石塚さん」を生み出し、旅をさせたように思うからである。

新潟県西蒲原郡中之口村に荒木寅平（一八六六―一九三四）という地主がいた。彼は年貢米が一五〇〇俵ほど集まる地主であったにもかかわらず、馬耕教師となって各地を指導に歩いたという(4)。近代のある時期、犂耕という技術は、大きく託された希望、手ごたえとして社会の中に座っていた。北陸から東北地方にかけて数多くの乾田記念碑、馬耕記念碑が建てられている。これらの石標が往時の息吹を伝えているのだろう(5)。

（1）岸田義邦『松山原造翁評伝』（新農林社発行、一九五四年）七三ページ。

（2）この記念碑の碑文は、

石塚権治氏は本郡犂耕の先覚者として郷里に裨益した功績は頗る大きい。明治三十三年十月二日新穂村瓜生屋に生れ、大正六年佐渡農学校を卒えるや畜力利用の研究と犂耕技術の習得とを志し遠くその先進地福岡県に赴き研鑽に努めたが、後広島県或は岡山県に於いて牛の調教術を学ぶに及んでその技愈々進だ。爾来郷里に存って犂耕教師として鋭意之が普及指導に任ずると共に佐渡牛の改良、二段犂の使用法の指導或は水田裏作の奨励等に努め、実績大いに挙る。氏の豊富なる知識と卓越せる技術とは、又全国各地の馬匹共進会等に於いて、本県代表選手として将又指導者として派遣せられ、常に優秀なる成績を収めしめて入賞した。この間氏は犂耕畜産等各種団体の役員として斯道の普及発展に尽瘁しその功寔に大なるを嘉せられ、表彰状感謝状を受くること亦屢次に及んでいる。今日氏の門下に優秀なる技術者輩出し、本部の畜力利用の進歩、発展を見たるは偏に氏の努力の賜である。惟うに氏は資性温厚篤実にして入りては、勤倹産を治めて家を斉え、出でては郷党の範となる。茲に有志相図り永くその徳を顕彰せんとするものである。

昭和二十八年十二月

臼井正雄撰　村上政吉刻

土屋甚平書

（3）一九七〇年の調査の折、写させていただいた石塚さんの手書きの履歴書による。

（4）「その他の先人　荒木寅平」中之口先人館 http://www.city.niigata.jp/info/nishikan/facility/senjin/senjin04.html

（5）手元の資料で事例を列記すると、庄内地方の東田川郡役所あとの「島野嘉作氏稲作改良碑」、同じく矢流川八幡神社の「乾田記念碑」、酒田市宮内橋側道路にある「乾田記念碑」など。このほかに奉納絵馬に馬耕が描かれている事例も散見する。これについては『絵馬と農具にみる近代』（板橋区立郷土博物館、一九九〇年）参照。

石塚権治さんのアルバムから――耕　起

❶

耕　起（カギカッコの中は写真もしくはアルバムに記されていた表現）

①調教中の石塚さん

②「紫雲英ノ耕耘」（紫雲英とはレンゲ。犂耕の普及にともない緑肥としてレンゲ栽培が普及した）

③「上達ヲ目標」

④「技術ハ無限」

❸

❷

❺

❹

犂耕の指導 その1 ――石塚権治さんのアルバムから

犂耕の指導　その1　佐渡農学校での指導

石塚権治さんのアルバムから——犂耕の指導　その2

犂耕の指導　その2　新潟県下

①食糧増産突撃隊牛馬耕講習会、佐渡加茂村、昭和二十年五月五日。
②中頸城郡新道村馬耕研究会。
③南蒲原郡栗林村の犂耕講習会。
④「同好者の養生〔成〕」。
⑤南蒲原郡田上村犂講習会。
⑥「犂教師の養生〔成〕　西蒲原ヨリ　自宅ニテ勉強セル人」。
⑦古志郡荷頃村の講習会。
⑧「指導ノ任ニ立ツ諸兄　七年九月」。
⑨⑩アルバムに説明記述なし
⑪中魚沼郡秋成の犂講習会。

❶

❷

❸

❹

❺

犂耕の指導 その2 ──石塚権治さんのアルバムから

❼

❻

❾

❽

❿

⓫

犂耕の指導 その３
女子部
①②③アルバムに説明記述なし
④佐渡農学校女子部四年の犂耕研究。昭和十五年。
⑤同、昭和十四年。

❷

❶

❹

❸

❺

犂鞍を前に——石塚権治さんのアルバムから

犂鞍を前に

①「刈羽郡　枇杷島村ニテ」。

②「更正ノ陣頭ニ立ツ諸兄ら　昭和八年5月」。新潟県農試技術員養生〔成〕部牛馬講習会。

③石塚さん考案の鞍褥（あんじょく。鞍の下にあてがうクッション）。

④「中魚沼郡中条村犂耕講習会」。前列中央が石塚さん。

⑤「九年度　研究サレシ諸君」。県農試農業技術員養生〔成〕部、昭和九年。

❶

❷

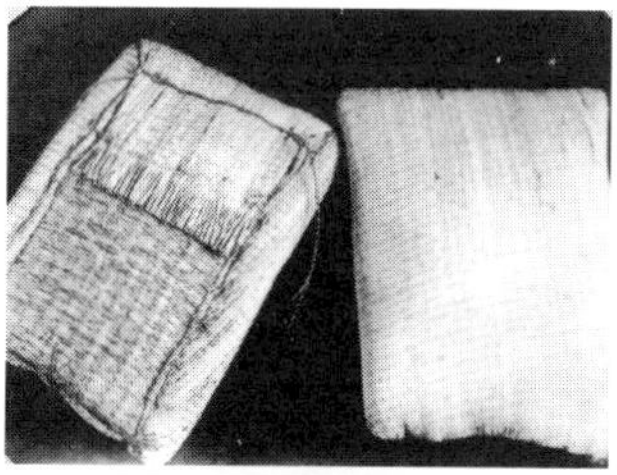

❸

❺

❹

石塚権治さんのアルバムから──競犂会

❶

❹

❷

❸

❺

競犂会——石塚権治さんのアルバムから

競犂会

①「愛牛ト共ニ」。写っているのは石塚さん。
③優勝記念、新穂村大字北方、青木トヨ子さん。
⑦優勝記念、青木髙雄氏。
⑨昭和十八年十月、新潟県畜連主催牛馬耕競技会一等賞受賞記念、近藤キヨ子さん。馬は石塚さん所有の馬。
②④⑤⑥⑧説明記述なし

❻

❼

❽

❾

佐渡に入ってきた犂

佐渡に入ってきた犂

①から⑨は佐渡農業高校所蔵のもの。⑩から⑫は石塚権治さんのコレクション（一九七〇年一二月）

①**抱持立犂**　明治二十三年福岡からはじめて佐渡に導入された犂。

②**持立巾広着木犂**　大正年間、北見順蔵氏考案の犂。反転しやすくするために犂先からヘラの部分を幅広くしたが、これはほとんど普及しなかったという。

③**双用犂**　明治末に入る。佐渡では田にレンゲ草を植えていた人がわずかに使っていた。

④**肥後㋺犂**　熊本の大津末次郎が作った犂で、大正六年に佐渡に入ったがあまり普及しなかった。

⑤**笠井犂**　佐渡の西三川の笠井静男が九州へ行き、新しく改良を加えて作った犂。

⑥**長式深耕犂**　大正九年、

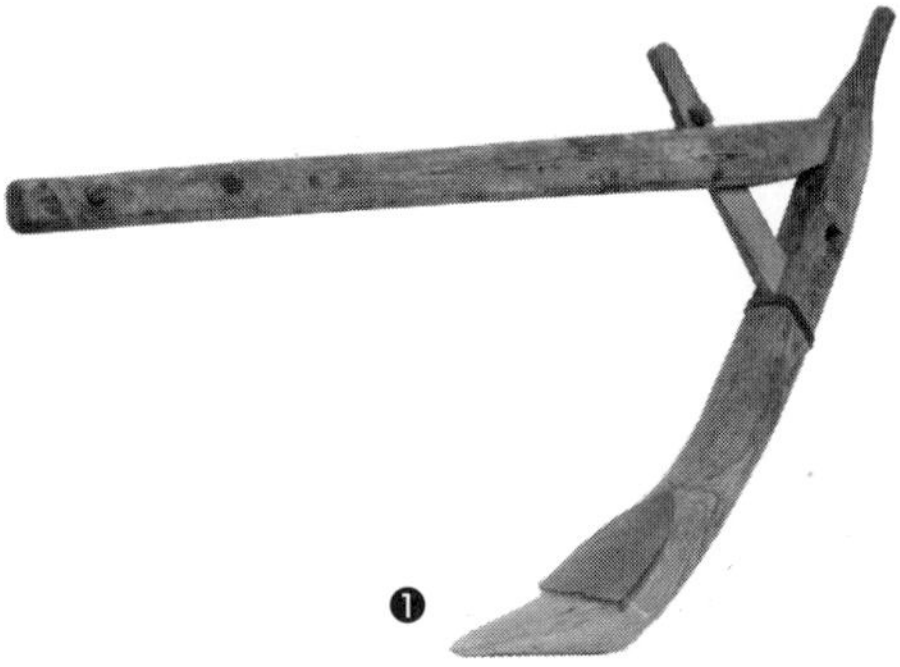

❶

❷

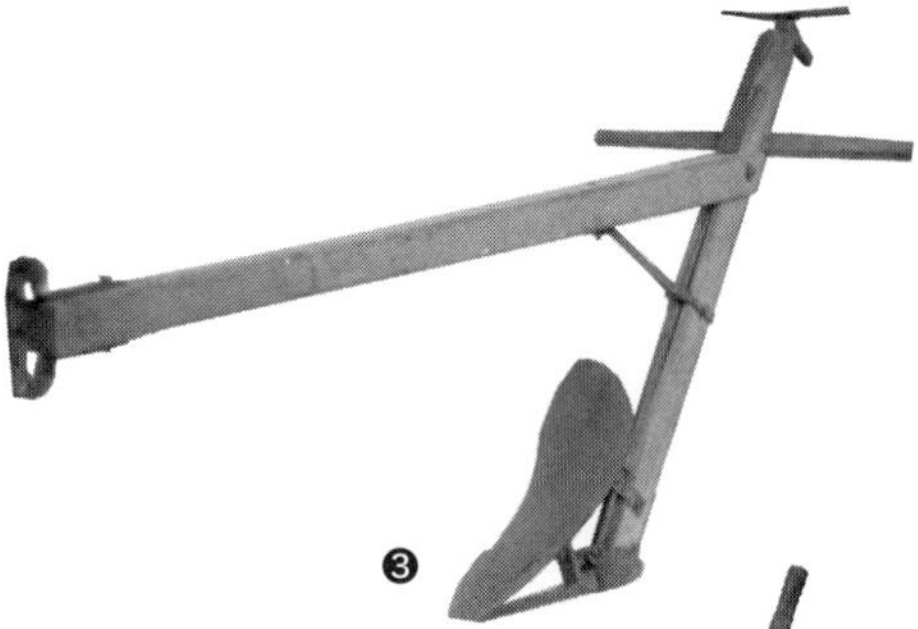

❸

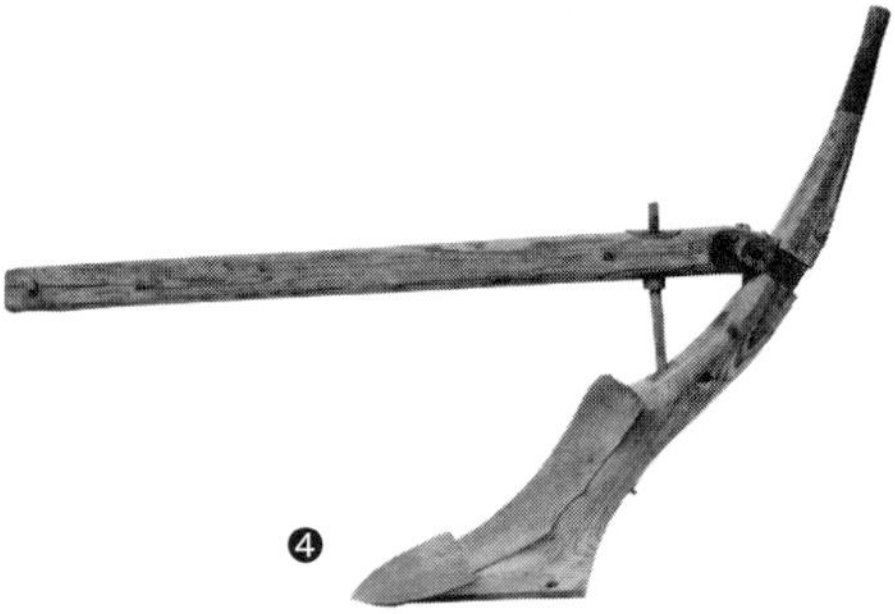

❹

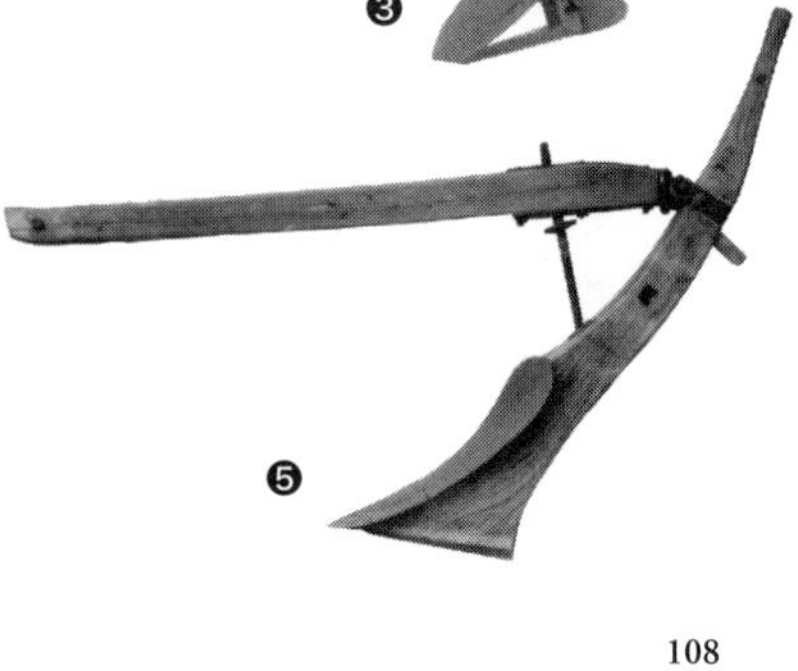

❺

❻

佐渡に入ってきた犂

福岡の長式農具製作所から派遣された馬耕教師が持ってきた犂。

⑦**菊住式誉号**　大正十一年、北見氏が九州に行った折に持って帰った熊本の犂。

⑧**菊住式新誉号**　大正十一年熊本からとりよせた。佐渡の土地に合うというのでたびたびとりよせた。

⑨**丸宮犂**　昭和十年頃新潟県で作られた。このころになると佐渡でもあちこちで犂が製造されるようになった。

⑩**深見式二段耕犂**　これは昭和七年頃福岡より入る。

⑪**高北式二段耕犂**　昭和二十五年頃に入った。このころが一段耕から二段耕へきりかわった時期になる。

⑫**磯野式二段耕犂**　昭和二四年導入。石塚さんが福岡の磯野製作所へ二段耕の講習を受けに行き持ち帰ったもの。

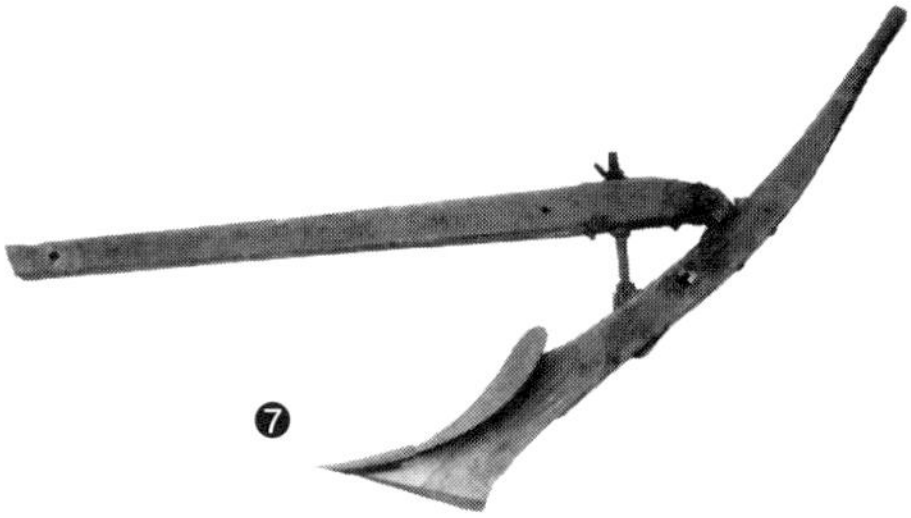
❼

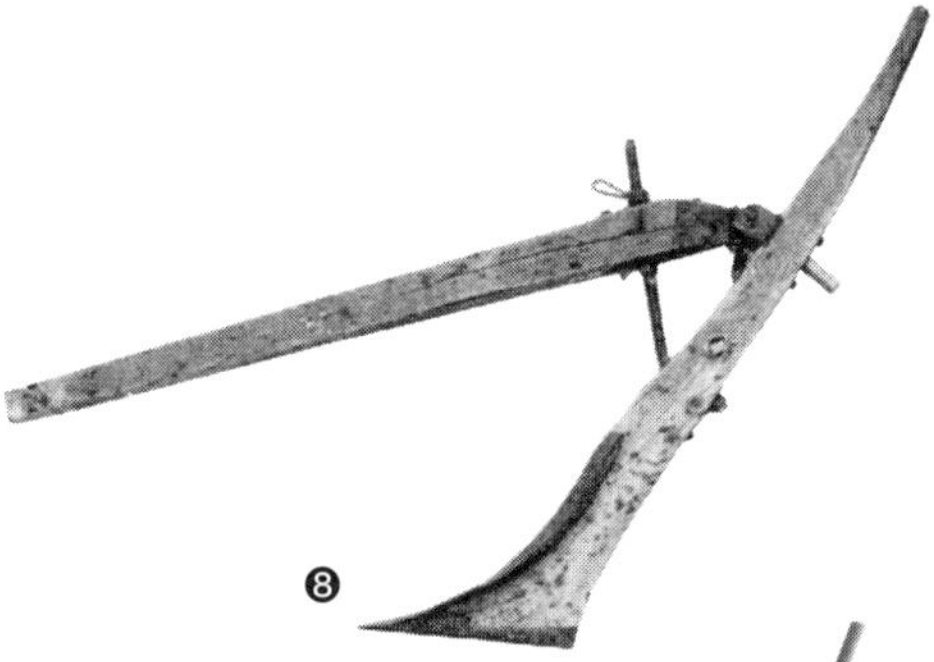
❽

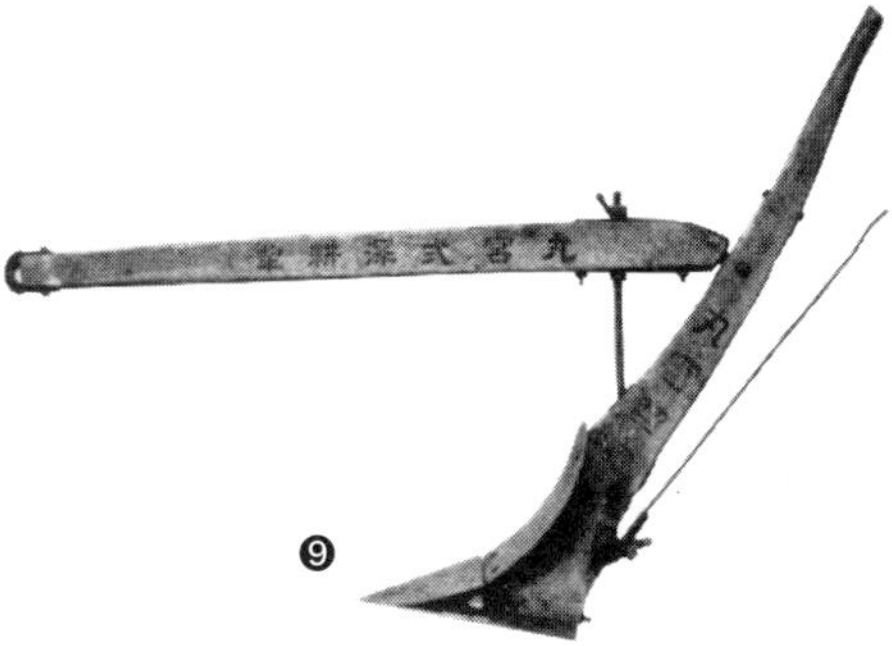

❾

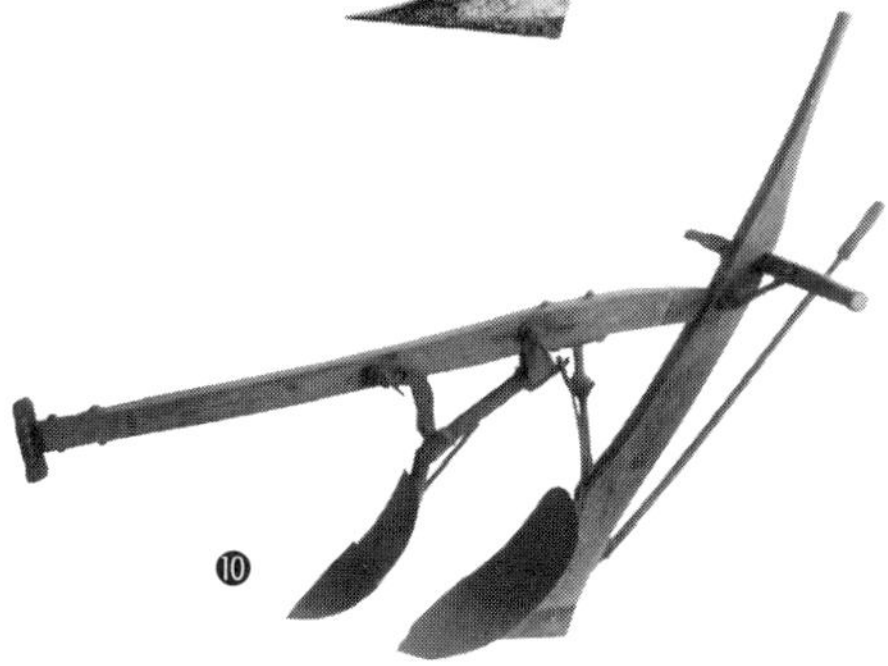
❿

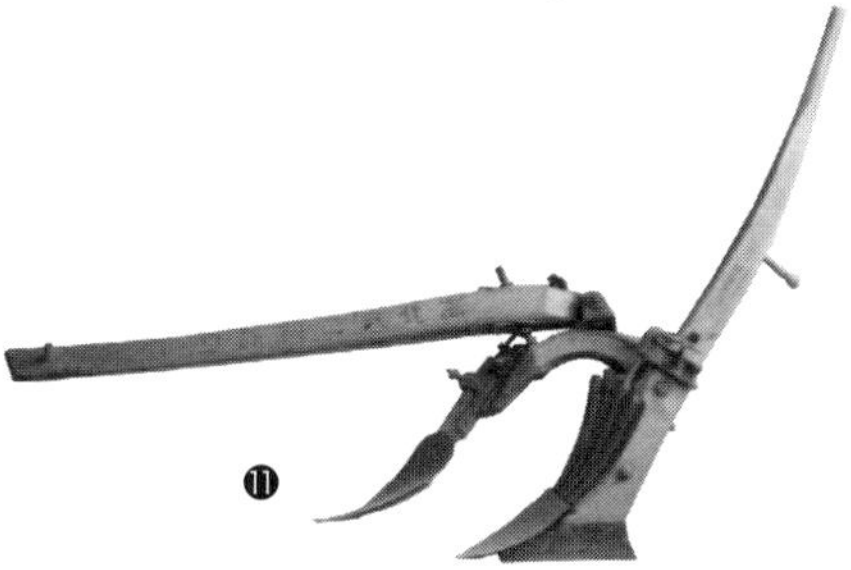
⓫

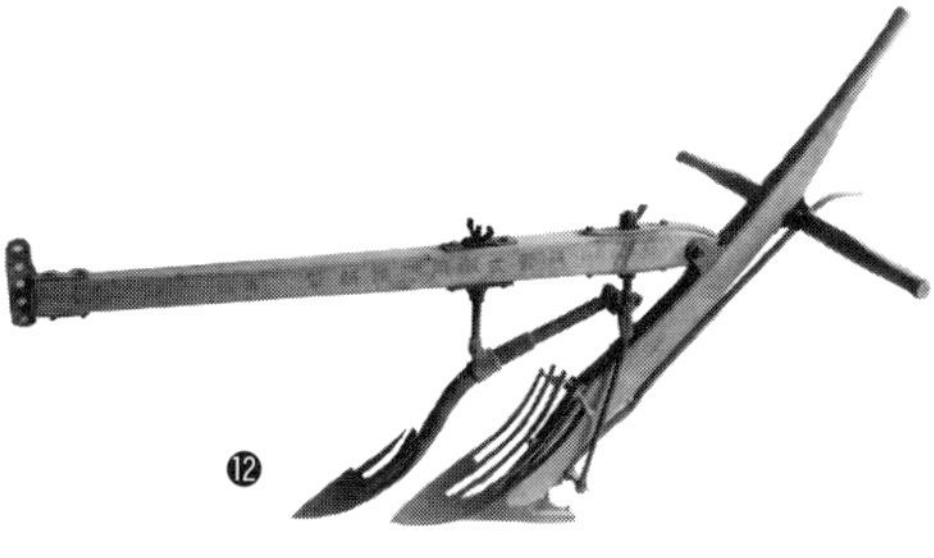
⓬

犂のさまざまな用途

犂のさまざまな用途
(『馬利用の状況』より)
①水田で畦のすきかえし
②サトイモの掘り取り
③ジャガイモの掘り取り
④畑の馬耕

❶

❷

❸

❹

犂耕における牛の扱い方

犂耕における牛の扱い方（『日本の農業機械』より）

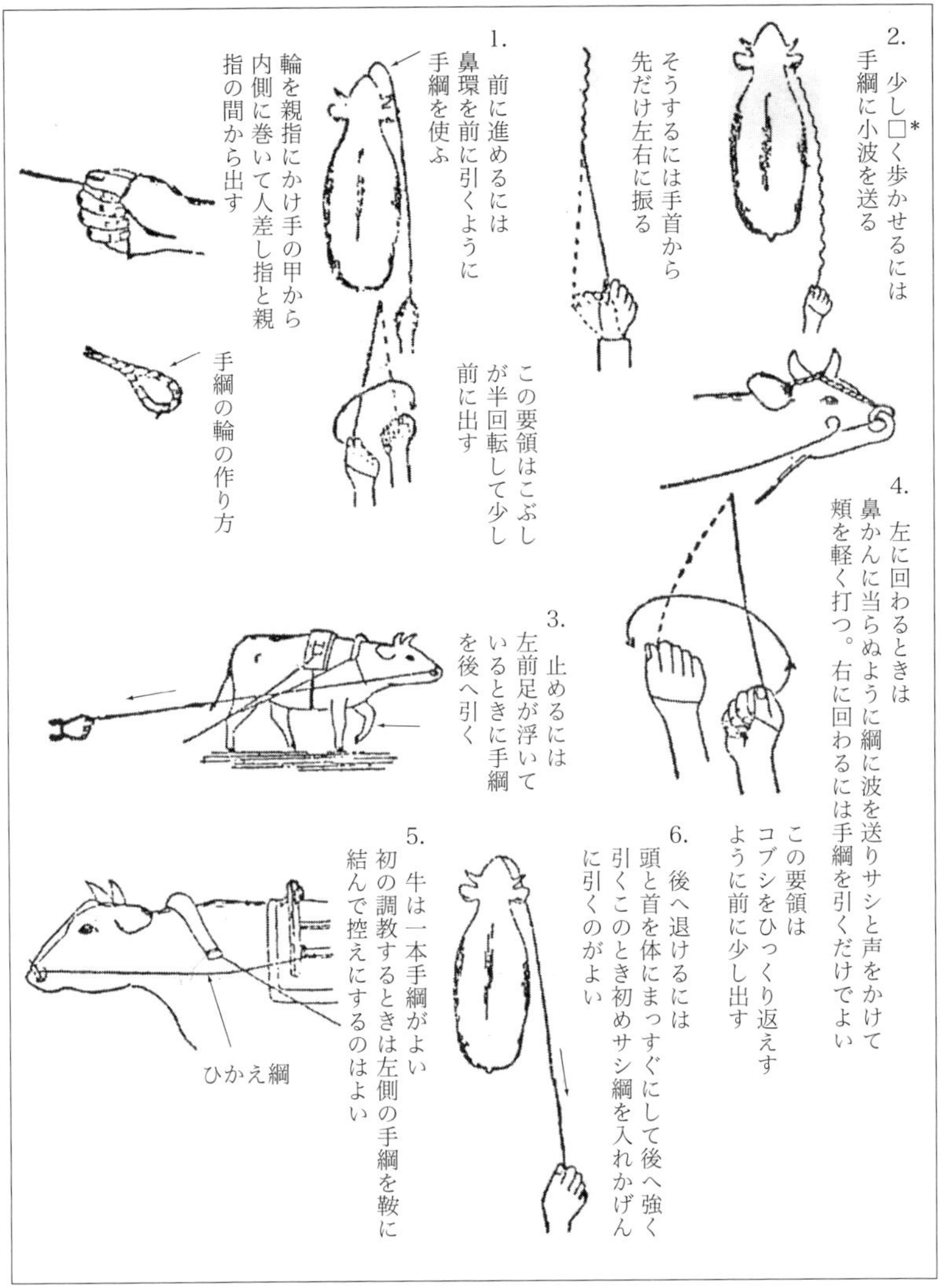
2. 少し□*く歩かせるには
手綱に小波を送る
そうするには手首から
先だけ左右に振る
1. 前に進めるには
鼻環を前に引くように
手綱を使ふ
この要領はこぶし
が半回転して少し
前に出す
輪を親指にかけ手の甲から
内側に巻いて人差し指と親
指の間から出す
手綱の輪の作り方
4. 左に回わるときは
鼻かんに当らぬように綱に波を送りサシと声をかけて
頬を軽く打つ。右に回わるには手綱を引くだけでよい
この要領は
コブシをひっくり返えす
ように前に少し出す
3. 止めるには
左前足が浮いて
いるときに手綱
を後へ引く
6. 後へ退けるには
頭と首を体にまっすぐにして後へ強く
引くこのとき初めサシ綱を入れかげん
に引くのがよい
5. 牛は一本手綱がよい
初の調教するときは左側の手綱を鞍に
結んで控えにするのはよい
ひかえ綱

*原本は手書き字の印刷で細かな字のため判読不能．あるいは「速」か．

III 馬耕教師の旅

中扉：東洋社日の本号による耕起
（田上泰隆氏提供）

平面耕法　平面耕法は土壌を平面に耡起す犂耕法で、普通平起し法と呼ばれてゐる。

単用犂による平面耡法

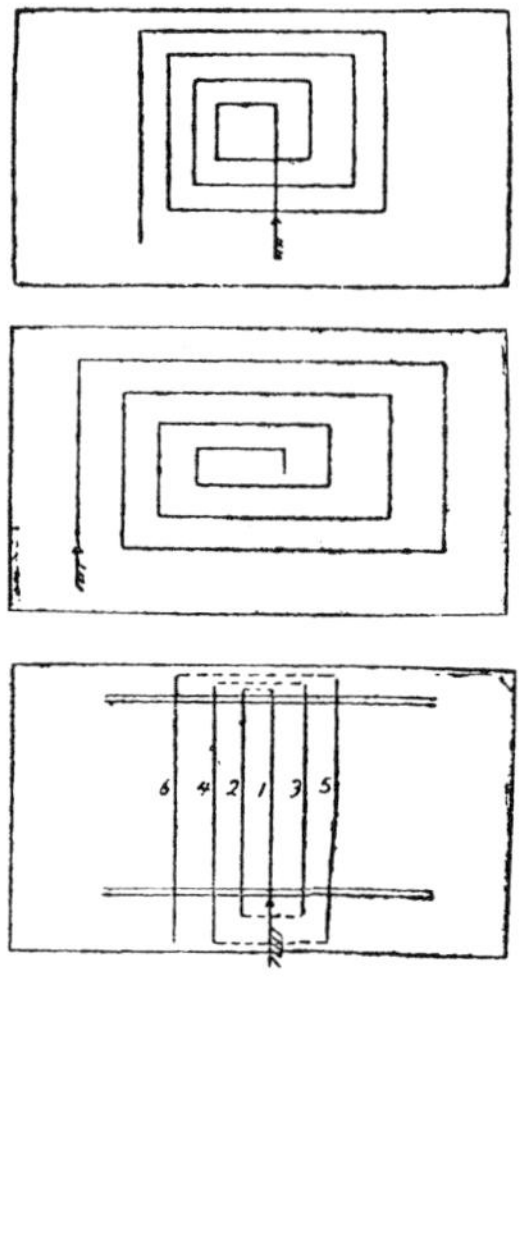

A　B　C

A　中心より始め外周に終る方法
B　外周より始め中心に終る方法
C　普通間断法

（『農機具利用の実際』より）

犂をもつ宮本常一　山口県玖珂郡美和町の調査先の農家の庭で（一九七六年八月撮影）

一　犂への興味

「私の日本地図」

本書を、四〇年近く前の佐渡での犂の伝播調査の記述からはじめた。

ではなぜ、その頃の私が犂に興味をもつようになったのかというと、そううまく説明はできない。ただ、ひとつ言えるとすれば、その当時私が教えを受けていた宮*本常一先生からの示唆があったことである。とはいえ、犂の調査はおもしろいぞ、といった直な形でのアドバイスをいただいたわけではない。

そのころ、宮本先生は、ご自身が教鞭をとっておられた武蔵野美術大学で生活文化研究会という会を主催し、学生をつれてしばしば民具調査に歩かれていた。私は一橋大学からの、いわばモグリの学生であったが、よくこれに参加させていただいていた。農家をまわり、納屋の民具を見せていただき、話を聞き、写真を写し、実測をするといった作業のなかで、個々の農具の性格やポイントを手短に学生に説明されていたのだが、犂はなにかこだわりをもって語られている感じの農具のひとつだった。あのこだわりのトーンはなんだろう、そこから私の犂への興味が始まったように思う。

II章で佐渡の石塚権治さんの足跡についてふれた。私は石塚さんの調査について、時折宮本先生に報告していたが、この調査に一区切りつけたころ、宮本先生はＮＨ

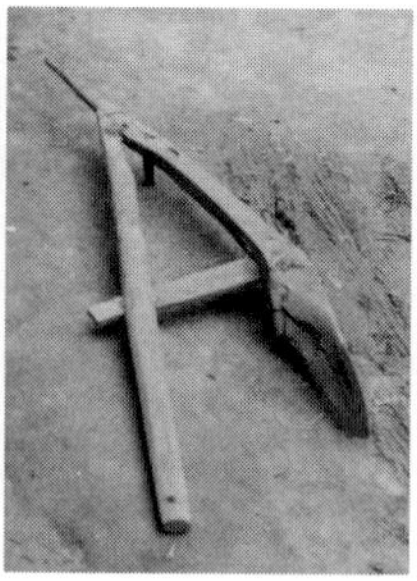

『私の日本地図』所収の写真から
右：一〇巻『武蔵野・青梅』
中・左：一五巻『壱岐・対馬』
いずれも在来犂。右はオオグワの一類型、中は典型的な無床犂。

K教育テレビで「生活文化の交流」という一五回のシリーズ番組をもたれていた（一九七五年四〜七月）。これは社会学者の加藤秀俊氏との協同の企画であり、その後半を宮本先生が「土着再見」というテーマで担当されていたのだが、そこで宮本先生は、「犂——農耕技術のひろがり」としてこの馬耕教師のことをとりあげ、石塚さんをスタジオによんで対談されている（同年六月二十一日放送）(1)。

その宮本先生がなくなられて三〇年が経つ。先生が書かれた全一五巻の「私の日本地図」のシリーズを改めて読み返してみると、*旅先で見かけた犂についての記述や写真が多いことに気づく。たとえば六巻『瀬戸内海Ⅱ　芸予の海』、九巻『同Ⅲ　周防大島』、一〇巻『武蔵野・青梅』、一五巻の『壱岐・対馬』など(2)。

朝鮮半島からの牛

そして馬耕教師については、七巻の『佐渡』、一一巻の『阿蘇・球磨』にその記述がみえ、『阿蘇・球磨』では次のように記されている(3)。

熊本県は*肥後牛の産地であった。肥後牛は朝鮮牛系の牛で、和牛が黒色なのに対して、黄褐色である。和牛よりは大型であり、力強く、労役牛としてつかわれ、戦前にはいたるところに見られた。大正時代に武蔵野で車をひいている牛はたいてい朝鮮牛か肥後牛であった。新潟県など農耕につかっている牛の多くはこの系統の牛であった。この牛が全国にひろがっていったのには一つの理由

があった。日本における農耕には犂を使うことが少なかった。犂が全国的にひろがっていったのは明治になってからで、犂耕を指導したのは福岡県、熊本県の百姓が多かった。福岡の人たちは抱持立犂を持ち、熊本県の人たちは短床犂をもって指導にあるいた。その指導はほとんど全国にわたった。犂は馬につけて用いることもあり、馬耕といったが、馬よりも牛のほうが扱いやすいというので、初めて犂耕をおこなう者は牛を用いることが多かったが、その牛は犂耕教師たちの郷里で多く使役されている黄牛が取り入れられた。つまり犂ばかりでなく、それをひく牛も導入したのである。
　ところが肉食用としては黒牛がよいということになって、戦後は黄牛が急速に姿を消してしまった（後略）

これは紀行文的な記述であり、端折った表現をとっているため、少し補足をしておきたい。
　戦前・戦中期、朝鮮牛*の普及はかなり広範囲にわたっていた。私もかつて広島県でこの運搬にあたった人から話をうかがったことがある。山口県下関沖の彦島に検疫所があり、朝鮮半島から船で運ばれた牛は、そこで検査をすませた後、別の船に積まれ、瀬戸内の港で次々と降ろされて、博労《ばくろう》に引き取られていった。(4) 馬が軍馬として供出された地域においても、この牛が移入され農家の仕事を支えたという。朝鮮牛は頑丈で性格がおとなしく、苦役によく耐えたとの話は中国地方のむらでよく

肥後牛　肥後の赤牛は、在来種と、明治四十四年にスイスから導入した種牛との交配によって改良されたものとの記述が、岡村良昭『土の譜（うた）熊本農業50年・人と農協』（旭出版、一九八三年）にある。

朝鮮牛　I章でふれた長野県の松山原造は、朝鮮牛に適した新しい犂を考案した。「本県にて朝鮮牛の使用は之を以て嚆矢とす」と、大正十年六月二日の信濃毎日新聞がこのことを伝えている（松山記念館所蔵）

『鮮牛読本』（昭和十二年）より

牛を買ふなら　朝鮮牛よ
爪が丈夫で　オトナシイ
荷車曳いても　田を耕やせても
働きぶりは　天下に一品
利巧に手に入り　能率揚り
飼方次第じや　メキ〳〵肥へ太るやら
殖るぞ〳〵　お金が殖へたぞ
目出たい〳〵　目出たい事だよ
牛は農家の　寳だよ

聞いた。

福岡の人たちが抱持立犂をひろめた、とあるのは前述した林遠里《はやしえんり》を中心とした人々のことであり、熊本の人たちが短床犂をひろめた、とあるのは、次節で述べる大津末次郎や東洋社のことを指している。もちろん福岡県からも前述した磯野、深見、長といった製作者が、のちに短床犂をひろめて歩くのだが、これは熊本県についての記述であるため対比的にこう記述されたのであろう。

二　肥後㋙《まるこ》犂

熊本からの発信

さて、前に引用した宮本先生の文章にあるように、短床犂の製造技術においても、その普及においても、熊本勢の果たした役割は大きかった。

福岡の長末吉のもとで犂の普及をすすめた後藤丈作さんについて前章でふれたが、後藤さんの話によれば、長末吉が各犂製作所の犂をとりよせて検討した結果、長の目を見はらせるほどの短床犂をつくっていたのは、熊本県山鹿《やまが》の大津末次郎のみであったという。

その優れていた点とは、リシン（犂身）とネリギの角度の調節をするタタリを従来の木製から鉄のボルト式にしたこと、ワッシャーをつけその調節でネリギを左右

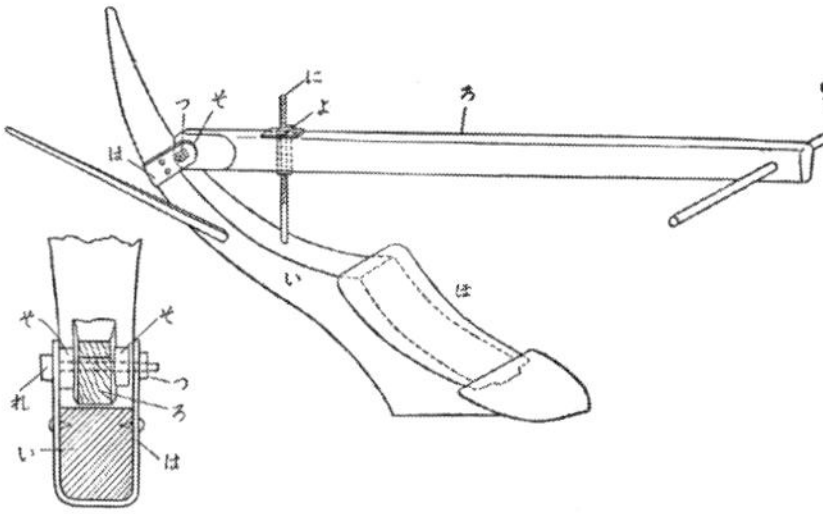

大津末次郎の㋵犂　図中の「に」の箇所に鉄製のネジを配して角度のこまかな調整を可能にし、「そ」に鉄輪を入れて（左下図はその拡大断面図）土の反転を左右自由にできるようにした点が特許であった。しかし後者の点は松山原造考案の双用犂には及ばなかったという（『日本農業発達史』(1)より）

に動かせ、耕幅の調節ができるようにしたこと、犂底に鉄板を張り、犂ヘラをカーブをつけた一枚の鋳鉄板にしたことなどであるという（上図参照。前二点が特許）。

この大津末次郎の存在のみならず、熊本県での犂製造の状況については、福岡の同業者や馬耕教師の間で強く意識されていたはずである。長末吉は、日の本犂の創始者の弟子筋にあたる菊住犂の菊住伊八を熊本にたずね、そこに二泊して意見を交換した話が伝わっている。

大津末次郎は元来金物商であり、鍋釜から犂先まで扱っていた。金物商を営むかたわら犂を作り始め、明治三十五（一九〇二）年には犂で特許をとった。自宅の裏に犂研究のための小屋を建て、そこで研究・改良に没頭したという。熊本の山鹿地方の菊池川流域は、在来の短床犂が使われていた地域であった。大津末次郎はこの犂の改良を試み、全長の短い、抱持立犂に似た短床犂を考案した[5]。

その犂は「肥後㋵犂」と称した。これは明治末期に東京の品評会で二等を取り、それ以降注文が増え、本州方面からも何百台と注文を受けるようになったという。

従来、犂は基本的には製作者の経験と勘とで作られていたが、末次郎は犂大工のほかに指物師を雇い、試しずきをして使い具合のよい犂ができると、それを指物師に丁寧に寸法を測らせて記録し、これにもとづいて製作した。このことが、出来・不出来のない量産を生んだとされる。

しかし、大正中期に特許期限が切れた折、他の犂製作所に技術が流れ、次第に往時の勢いはおとろえていき、第一次世界大戦後の不況期に倒産したと聞いた。大正十一（一九二二）年、六三歳で末次郎はなくなったが、その後、御子息が山鹿町で農具商を営み、昭和三十六（一九六一）年まで犂を作っていたという。

なお、このような熊本県下での在来の農業技術の概要や進展については、熊本日日新聞社から『農魂　熊本の農具』というすぐれた書物が刊行されている。(6) Ⅰ章で明治九（一八七六）年に津軽の農民が、熊本から犂耕を学んだという事例を引用文で紹介したが、同十一（一八七八）年、青森県令の招きで熊本県から柳原敬作ほか数人の農民が青森県に出かけ、馬耕を指導し肥後犂の普及につとめ、同十八（一八八五）年には愛知県へ、同十九（一八八六）年には鹿児島県へ、二十六（一八九三）年には長野県へ犂耕の指導に出かけた旨の記述が同書にある。この時期、犂の普及、指導に動いていたのは福岡県の勧農社からだけではなかった。

三　東洋社の興隆

日の本号の勢い

熊本市の上熊本駅前に、日の本社という犂――犂の名称は「日の本号」で知られる――を作る会社があった。ここは大正末期ころから大きく発展していき、昭和三（一九二八）年に東洋社*と名を変えるが（以下東洋社の表記で統一する）、この会社の始まりは幕末までさかのぼる。

東洋社　東洋社は昭和三（一九二八）年に親子四名に成る合名会社となり、昭和二十四（一九四九）年、田上一族の同族出資で会社組織に改組する。

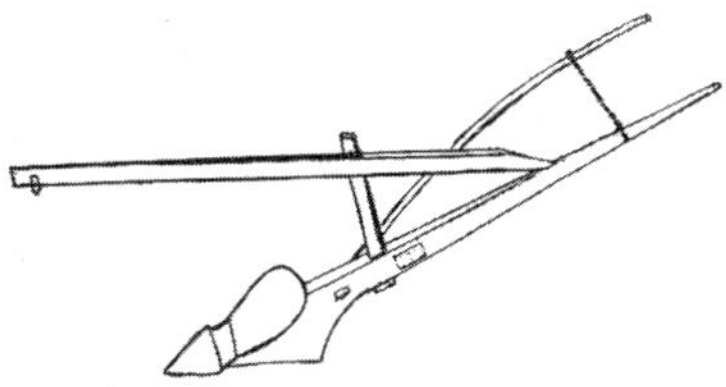

文久三年に田上重兵衛が考案した長床犂　これは『耕耘の歴史　日の本号・犂・すき』に掲載された図。同書では「犂先と犂へらの間に銅板を配し、耕土の上昇、反転を良くした。床金の長さ約55㎝、全長3ｍ」とある。

田上泰隆（一九四七－）　氏は同社四代目の社長田上譲時（じょうじ）氏の弟にあたる。

文久*三（一八六三）年、熊本県の上益城郡龍野村の農民、田上《たのうえ》重兵衛は使用中の長床犂が破損したため、自家で長床犂を作ったが、これが使いやすく近隣で評判になり注文を受けるようになった。この犂は「重兵衛犂」あるいは「甲佐犂」と呼ばれた。これが東洋社のそもそもの始まりであるという。

こうしたことがわかるのは、『耕耘の歴史　日の本号・犂・すき』という東洋社の社史ともいうべき本が田上泰隆*氏によって編まれており、社の歴史や概要を知ることができるからである。本章の記述も、あるいて得た資料以外の部分は、多くこの書に負っている(7)。

さて、この甲佐犂は明治以降も評判をとり、作りつづけられた。根曲がりの栗の自然木を切り出し、鋸とチョウナで犂身を作り、これに犂先とヘラを差し込むという造りで、明治初期には一台が米一俵ほどの値がしたという。この「犂一台が米一俵」という表現は、私も調査であるいた先々でよく聞いたものである。大正半ばくらいまでは、ほぼこのくらいの値だったらしい。

重兵衛の子順太郎は父の指導を受けて犂の製作に励み、明治二十（一八八七）年に御船《みふね》町に居を移し、犂の製造を専業にした。そのためこの時期の犂は「御船犂《みふねずき》」として知られている。弟子を数人おき、長床犂を年間三〇〇台ほど生産していたという。

しかし次第に深耕が求められるようになると、不適な長床犂は売れなくなり、順太郎はある日、これと無床犂との折衷的な犂――短床犂――を工夫して作るに至っ

東洋社社長の田上龍雄　すわっている人物（田上泰隆氏提供）

た。この犂は好評だったという。大正六（一九一七）年から、順太郎の助手としてその子龍雄も犂つくりに励むことになる。なお、順太郎の弟子の菊住伊八は独立して菊住式深耕犂を考案・製作し、勢いは一時師をしのぐほどだった。

大正六（一九一七）年頃には、㋙犂に続いて福岡の磯野犂が熊本県の奨励犂となり、県費で年に三〇人ほどの農民が、県の担当官同行で福岡県に犂耕の講習に出かけている。購入者には半額の購入助成金が出されてもいたという。

*田上龍雄は、大正十一（一九二二）年に新たな犂を考案し、これが好評を博すことになり、それから同社は発展の一途をたどる。東洋社の基盤は九州にあったが、大正十五（一九二六）年、東日本への普及・進出をめざして埼玉県久喜町（現久喜市）に関東出張所を開いている。社長の田上龍雄は、みずから全国を歩き、各地の土質や習慣を調べ、土地土地に合う犂の研究に余念がなかったという。

大正時代から昭和にはいったころ、日本の犂製作は五大銘柄の製作所で占められていた、と田上泰隆の前掲書に書かれているが、これはI章で紹介した福岡の磯野、深見、熊本の日の本、三重の高北、長野の松山になる。

いずれもその大まかな概要については前にふれたが、これに続いて同書では「この五大メーカーは、競って犂の改良に努力し、農林省はもちろん、地方農事試験場農具部の研究課題も、犂の研究が主流をなし、農林省農事試験場の広部達三技師、正村慎三郎技師、九州大学の森周六教授等の数々の研究業績も忘れてはならない。さて五大メーカーは、販売と普及に対しても異常なほど競争心をもやしたものであ

森周六の指導　前列右から三人目が森周六（『東洋社の沿革と日の本号深耕犂解説書』より）

る」（三二七ページ）とある。

昭和十（一九三五）年代前半に発売された「日の本号」六号は、土の摩擦抵抗を少なくするために、その設計を当時九州大学教授の森周六*に依頼した。それまでは勘で作っていたが、森は社員の家に泊まりこみ、実験をおこない、力学的に解明し、図面を作成し、これにもとづいて製造し、規格を統一した。II章で述べた石塚権治さんの師、長末吉は、大正九（一九二〇）年に犂耕法の本を出しているが、その際も森周六は協力したという（巻末資料1参照）。引用文の森についての表現は、そうした状況を前提にしてのものになる。

なお、森は、昭和十二（一九三七）年、東京の新農林社という会社が企画した満州視察団の団長をつとめており、この視察団には全国の一流農具メーカーの人間が参加したという(8)。こうした動きとつながるものであろうが、昭和十年代半ばに出されたと思われる東洋社のパンフレットには、当時特約店は五百数十軒、京城、奉天、天津に出張所を置き、台湾、南洋方面にも販路を開拓中とある(9)。

また東洋社は、各県の競犂会での上位入賞者や各地の馬耕教師を嘱託として契約し、自社の犂の普及をはかった。こうした普及への勢い、ひいては製作所間の競争が最も激しかったのは、昭和五（一九三〇）、六年から十（一九三五）年すぎまでだった旨、いく人もの馬耕教師の方が語っておられたが、昭和七（一九三二）年から東洋社では、年に一度一月に全国から講習生を募集して、全国犂耕技術指導員要請講習会を御船町でひらいている(10)。

研究者による農業技術書のデータから
①牽引角・②犂先の力のベクトル『広部農具論　耕墾器編』
③反転板のデータ『犂と犂耕法』

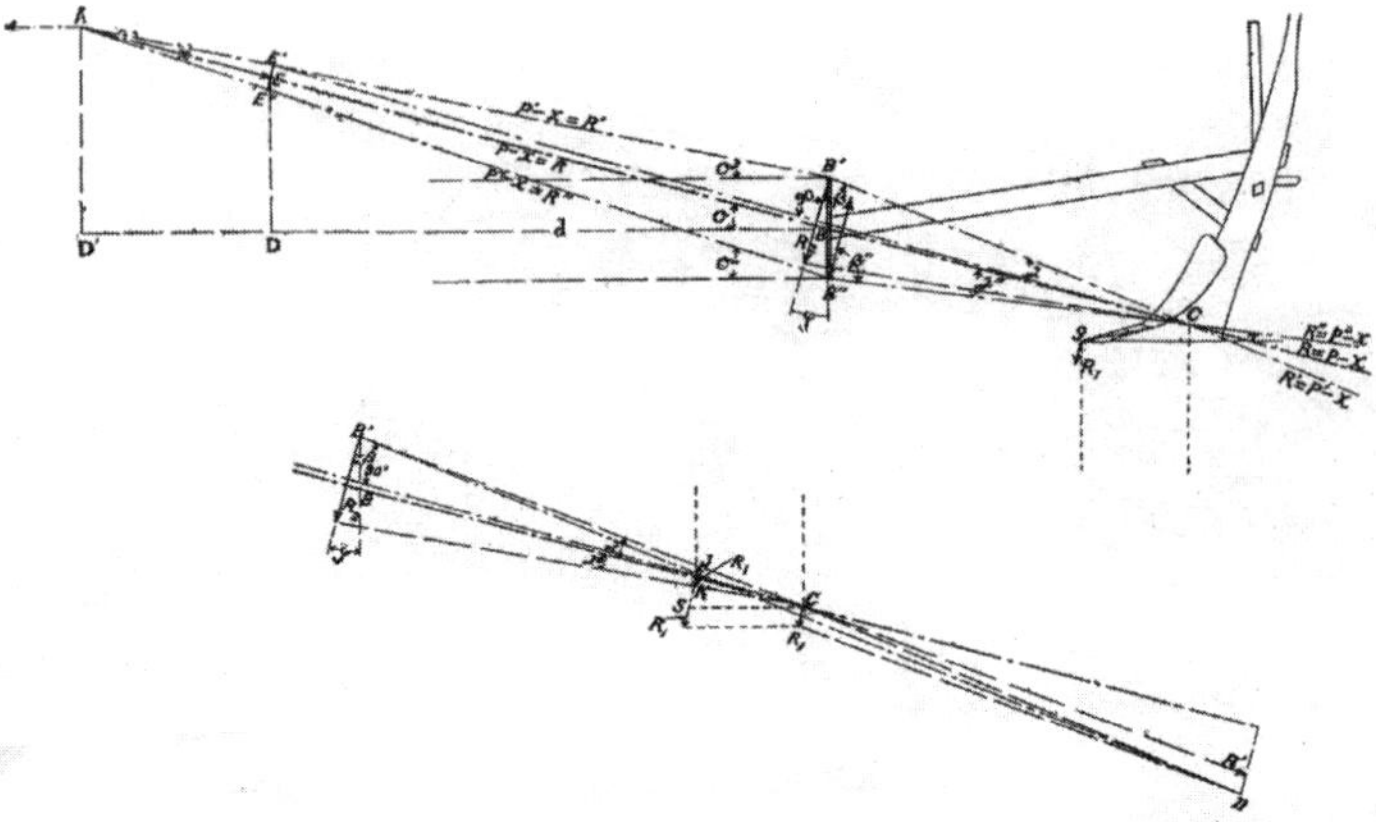

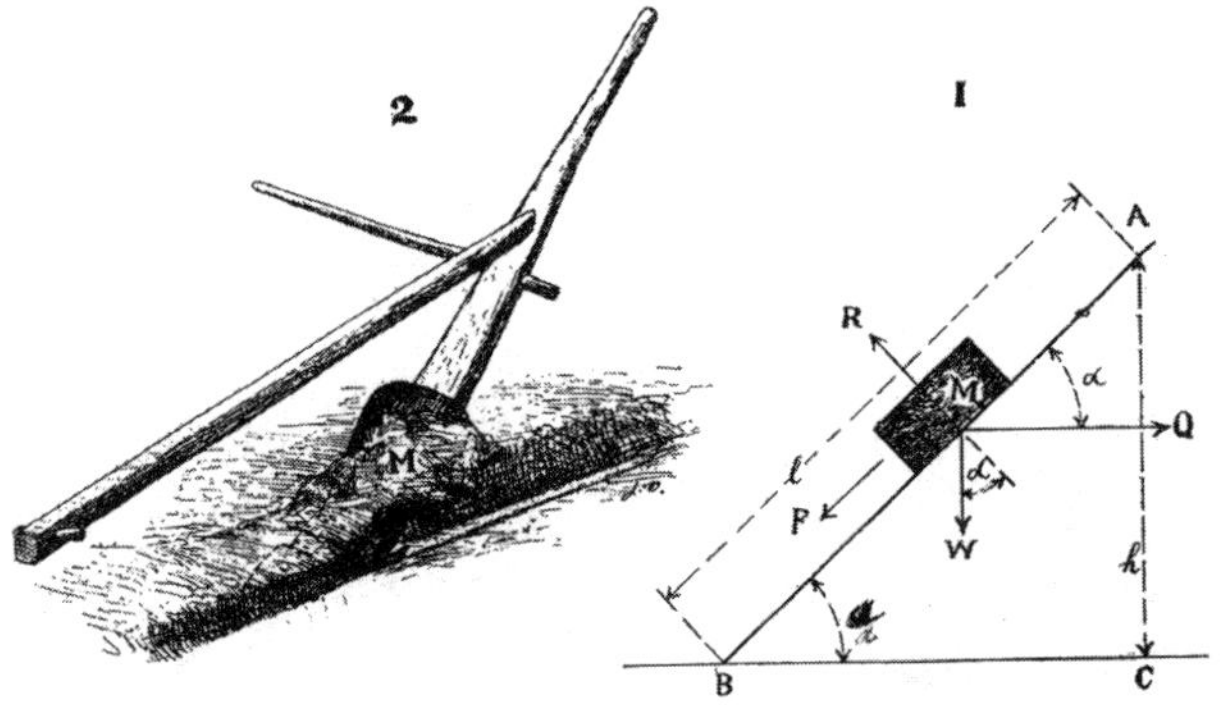

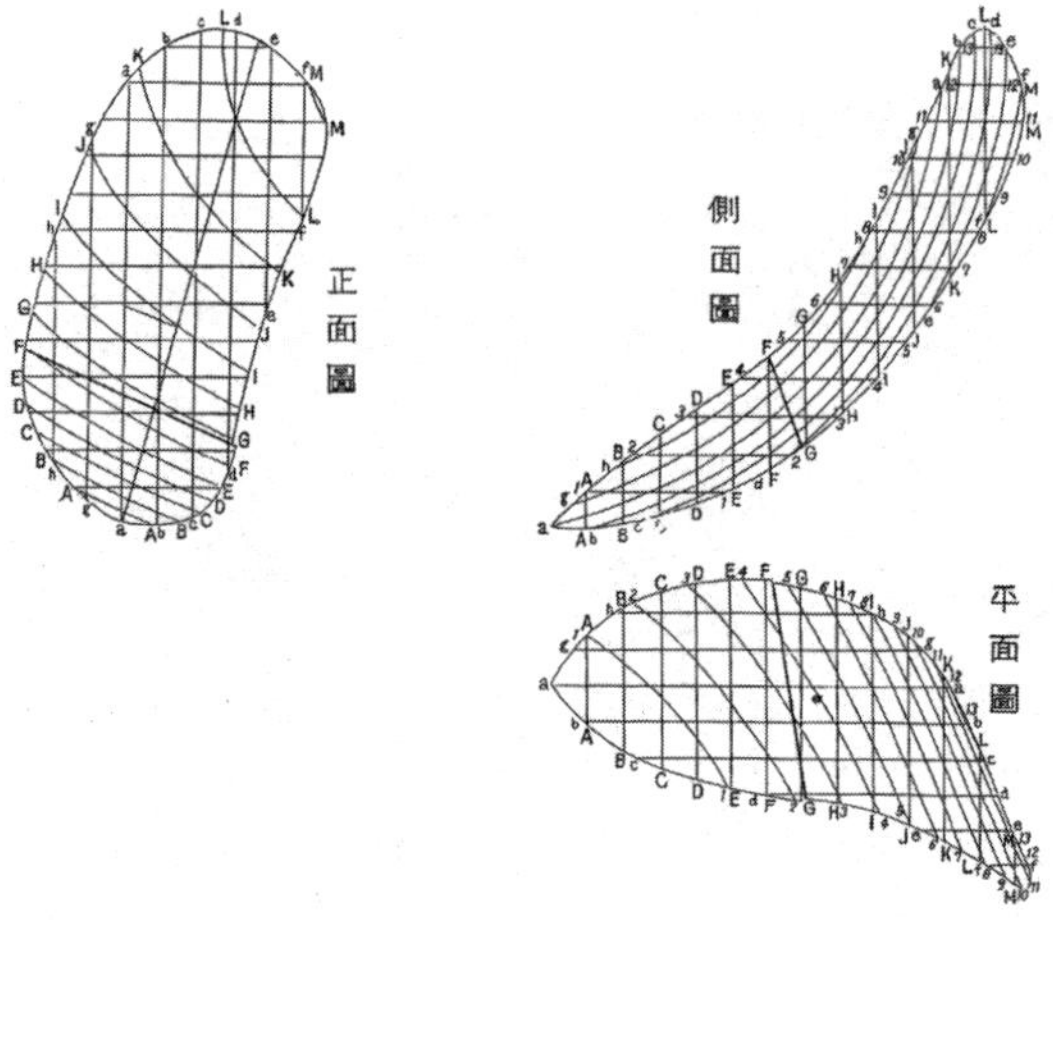

東洋社の第六回全国犂耕指導員養成講習会開会式（『東洋社の沿革と日の本号深耕犂解説書』より）

四　旅暮らし

まず日本通運へ

東洋社には、多いときには八〇名ほどの常勤の指導員がおり、女子部も設けられていた。昭和にはいると指導員は嘱託を含めて二〇〇名に達したという。この場合の嘱託とは、多く東洋社で実習を受けた犂耕に長じた農民で、農閑期に東洋社の依頼で各地に指導に出かける者を指している。

この会社で犂の普及・販売にずば抜けた手腕をもつ社員のひとりに古田不二男さんという方がおられた。古田さんは昭和五（一九三〇）年、二〇歳のときに入社、それから五年間を犂耕の専任技術員として勤めたという。

「私は年に数えるほどしか家におりませんでした」という言葉から始まった古田さんの話を以下、紹介する。

当時東洋社では、前述したように毎年一月十日ころから一週間ほど、全国から人を集めて犂の講習会をひらいていた。これには各地域の農会から派遣された農民や、また各地の篤農家、馬耕教師が一〇〇人から二〇〇人ほど集まってきたという。これには、社の専任の技術員のみでなく臨時の派遣員を勤めていた人も出て指導にあたった。この講習がおわると、ほぼその一週間後、専門技術員たちは犂の指導と普及に各地へと出かけていった。

「日の本社」による犂耕講習会の記念写真　場所は埼玉県熊谷。前列左端が古田不二男さん。その左には磨かれた犂や鞍が置かれている（古田不二男氏提供）

古田さんは、上熊本駅から当時二五円の日本周遊券を買い、二か月ほど販売拡張の旅に出た。その主要なコースは、まず福岡の門司《もじ》（北九州市）に出て山陰線をまわり、舞鶴から福井、新潟と日本海側を北上して青森へ足を伸ばし、そこから南下するのだが、常磐線沿いの地域をまわり、山陽線を通って三月に熊本に戻った。それから一〇～二〇日間は熊本にいるが、そのあとはまた出張することが多かった。

旅の先々では、まず日本通運の運送店に寄った。そこでその土地で手広く、また手堅く商いをしている農機具店を教えてもらった。その土地の運送店が、その地の犂の搬入状況――どのような犂がどのくらい運ばれてきているのか――をもっともよく把握しており、最良の情報源だったという。教えてもらった農機具店を、経営規模の大きなところから順にまわっていった。この頃の東洋社は勢いをもっていた時期であり、名刺を一枚出せば、すぐに迎え入れられた。

ひととおり挨拶まわりがすむと、ここは固い商売をしていると思った農機具店に再び足を運んだ。犂を買ってくれそうな、と感触をつかんだ店には、いく度も訪れた。顔を出せば出すほど売れたものだという。取引が成立すれば、その契約の頭金を宿代に充てた。古田さんの記憶では、当時、犂一台が七円ほど、旅館代は高いところで二円五〇銭ほどであったという。東洋社から出張費として支払われるのは、周遊切符代の二五円のみであり、あとは契約成立次第で収入がきまってくるシステムになっていた。

取引が成立し、一軒の農機具店から受ける注文台数は通常一〇台から二〇台であ

馬耕教師・古田不二男さんが昭和四～十四年にかけて犂の普及にあるいたところ　古田さんが印した地図と記憶にもとづいて作成。九州に関しては、ほとんどの地域をあるかれたということで「九州全域」と大まかな表記をせざるをえなかった。神奈川県も県中部、足柄上、下郡一帯をくまなくあるかれている。そのため分布の点の性格は一様ではない。

①五所川原
②黒石
③弘前
④大館
⑤大曲
⑥横手
⑦盛岡
⑧酒田
⑨余目
⑩鶴岡
⑪新庄
⑫天童
⑬米沢
⑭村上
⑮新発田
⑯新津
⑰三条
⑱柏崎
⑲直江津
⑳高田
㉑黒沢
㉒郡山
㉓会津若松
㉔日光
㉕栃木
㉖佐野
㉗宇都宮
㉘小山
㉙真岡
㉚日立
㉛土浦
㉜竜ヶ崎
㉝桐生
㉞前橋
㉟太田
㊱熊谷
㊲秩父
㊳川越
㊴銚子
㊵茂原
㊶木更津
㊷君津
㊸館山
㊹横浜
㊺鎌倉
㊻伊勢原
㊼秦野
㊽小田原
㊾中野
㊿長野
(51)小諸
(52)上田
(53)松本
(54)甲府
(55)韮崎
(56)鰍沢
(57)富士吉田
(58)高岡
(59)高山
(60)美濃
(61)大垣
(62)沼津
(63)掛川
(64)刈屋
(65)松任
(66)加賀
(67)勝山
(68)福井
(69)大野
(70)武生
(71)敦賀
(72)彦根
(73)津
(74)松坂
(75)上野
(76)名張
(77)生駒
(78)高田
(79)御所
(80)五条
(81)吉野山
(82)宮津
(83)福知山
(84)綾部
(85)豊岡
(86)鹿野
(87)赤穂
(88)姫路
(89)高砂
(90)明石
(91)淡路島
(92)和歌山
(93)有田
(94)田辺
(95)新宮
(96)倉吉
(97)米子
(98)新見
(99)岡山
(100)倉敷
(101)笠岡
(102)尾道
(103)三原
(104)大竹
(105)江津
(106)浜由
(107)益田
(108)長門
(109)美禰
(110)小野田
(111)高松
(112)善通寺
(113)阿南
(114)室戸
(115)高知
(116)土佐
(117)中村
(118)宿毛
(119)八幡浜
(120)九州全域

東洋社の人たち　左端の黒い服が中川茂幸氏。その右二人おいて背広姿が田上龍雄社長、その右隣が岡政雄氏、さらにその右が西田重規氏。一四四ページの写真で馬をあやつっているのは岡政雄氏か。他の方々については本文参照（田

った。本社に注文台数を知らせると同時に、今後も有望だと思われる土地には、馬耕教師を派遣してほしい旨とその希望時期を手紙で本社に書き送った。それを受けた東洋社は、要請に合わせて配下の馬耕教師を現地に派遣した。

古田さんが東洋社にいた五年間で、ことによくまわったのは、沖縄を除く九州の全県と長野、山梨、新潟の三県で、これらの地域は、まわらないところはないといってよいほど、すべての地域に足をのばしたという。

この時期、東洋社は全盛期を迎えていたが、しかし、出かけた先々で必ず自社の犂が売れるということでもなかった。関東北部、千葉県下では売れゆきがふるわなかったというし、新潟県の十日町周辺、柏崎市、西蒲原郡の重粘土地帯でも売れなかった。

たとえば柏崎周辺では、雨がふらなければ犂は使えなかった。晴れの日に犂ですいていくと、犂先の反転板に重粘土の土がべっとりと吸い付き離れない。雨が降り、土に水分が加わると、この土は離れやすくなるからである。また、重粘土質の土を短床犂ですくと、犂床で土がすられて耕土の底に固い盤ができていくことになる。この作用は、水田においては水もれを防ぐのには良いのだが、耕土の深さをより必要とする根菜類の栽培耕地では不適だった。

まわった先々で、その土地に適した犂がすでにあり、それが土地の農民に使いこなされて馴染んでいる場合は、必ずその犂を購入して本社に送った。本社ではその犂を分解して調べ、さらに改良を加えたものを見本として送り返してきた。

土に対しての抵抗が少なく、すきおこした深さが一定であること、これが犂に求められる基本条件になる。そのため試作した犂を実際に使ってみて犂本体の振動数をはかり、抵抗値を調べた。すきおこした耕地の部分をきれいに取り除き、すかれた深さが一定かどうかを計った。一五センチほどの深さで一定していれば、まず合格であった。重要なポイントのひとつは、反転板のカーブにあった。重粘土地帯では、比較的なだらかなカーブのほうが土の離脱性がよいという。

社員のこうした精力的でこまやかな情報収集と試行錯誤が、この時期の東洋社の躍進を支えていた。特有な形をもつ犂でも、千台単位の需要が見込まれれば、会社は製造したが、それ以下の台数では採算がとれなかったという。新しい犂ができると、まず地方の代理店に見本として送り、ただちに指導員が出張して代理店の技術者の指導や農民の技術指導にあたり、使用伝習会を開催した。

馬耕教師の引き抜きと独立

昭和十(一九三五)年、古田さんは、出張先で懇意になり、その技量を認めてくれた長野県の上田の犂の会社からの誘いを受け、東洋社を辞めて上田に移った。月給はそれまでの二倍の九〇円という待遇だった。当時、小学校の校長の月給が七〇円だったという。

それまで古田さんが開拓した販売先は、その後移った会社の得意先に変わることになる。いわゆる引き抜きである。各犂の製作所がどれほど競い合っていたのかを

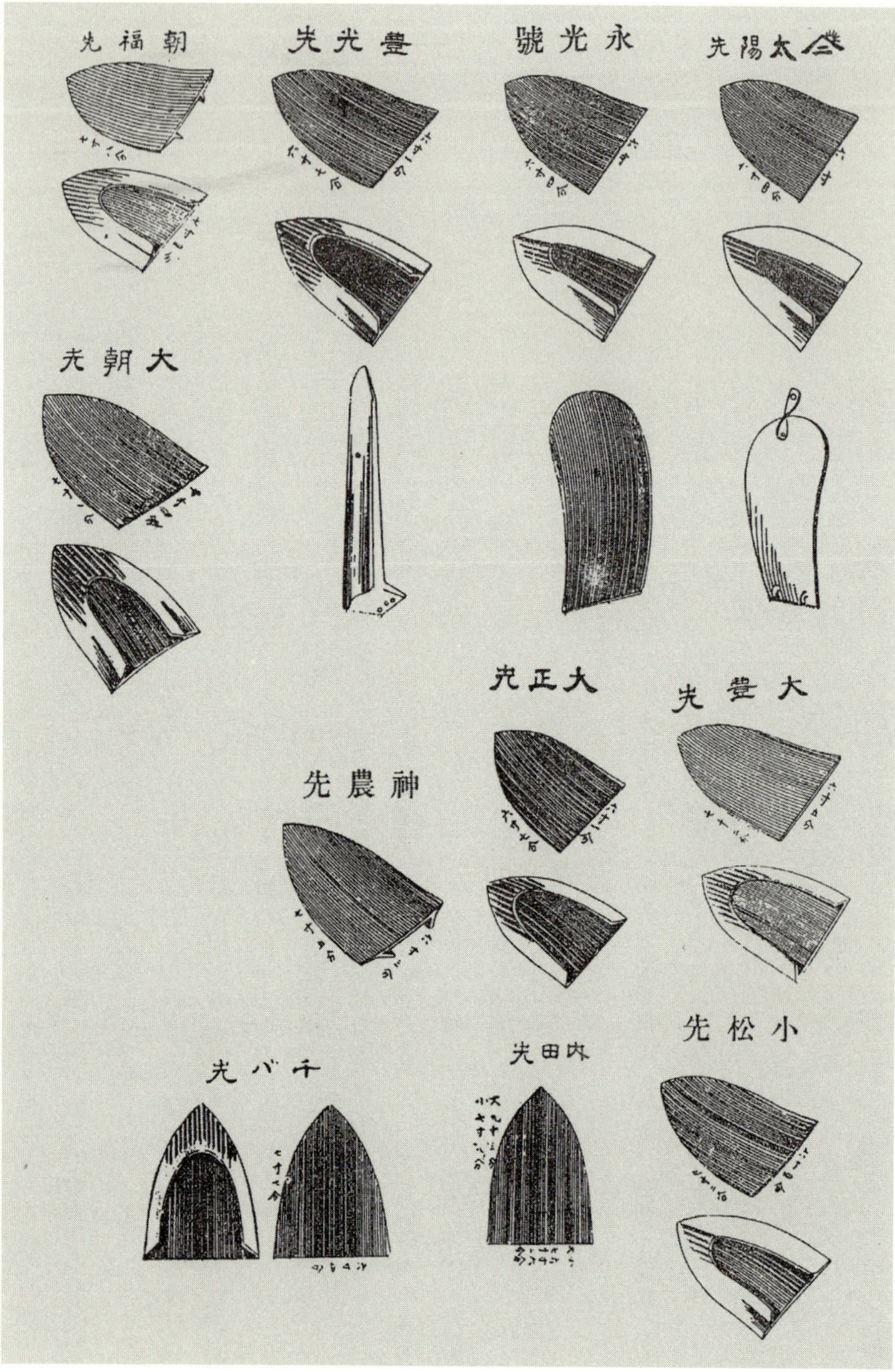

朝福先
豊光先
永光號
太陽先
大朝先
大正先
大豊先
神農先
小松先
千バ先
内田先

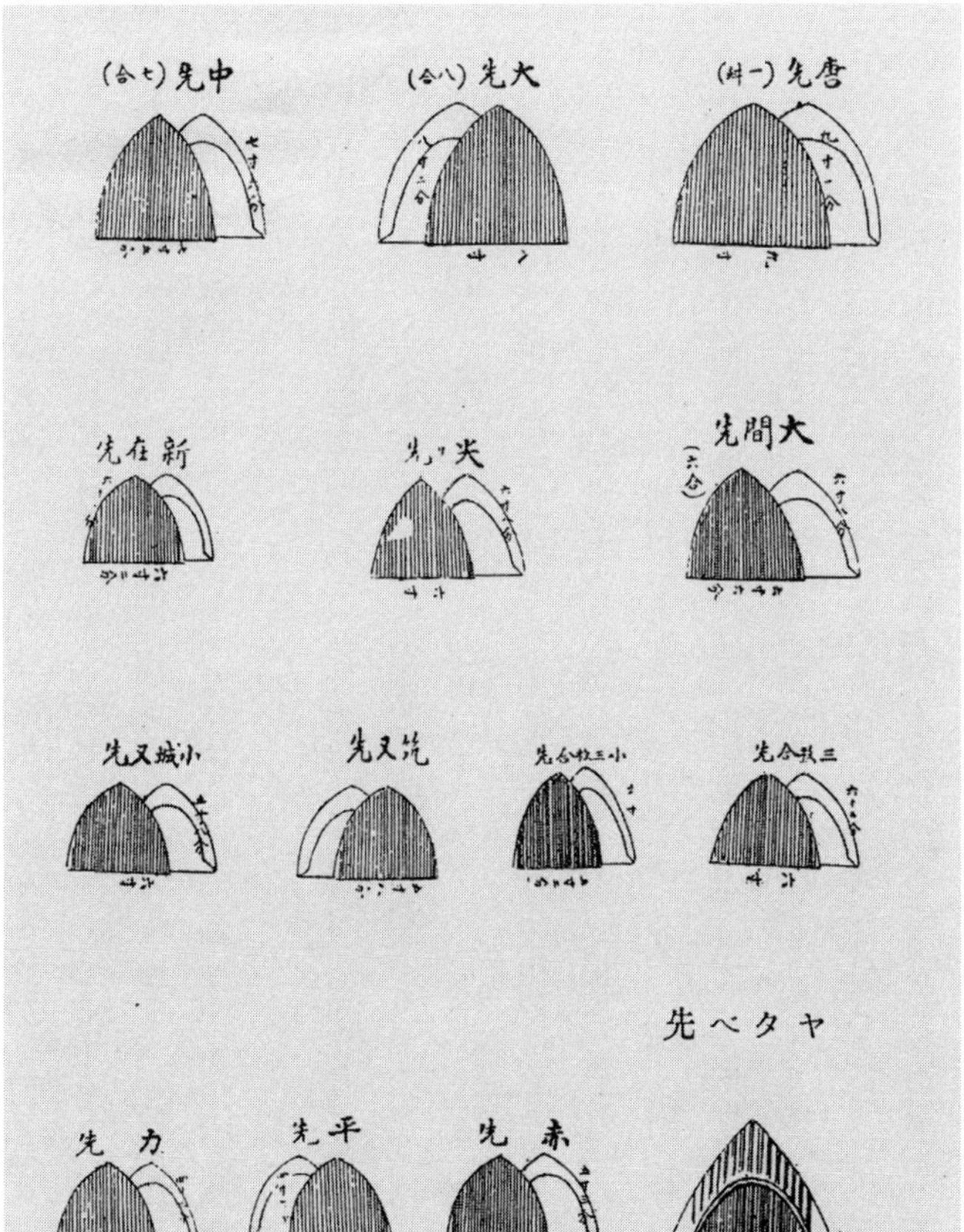
以上の外に数十種あれども略記す

犂先の種類　これはごく一部にすぎない（『福岡県史　近代資料編　福岡農法』の深見犂の資料から）

うかがうことができる。特に昭和十（一九三五）年前後は、前にもまして米の増産が叫ばれていて、戦前の犂普及の大きなピークだったと古田さんは振り返っておられた。さらにこの時期には満蒙開拓団の動きなどにともなっての中国大陸への犂の市場拡大の動きも背後にあり、主要な犂製作所は、積極的に中国大陸への普及にのりだしてもいた。

古田さんとほぼ同じ時期に、東洋社の専任指導員で、独立して犂の会社を立ち上げた人が数人いたという。この時期、そうした見通しを立てうるだけの熱気がこの社会の中にあったのだろう。

古田さんは、第二次大戦が始まり出征するまでは上田犂に勤めていた。戦後は長野県の伊那に移り住み、自身で犂の会社を起こした。伊那の会社では一四〜一五人の社員を使い、通称「伊那犂」と呼ばれる犂をつくり、関東一円と岐阜県下の一毛作水田地帯を中心に売り歩いた。注文の納期がせまると、古田さんの奥さんも動員されて仕上げを手伝った。百台ほど並べた犂に次々とニスを塗り、ボルトを締め、仕上がったときは空が白んでいることもめずらしくなかった。

耕耘機が一般に普及し始める昭和三十年代前半までは、犂の需要は衰えることはなかった。古田さんは昭和二十九（一九五四）年まで伊那にいて、のち熊本に戻っている。

五　三羽烏の旅

ワラ一本の「伝説」

『耕耘の歴史　日の本号・犂・すき』に次のような記述がある。

熊本市外鹿島町井手で農業に従事していた西田重規はすぐれた犂耕技術者であった。一九一八（大正七）年に東洋社に犂耕技術者（犂耕教師）として入社した。続いて岡政雄、出田久《いでたひさし》、中川茂幸の三人も入社した。中でも西田、岡、中川の三人は東洋社の三羽烏といわれたすぐれた技術者で、東洋社の犂の改良に対しても、実地の経験に基づいて社長に助言して、東洋社の発展につくした功績は大きい。（三二七―三二八ページ。なお原文は姓名の部分は太字）

東洋社で「三羽烏」と口碑で残っている人の名は三名ではない。実は、前述の古田さんもそのひとりであった。互いに競い合い、ときには他社に引き抜かれ、といった激しい動きがその背景にあり、その時々でのトップ三人という形で伝わっているからであろう。

ここでその名前をあげられている西田重規さんについて少しふれたい。

西田さんはあるとき、一本のワラをつないで細いひもをつくり、それを手綱のかわりに用いて犂耕を試み、そのワラが切れなかったという「伝説」の持ち主でもある。東洋社に入社した時は、社長の田上順太郎から「小学校の校長先生の二倍の月給」で話がきたという。

西田さんは明治三十五(一九〇二)年、熊本郊外の農家に生まれた。生家には犂耕の巧みな男衆(作男)が働いていた。小学校から帰ると、彼のために飲み水を持って田に行くのが西田さんのそのころの仕事だった。その男衆の犂さばきを見ているうちに、西田さんもやってみたくなった。麦刈りの終わった五月、切り株がのこる空田を男衆に支えられ、はじめて犂をにぎった。小学校五年生のことだった。

翌日はひとりで試みた。田のなかをあちこち引きずり回されたあげく、馬は西田さんを五〇メートルも田の外まで引きずり出した。もとより小学生に犂は重すぎ、方向転換などとてもできるものではなかったが、この時は五日続けて引いたという。

明治末期に村でおこなわれていた秋の競犂会で、西田家の男衆は二等になった。優勝したのは西山亀吉という農民だったというが、このとき西田さんは自分の家の男衆が優勝しなかったことが悔しく、いつか自分がその優勝者を負かしたいとひそかに思った。西田さんは地元の農学校を卒業した大正六(一九一七)年の競犂会に出場し、西山亀吉を抑えて優勝した。この時代の競犂会では、短床犂のみでなく、まだ在来の長床犂も使われており、西田さんは菊住式(四七ページ参照)という短床犂を使ったが、西山亀吉は長床犂を使っていた。西山亀吉がすいた深さは五寸、西田さんは七寸五分の深さだった。

東洋社日の本号の構造（『東洋社の沿革と日の本号深耕犂解説書』より）ただし部分名称表現の一部を補足している。

日の本号深耕犂第四号

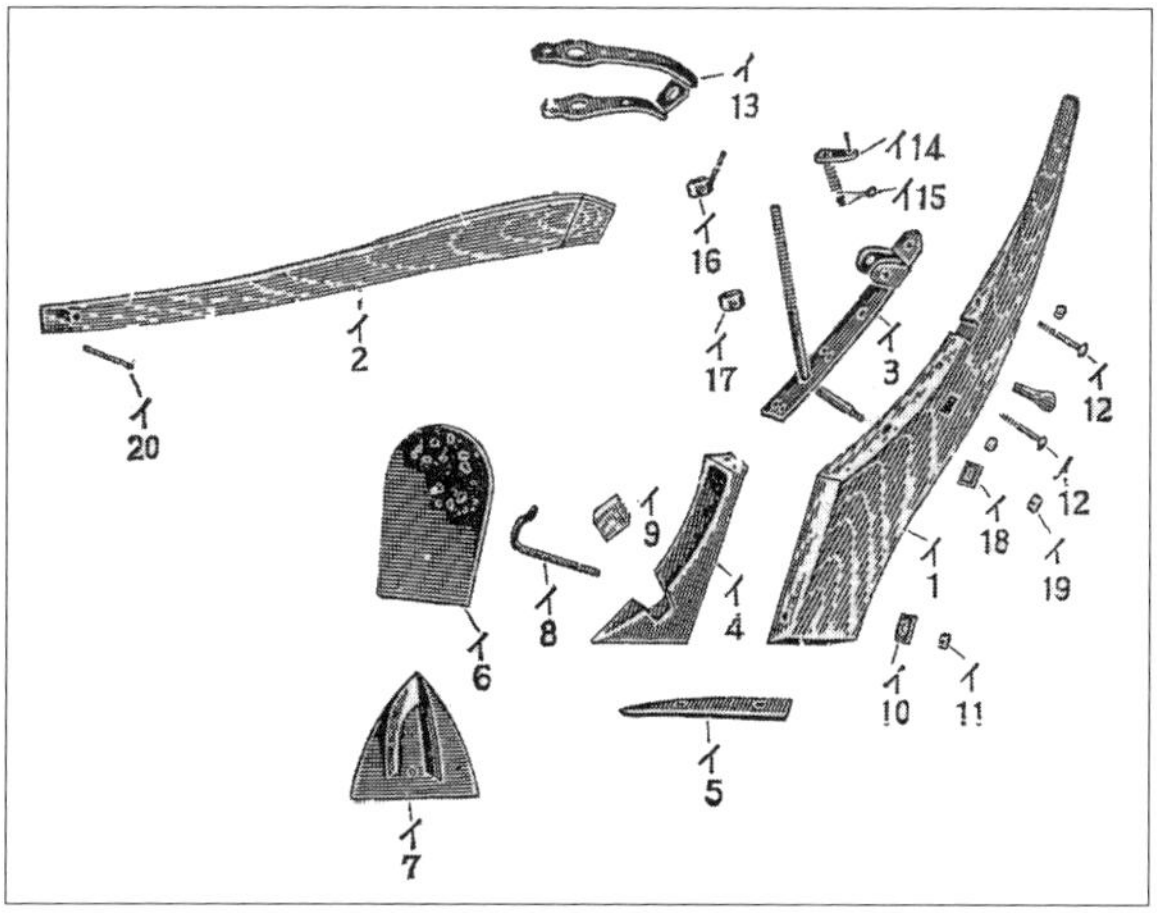

イ1　犂身
イ2　犂轅
イ3　犂身ハサミ金
イ4　床金
イ5　鐴支へ器
イ6　ハンドル
イ7　五分ナット
イ8　三角木
イ9　鐴
イ10　犂先
イ11　車
イ12　箱
イ13　六分座金
イ14　孫手
イ15　長座金
イ16　二吋の螺子捻子
イ17　ハンドル受
イ18　犂轅ハサミ金
イ19　耕鑿
イ20　六分ボールト
イ21　六分下ナット
イ22　六分上ナット

日の本号両用犂第二号

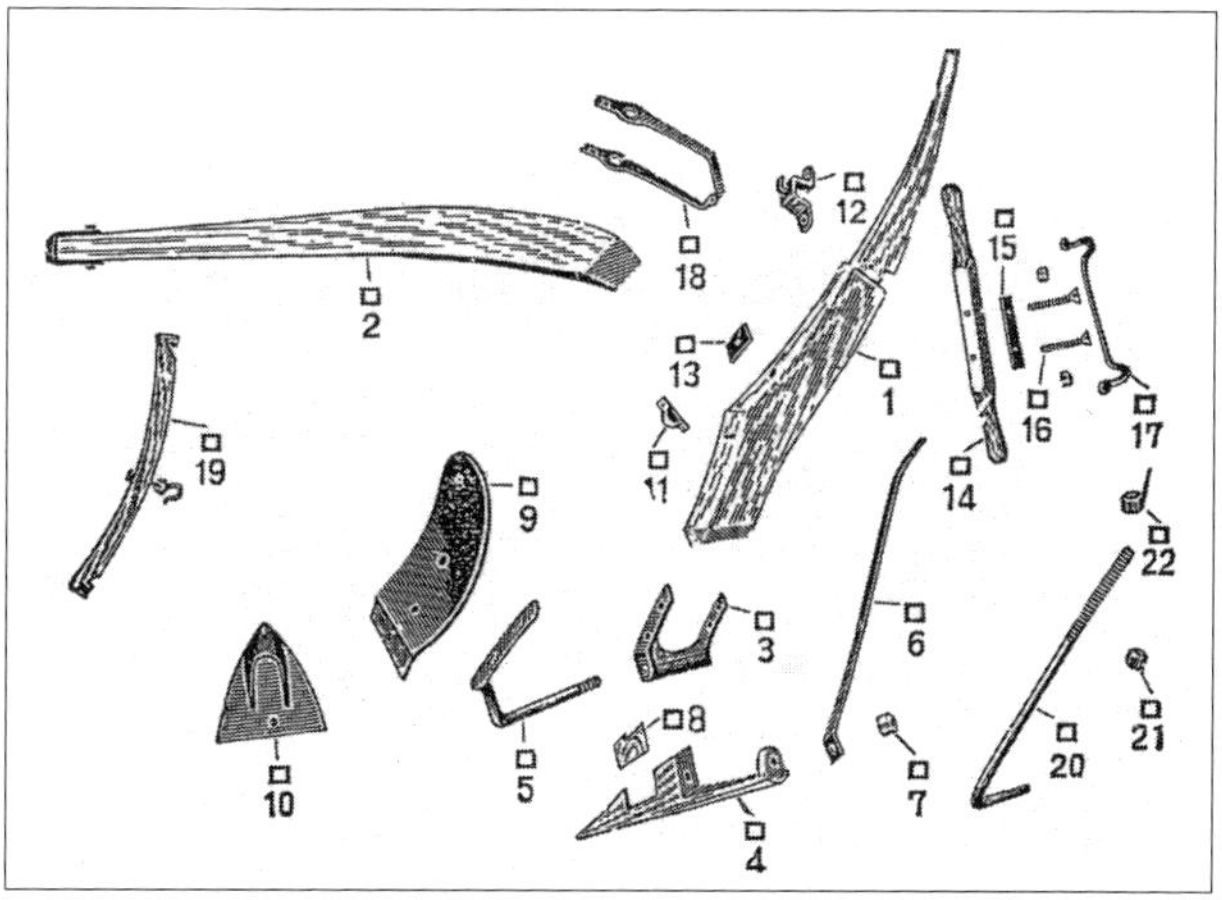

ロ1　犂身
ロ2　犂轅
ロ3　有効自在器
ロ4　鐴下
ロ5　床金
ロ6　犂鐴
ロ7　犂先
ロ8　鐴下〆
ロ9　三角木
ロ10　四分座金
ロ11　四分ナット
ロ12　二分半×三寸ボールト
ロ13　耕幅器
ロ14　ハンドル
ロ15　割ピン
ロ16　六分上ナット
ロ17　六分下ナット
ロ18　五分座金
ロ19　五分ナット
ロ20　牽引釘

西田さんが一七歳になったとき、福岡に犂の上手な先生がいると聞き、単身犂耕の腕を競いに行った。その先生というのが、Ⅱ章でふれた長末吉――石塚権治さん、後藤丈作さんの師――である。長末吉は阿蘇産の赤牛を出してきた。その赤牛を使っての試合は西田さんが負けた。「なに、馬を使ってたら自分が勝っていたんだが」と西田さんは振り返る。当時、熊本県下はまだ馬を使う地域も多く、西田さんの郷里一帯もそうで、牛を使っての耕起は慣れていなかったのだという。

西田さんは、東洋社に在任中、農商務省の依頼で関東地方の指導にまわった。大正十二（一九二三）から同十四年にかけてのことだった。このときは、東洋社の朝日犂と呼ばれる犂を持参、分解して肩にかついでの旅だった。まず出向いたのは茨城県の磯原（現北茨城市）というところだったが、ここは砂壌土のすきやすいところだったという。栃木県をまわった時、地元に神立《かんだつ》という犂の名手がいて周辺の農民に教えていた。西田さんはこの人と競って勝ち、神立さんも西田さんの指導を受けることになった。

若い頃、競犂会で西山亀吉を破っての優勝、長末吉への挑戦、栃木の神立さんとの競い合いなど、西田さんの話には、武者修行や道場破りといった趣がなくもない。

西田さんが、普及、営業にまわった地域は、ほかに福島、宮城、岩手、青森、秋田、山形の東北の諸県で、まずその地域の特約店に行き、農家の人を一〇人でも二〇人でも集めてもらい、田を借りて犂ですいて見せた。それだけで購入の話がまとまったものだという。

荷台に犂を乗せて

三羽烏のひとり、中川茂幸さんは、戦後間もない頃に東洋社の季節技術員（農閑期に依頼を受け犂耕の指導に出向く）として各地を歩き、さらに専任の技術員として犂耕の普及を進めた。のちにこの会社の副社長を勤められている。

以下のエピソードは中川さんのお話による。

岩手県南部地方のある村に出向いたときのことである。指定された場所に行くと、その周辺の人が二千人ほど集まっており、うどん屋まで出る騒ぎになっていたという。現地にはビラが貼られており、「馬つかいが九州からくる」と書かれていた。もちろん「馬つかい」とは中川さんたち馬耕教師のことであるが、とりようによっては、サーカスと思う人もいたんじゃないか、と中川さんは苦笑されていた。

この地域は南部馬や南部牛の産地として知られているところだった。しかし、牛馬を所有する者は、広大な山林原野を持つ大地主に片寄っていた。一般の農家はその大地主から牛馬を預かり、仔が生まれると売ってその利益を折半するという、牛馬の小作慣行が続いてきたところだった。馬を預かる農家では、その厩肥は自家のものになるため、厩肥を得て地力を高めることと、仔馬を得ることが馬を飼う大きな目的であった。牛は荷物の運搬に用いることはあったが、馬を使役することはほとんどなかった。馬を使役に供するなどとんでもないと考える人もいたという。田畑の耕起は人力による鋤でおこなっていた。

この話は戦後のことであり、それから一〇年もしないうちに耕耘機の時代になろ

犂鞍
右：石塚権治さん宅にて（一九七〇年一二月）
中：松山式省力牛馬耕鞍（『松山原造翁評伝』より）
左：鞍の装着（『日本の農業図説』より）

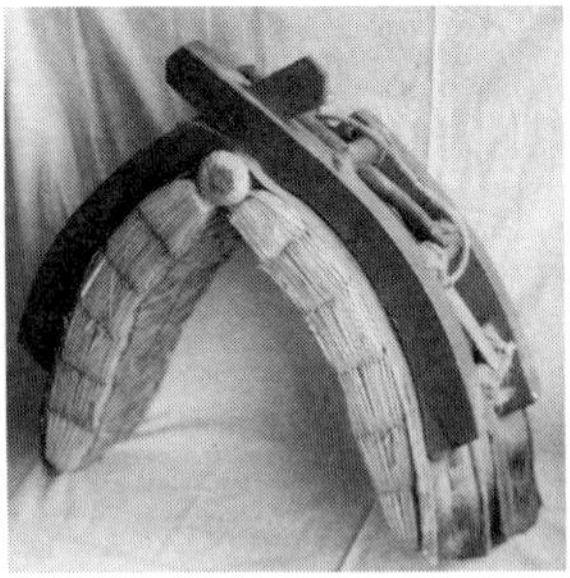

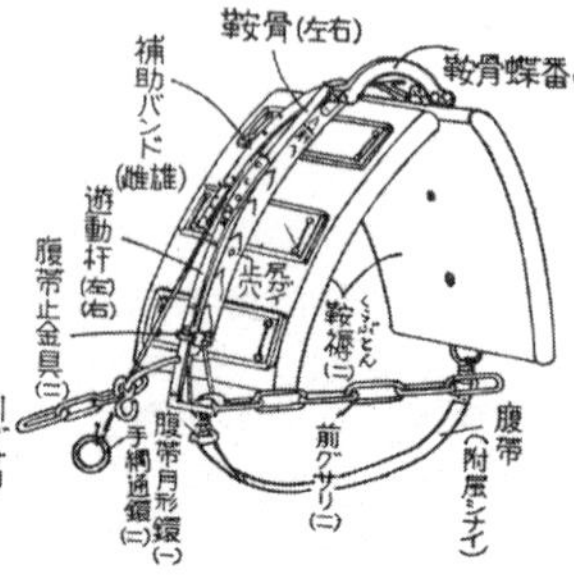

うという頃のことである。岩手県の犂耕普及は、I章でふれたように明治四十（一九〇七）年ころから定着をみるのだが、地域によってさまざまに粗密があったと思われる。

こうしたエピソードは、近代短床犂の普及という視点からのみみれば、「後進の地」でのできごとということになろうが、その土地に視点を置いてみれば、土地が築きあげた文化が色濃く伝承されていたということでもあろう。近代短床犂は均一的、画一的に普及をみていたのではない。

また、これは中川さんが種子島に行ったときの話。

土地の人が馬耕の講習に使う馬を引いて来たが、近いうちに潰し（殺し）にかかるというヨボヨボの馬だった。しかしそんな馬でも、いざ鞍をつけようとすると、死力をふりしぼって嚙みつき、蹴り上げてあばれたあげく、田のなかに寝そべってしまった。中川さんはその馬と格闘したあげく、横倒しに投げ飛ばしたという。投げ飛ばせるほどの馬ということは、在来種か、馬匹改良がさほど進んでいなかった馬だったのかもしれない。

馬耕教師として、さまざまな体験をさまざまな土地でかさねていったのだが、前もって汽車で送っていた自転車の荷台に四台ほどの犂を差し込むようにして積み、土地の人の待つ講習会に向かうときの快い緊張感は今も思い出すという。

東洋社が、犂造りをやめて耕耘機を売り出すようになるのは昭和三十（一九五五）年頃のことになるのだが、戦後ではその直前の二〜三年が犂の販売の絶頂期だった

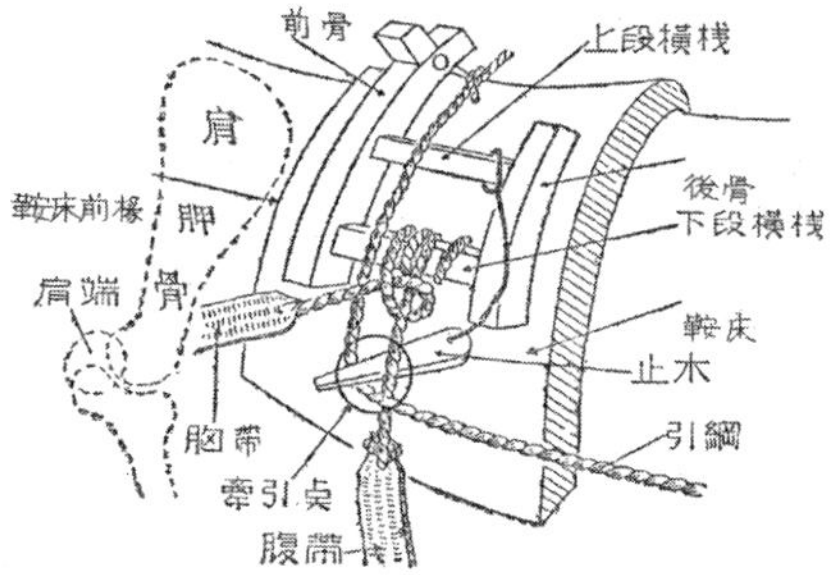

という。

絶頂期のすぐ後に耕耘機の時代が迫っていたことになる。(11)

六　下野のむらで

修了書の名前

これまで述べてきた福岡や熊本の馬耕教師をたずねあるく私の旅——一九七〇年代前半の旅だった——に一区切りをつけて、一〇年ほどの歳月が流れた。その間も犂については歩く先々で漠然とではあるが、調査を続けていた。

一九八〇年代の前半は、栃木県の鬼怒川中流域をよくあるいた。同県の真岡《もおか》市の自治体史の仕事に関わっていたからである。市役所に集まってきた資料に目を通していると、*犂耕指導員の修了書や競犂会の賞状がでてきた。真岡市荒町の関根貞之《さだの》丞《じょう》という方から届けられていた資料だったのだが、手にとって見ると、そこに競犂会の審査員として熊本の西田重規さんの名が並んでいた。すぐに関根さんのお宅にうかがった。

関根さんは、ご自身と馬耕とのかかわりを訥々《とつとつ》と話し始めてくださったのだが、賞状に名が記されていた西田さんについてお尋ねすると、「日本一だなァ、あの先生は」と勢い込むように言われた。

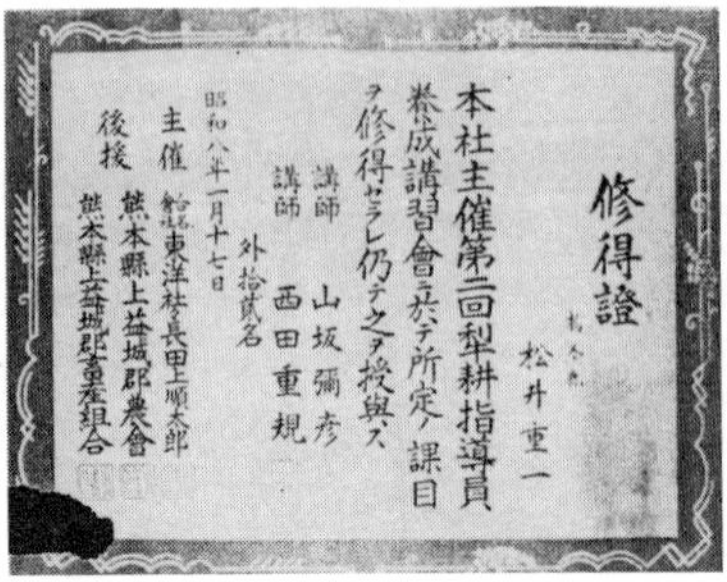
修得證

松井重一

本社主催第二回犂耕指導員養成講習會ニ於テ所定ノ課目ヲ修得セラレ仍テ之ヲ授與ス

講師　山坂彌彦
講師　西田重規
外拾貳名

昭和八年一月十七日

主催　東洋社長田上順太郎
後援　熊本縣上益城郡農會
熊本縣上益城郡畜産組合

真岡市で見た馬耕の資料
右：犂耕指導員の修得証。講師に西田重規氏の名がある。
左：競犂会の賞状。関根さんの名は誤記、正しくは「貞之亟」。

真岡市は栃木県の南西部に位置し、東西、南北ともに一二、三キロほどの市域を有している。市のほぼ中央を小貝川の支流である五行川《ごぎょう》が南北に貫通する。その五行川の西岸の一角に関根さんのお宅があった。

五行川流域には、かつて葦の茂る低湿地が散在し、その間に水田が拓かれていた。湿田では田植えや稲刈りにはタブネが用いられており、田植えをせず摘田《つみた》（稲の直播）をしていたところもあったという。基盤整備前は、地盤をドンと踏むと周りの水田の耕土がゆらゆらと動いた、そんな湿田の記憶を話される古老が、まだその頃の真岡には幾人もおられた。Ⅰ章で紹介した宮城県仙台平野の農民の言葉、「田を歩くと、ゆっぱゆっぱ揺れたからね」を思い出すが、東日本の低湿地には、そうした田は少なくなかった。

しかし、川の河岸に隣接した一帯だけは、川が運び来る土砂で微高地が広がっており、そこの田は水はけがよく、米と麦の二毛作が可能だった。関根さんの家もこの微高地にあった。

関根さんは明治四十三（一九一〇）年に生まれたが、父親の時代はオオガンという在来の長床犂で、この微高地上の田を耕していた。また、それに若干の改良を加えた犂も使っていた。この改良型の犂には、「田野犂」（益子町で製作）、「宮犂《みや》」（宇都宮で製作）などと呼ばれるものがあったが、これらは前述した近代短床犂でなく、長床犂に手を加えた形のものだったという。

ここでこのオオガン——Ⅰ章ではオオグワと記している——について少しふれて

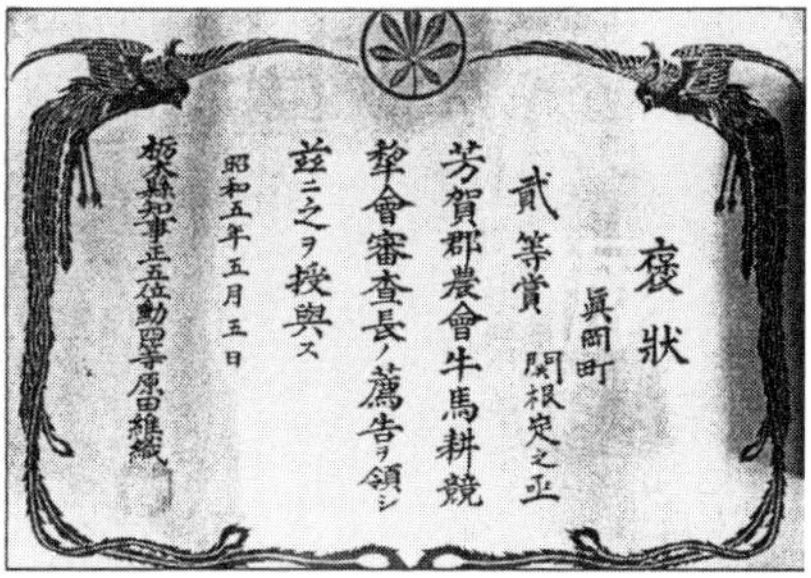

おかなければならない。これまで日本の在来犂としては、無床犂と長床犂とがある旨述べてきたが、長床犂も一色ではない。西日本でよく見かける長床犂とは違ったタイプの長床犂が東日本のあちこちに分布しており（文書資料では「おおぐわ」「おふくわ」などと記されていることが多い。オオガン、オンガもその訛りであろう）、私自身もこれまで調査先や資料でしばしば目にしていた[12]。

この在来犂を、農具の歴史のなかでどう位置づけるのかは今後の問題になろう。しかしこの地の在来犂にも、田野犂や宮犂の例に見られる改良の動きがあったことは興味深い。ひとつの時代を画す近代短床犂の誕生、伝播に並行するように、在来犂自体にもさまざまな工夫の動きが見られていたことになる。

さて、関根さんがはじめて犂を使ったのは大正十四（一九二五）年、一五歳のときである。このときは前述の田野犂を用い、母親に口取りをしてもらった。そのため犂耕には二人つくことになる。昭和四年、関根さんが二〇歳になったころ、近代短床犂が広まってきた。まず、長野の松山犂がはいってきた。

関根さんがはじめて真岡で馬耕の講習を受けたのは、昭和四（一九二九）年十二月のことだった。その主催は真岡町農会で、四、五日ずつ町内で場所を変えながらおこなわれた。指導は栃木県の農会から派遣された馬耕教師だった。五人ごとに班をつくり、班ごとに指導を受けた。馬は各自の持ち馬か、性のいい馬をほかの家から借り、犂は郡の農会と真岡町の農会が準備した。その犂は福岡の磯野と深見の犂だった。

昭和四年十二月十四日　曇
犂耕伝習会、始メテ東光寺小林方ニテ耕具ノ作成スル
青年、処女会、公民学校、六十余名出席スル
　煙草の葉ケスル

と関根さんの日記にある。稲刈りも終わり、秋に干しあげた煙草の葉の選別作業の時期のことだった。六十余名出席との規模からみると、当時の真岡町域で農業に携わっていた若い人の多くが、この伝習会に興味を示していたことがうかがえる。(13)

このときの犂耕法は、盛り上げ耕と言って、単用犂で土を左に反転放擲させて畝を高くつくっていく方法だった。このほかに双用犂（両用犂）も入っており、主に平面耕に用いられていた。I章でふれたように長野県の松山犂がこの双用犂に力を入れており、真岡で水はけのよい田には、松山犂がまず普及していった。関根さんが最初に使ったものが松山犂だったのは、そうした理由による。また、この昭和四年の講習では、口取りをつけず、ひとりで馬をあやつることも目標とされていた。

関根さんは、その翌五年、芳賀郡農会主催の競犂会で二等をとっている。犂を扱う腕はぬきんでていたのであろう。講習を受けたあとは、馬耕教師の手伝いを頼まれ、助手としてあちこちを歩くことになる。その馬耕教師は、年配の人で大森利三郎といった。歩いた範囲は、現真岡市域一帯、逆川《さかさがわ》（芳賀郡茂木町）、清原、瑞穂（いずれも宇都宮市）、国分寺（下都賀郡）などであった。出向いた先で湿田をあてがわれ、

関根貞之亟さんにかかわる犂の記録

開催年	月日		備考
昭和4年	12月12日	第1回真岡町農会主催　犂耕伝習会	西郷田蒲会場にて行なう
	13日	〃	〃
	14日	〃	〃
	15日	〃	西高間木会場にて行なう
	16日	〃	台町会場にて行なう
	17日	〃	午前中終了，午後終了式
昭和5年	4月11日	第2回真岡町農会主催　犂耕伝習会	東郷会場にて行なう
	13日	〃	〃
	14日	〃	〃　午後終了
	18日	補修学校共催　競犂会	真岡，中村，山前の3校
	22日	芳賀郡農会主催　芳賀郡九ヵ村犂耕競犂会	
	5月 5日	〃　芳賀郡北部犂耕競犂会	実習 受誉式｛1等賞　石野実 2等賞　関根貞之亟 〃　松井市太郎
	12月14日	第3回犂耕伝習会	東光寺小林家にて耕具作成
	15日	〃	馬具整い
	16日	〃	犂耕伝習
	17日	〃	亀山太子堂集合
	18日	〃	〃
	19日	〃	駅西伝習生一同競犂会行なう
	20日	〃	伝習終わり 午後修得証書授与 助手3名，関根，石野，松井，特別賞受ける
昭和6年	4月 9日	荒町青年農事研究会主催 2町5ヶ村総合牛馬競犂会	茨城県下妻町砂沼下ノ田蒲にて真岡選手
昭和7年	3月30日	関東競犂会	｛関根貞之亟，石野美，市村□市，女子　松井ハル子，宮田ソノ子 当大会にて，2等賞受ける 先進地の茨城県の選手は大部授賞受ける
昭和9年	3月28日	第1回栃木県競犂会	横川村平松田蒲にて 1等賞受賞 知事賞として和牛1頭授与
	11月	神奈川県にて競進会	戸塚競馬場にて 県代表として競犂する 人馬ともども農林大臣賞受ける（馬は栃木の石崎氏所有）
	12月	関東競犂会	出場

関根さんは，昭和8年1月，熊本県の東洋社主催の講習会に，また昭和9年1月，三重県名張の高北犂製作所主催講習会に招かれて講習を受けている．この表は関根さんの日誌をもとに作成（『真岡市史　第5巻民俗編』より）．

デモンストレーション「犂ノ柄ニ綱一本ヲ取付ケ其ノ一端ヲ持テ犂ヲ操縦シ本機ノ安定状態ヲ示ス」とある（日の本号の解説書）。

ワラ一本で　「綱一本で」あるいは「ワラ一本で」馬をあやつるという「伝説の技」は馬耕の世界に限ったことではないらしい。「縫糸一本手綱にしただけで自由に馬を走らせる」絹糸馬術と称するものがあり、少年の頃騎兵の祭でそれを見た旨の記述が木下順二『ぜんぶ馬の話』（文藝春秋、一九九一年、二八七ページ）に記されて

荒馬を出されたときは苦労をしたというが、そのような時、その苦労のさまをおもてに出さず、いかにも軽々とすきこなしていかなければ指導者として説得力をもたなかった。

見とれるほどの犂耕

これほど楽に引ける犂なのだということを誇示した形で見せることも、営業上必要だったという話はよく聞いた。松山犂の松山原造は、馬耕中に雨にふられ、片手に傘をさし、片手で犂を楽々と操って見せたという。(14) 犂もそれを指導・普及している人間もこれほどのものだというデモンストレーション*である。東洋社のパンフレットには、農夫がたばこをふかしつつ馬に手綱もつけず、犂の取手に綱をつけ、それを手にしている図を付し、「日の本号ハ作業ヲ娯楽化ス綱一本デコノ通リ」と説明文を付したものがある（松山記念館所蔵）。事実、同社の出田久――前出の三羽烏のひとり――は犂に一切手をふれず、馬にひもをつけ、四～五メートル横にはなれたところからそのひもを操るだけで犂をすいていったという「伝説」の持ち主であった。真岡に来た西田さん自身もまた、前述したように「ワラ一本で*馬をあやつった」という「伝説」の持ち主であった。

さて、熊本の東洋社の西田重規さんがはじめて真岡に派遣されたのは、昭和九（一九三四）年のことで、関東競犂大会という大規模な競犂会が実施される少し前の時期だった。この大会には、真岡の町から男三人、女二人の計五人が参加すること

になっていた。関根さんもそのなかに入っており、持立犂を使う茨城県の犂耕指導者について教えを受けていた。まだ在来犂を使って指導する人もいたのである。

西田さんは、その女性二人の指導にあたった。昭和十（一九三五）年近くになると、競犂会に女性の参加者がめだって増えてきたという。これは中国戦線が拡大してゆき、いわゆる「銃後の護り*」が叫ばれていったことと無縁ではない。

このとき、関根さんは、二人の女性を指導する西田さんに思わず見とれた。それほど見事な犂の操り方であったという。西田さんが使っていたのは、自社の日の本号である。関根さんの手元には、父親が競犂会のためにと茨城からわざわざ買ってきてくれた新しい持立犂があったのだが、西田さんの持参した日の本号で競犂会に参加した。なによりも西田さんの腕に魅かれたのだが、日の本号は、すいてゆく幅の調節がナットで可能だった。茨城の持立犂はこれを木製のクサビでおこなわなければならず、造りとしても旧態を脱していなかった。

実はこの二年前、関根さんは熊本の東洋社の講習会に招かれている。前述したように、犂を作り普及させている会社では、各地の犂耕に長じた農民を講習会に招き、より高い技術を身に付けさせると同時に、自社の犂の普及の布石としていた。関根さんは昭和十（一九三五）年には、三重県名張の高北犂の講習会にも呼ばれている。

熊本の東洋社の講習会は、旅費の汽車賃のみが自己負担であり、会社では旅館を用意し、宿泊費、食費、講習費は会社負担だった。この時の講習は馬を使い、交代で実習を受けたが、講習生は六〇人ほどで、九州からの参加者が多かったという。

いる。絹糸とは実際は三味線の糸であるという。

銃後の護り　「戦争で男手の少い村で、嫂は女子移動馬耕隊に加わった程の働き者だった。」との一節が川端康成の「さと」（『掌（てのひら）の小説』所収）にある。これは男手の減った農家をまわって馬による耕起をおこなう女性たちのグループを指すと思われる。『掌の小説』は百編を越すごく短い小説から成るが、その大半は二十代に書かれたものだという。引用は新潮社版（文庫、昭和四十六年刊）による。

整備されていく販売組織

こう書いてくると、もうこの時代は、伊佐治八郎や島野嘉作が庄内にいく年も滞在した時代、長沼幸七が佐渡に指導に赴き、浦山六右ェ門が佐渡に骨をうずめた時代、大津末次郎が自宅の裏に研究用の小屋を建て考案・試作に励んでいた時代から遠くへだたっている感がある。長末吉の時代は、指導・普及の形をとりながらも、どこかその場に篤農家的な指導のありようが垣間見えるように思えるのだが、時代がくだるにつれ、そうした生な素朴さは退いていき、農機具の会社組織の強い枠組みや戦略を前提とした動きが主軸となってくる。より近代的組織のもとでの普及ということになるのだろう。一人の人間が牛馬を御し、犂をあやつり、いわゆる「三者一体となって」耕起していくことを伝え修得させる、その指導現場での馬耕教師の苦労や技は、会社組織の発展・整備などの次元から離れ、等身大で見る限りでは明治後半のそれとそう変わらないのではあるが。

関根さんも、こうした会社組織の動きの中で馬耕を広めてゆくことになる。

昭和十（一九三五）年には、三重の高北犂の講習に招かれたことは前述したが、さっそく同じ年にその高北の依頼で、高知県の後免《ごめん》（南国市）の農業試験場に二期作地帯の水田を対象にした犂耕の指導に出かけている。関根さんが高知に行って驚いたのは、まだ在来の長床犂が使われていたことである。高知県下の在来犂は、ほかの多くの土地のものと違い、土を右方向に反転する形をもつ。高北農機では、それにあわせて右反転の短床犂をつくり高知に送っている。

大正末期から昭和初期頃の佐渡の両津の河崎における競犂会の様子 中央の人が集まっているところが会場の水田。左の旗飾りの場所が本部、表彰式の場であろう。II章一で述べた畝たてをしている空田もまわりに見える（池田哲夫氏提供）

自分の郷里で農民としてくらしつつも、時間のある時には犂の会社からの指導員としてこのように動いていた農民は、おそらく全国規模でみればその総数は二、三百人という数にはなろう。犂のこまやかな普及、改良を、こうした人たちの動きをぬきにして考えることはむつかしい。II章の長末吉宅での農民同士の語らいのところでもふれたのだが、教えるほうも習うほうも、そうした動きのなかで、逆に自分の農業、自分の地域の農業のあり方を改めて把握していくことはなかったであろうか。それがどのような認識や影響をもたらしたかを追うことは困難であるにせよ。

会社組織の上での仕事とはいえ、ひとつの技術の伝播、普及の場で、農民同士の交流がそこに成立していたことにもなる。

七　競われる技

むらを挙げて

これまでしばしば「競犂会」という言葉を使った。これは文字どおり犂をすく技術の優劣を争う競技会である。「あれは、まるでオリンピックみたいだったなあ」と佐渡でも、福岡でも熊本でも同じたとえで振り返られる競技会だった。

これに出場する選手は、競技の場所で均等に同じ広さの耕地（三〇間×五間で五畝の場合が多かったようである）をあてがわれ、そこを早く、上手にすきこなすことを

競犂会（『馬政第二次計画実施記念全国役馬競技大会報告』より）

競った。そして単に耕起の技術のみでなく、犂、鞍などの装具の付け方、手綱さばき、牛馬の動き、畝の仕上がり具合などもきびしく採点された（一六八ページ参照）。犂をすくという農作業での一工程の技術が取り上げられ、「競う」という一点に突出し評価されることになった。これには「深耕の方は馬耕競技会におけるものだけに終わり、浅耕は基本的には改善されなかった」と、競犂会の昂ぶりほどにはその熱気が耕地に及んでいなかった旨の指摘もあるほどに、実際の農作業とのありようとの乖離もまた存在していた。[15] 巻末にいく種類かの犂耕の手引書を抄録しているが、その中には手間のかかる耕法を示し、「（中略）の如く、実用を離れた競犂会耕と称する方法もあるが」との説明が付されたものもある（巻末資料3、二四七ページ）。

しかし、競犂会への農民の熱気に激しいものがあったのも事実である。犂耕普及熱の高い地方では、地域の農会や自治体の主催のもとで、大字《おおあざ》、町村、郡、県単位で競犂会が頻繁にひらかれた。来賓として、多くの地域の名士が招待され、名実ともに地域をあげてのイベントとなった。大字の競犂会で選抜されると、次は町村の連合競犂会に出る。その中から数人が選抜されて郡大会に、ついで県大会へとすすむ。競犂会当日は、皆家を空にして応援、見物に出かけたものだと言う。

この競犂会は、いつ頃から始まったのだろうか。

私の手元にある資料での初出は、明治十三（一八八〇）年、福岡県粕屋郡でひらかれたものになる。これはこの地で犂の改良をすすめていた藤野小四郎という人物の尽力によるというが、ごく小規模なものだったらしい。[16] その後、同十八（一八八五）

①「耕耘作業審査官訓辞」
②「耕耘審査」
③「審査　耕深検査」
④「農馬余力検査」

年、藤野の建議によって大日本農会福岡県支会主催として、県規模による第一回の競犂会がひらかれた。「のちにはこの競犂会は一種のデモンストレーションとなり、家族、親戚縁者から知人までが応援して、弁当をかこみ宴をはる盛会へと発展したのである」と回想されている。(17)

　大正二（一九一三）年、粕屋郡では郡立の粕屋農学校の設立をみるが、この学校の犂耕教師は藤田小四郎がつとめている。同校では大正四（一九一五）年から生徒の犂耕技術向上のために校内の競犂会をひらいている。これは昭和三十七（一九六二）年まで続き、同校では、昭和三十四（一九五九）年に第四五回競犂会をひらくと同時に、あわせて第一回動力耕耘機技術競技会をひらいている。(18)なお、この藤野小四郎はⅡ章でふれた長末吉と親友づきあいするほどの仲であったという。長末吉も農学校で生徒に犂を教えていたことを思えば、この地では、地域をあげて、競い合い支えあって犂耕技術をみがき、広めていたことになる。

競技細則

　大正九（一九二〇）年に長末吉が刊行した『実験　牛馬耕法』には、長の地元、福岡県粕屋郡の競犂会について、次のように述べられている。(19)

　粕屋郡では、毎年秋、稲刈り終了後に各町村で競犂会がおこなわれていた。この参加資格者は、一五歳から二〇歳までの男子であり、各町村の競犂会で優秀な成績をあげた人はさらに郡全体の競犂会に出た。これは郡農会の主催で、一町村から七、八名が出て、一二〇名余りの参加となる。主催者側はその前の月までに、会場となる場所の土地割りなどの準備を済ませておく。

当日、鶏鳴き暁を報ずるの頃に至れば、会場は既に人の山を以って埋められ、牛馬の操縦をなすもの、手入れをなすもの、休息するもの、選手附添人、参観人、露店、携帯品預り所、救護班等騒然雑踏を極め、時の至るのを待つのである。

とそのにぎやかさが表現されている。

やがて夜明けをまち、選手の抽選番号の位置を決める。これは、だれがどの区画の土地を耕起するのか、くじによって定めていたからである。それから選手が一か所に集められ、審査長から競犂会の心得が口頭で伝えられる。そしてそれぞれ与えられた土地の区画で待機し、開始の合図を待つ。太鼓の合図で一斉に耕し始める。規定の畔三本を耕しおえると番号札を係員に渡し、終了を告げる。この途中に約一〇分間の一斉休息がある。この時に、人馬ともに水を飲み、あるいは犂の装具のチェックなどを行なう。

競技が終わると係員はすぐに評価にかかる。一二〇人を越す参加者の評価を厳密におこなわなければならない。点数の計算をし、等級をつけ、褒状や賞品を授与するのだが、

競犂会のための耕地　前出の『馬政第二次計画実施記念全国役馬競技大会報告』には「農馬耕耘作業田の選定」として、次のような文と図が示されている。

「馬耕競技田は面積約三町六反歩の粘質壌土にして、数回実測の結果予定の如く出品人一人当五畝歩宛は、之を採用すること能はざりしも、地形地質大体相似し競技用として適当なるを認めたり、十二月二日審査員の地割に依り、競技地区は一人当約百坪とし図示の如く定められ、十二月四日午前九次会開式直前各県代表の抽籤にて其の配当を決定せり。」

多くは黄昏時になる。特等や一等の桂冠を得たる選手の町村は、喊声を挙げ、万歳を唱うる等、其壮絶痛快なるは言語に尽す能はざるものである。

なお、その評価対象は五項目にわたり、

1、犂具の装置　二〇点満点
2、技術　三〇点満点
3、畔形　三〇点満点
4、深耕　二〇点満点
5、時間　増減点（あらかじめ定められている規定時間より三分遅れるごとに一点減、二分早いと一点の増）

となっていた。制限時間ももうけられており、それを越えると減点された。

そしてこれらのほかに、姿勢[*]、服装、態度なども評価の対象になった。参加者の多くは、甲乙つけがたいほどの犂耕の熟練者である。それだけに、姿勢、服装、態度での評価で差がつくことも多く、出場者は隙のないこまやかな配慮が求められた。なお、聞書きによる昭和二十五（一九五〇）年の福岡県の競犂会の例では、技術（御法、装具）が四〇点、畔形三五点、深度耕盤が二五点の計一〇〇点の評価で採点がなされていたという。

「正しき姿勢」と記されている写真（石塚権治さんのアルバムから）

庄内、佐渡での競犂会

山形県庄内平野の一部をなす東田川郡で郡主催の第一回目の競犂会が開かれたのは、明治二十九（一八九六）年のことであるという。これを紹介する自治体史にも「農家の若者の血を沸かせた」との表現が見られる。[20]それに先立ち、同二十八（一八九五）年には、郡の勧業会議の席上で競犂会の開設が建議され、郡内の村々で競犂会が開かれている。郡主催の競犂会の一等には、賞状と副賞として「馬耕機械一挺」が与えられた。おそらく鞍などを含む短床犂一式が与えられたのであろう。馬耕に使われていた犂は、まだ地元では生産できず、酒田の町で福岡から仕入れて販売していた時代のことである。

このとき一等になったのは、大沼作兵衛という農民だが、彼は犂以外の農業技術修得にも積極的であったため、酒田の大地主の本間家から筑前鍬一丁と、飽海郡の馬耕教師伊佐治八郎（I章参照）から「馬耕行術得業拾箇條」と「改良乾田法弐拾五箇條」という「特許」を受けたという。この場合の「特許」とは、技術修得の免許的な性格のものだったと思われる。大沼作兵衛は、明治三十一（一八九八）年以降は郡内の各競犂会の審査委員をつとめ、大正末期には私設の競犂会をおこない、犂耕技術の普及に貢献している。[21]

さて、一方新潟県の佐渡の場合は、郡大会は毎年十月三十日と決まっていた。人々は応援の幟《のぼり》を押し立てて会場に集まり、競犂会に出られぬ者は、一人前の男とみなされぬほどの風潮をみた。今回の優勝者はだれそれ、その腕のほどはどうであったと、競犂会がすんでも一週間くらいはその話で村が湧いた。結婚の話も「あれは郡の競犂会で一等を取るような男だ」などという評価で大方は決まったものだという。

それだけに、出場者は、競犂会前には連日、田を何往復もすいて練習した。競犂会の一週間前ともなると、緊張と興奮で寝つけない日が続いた。すき方の技術もさることながら、会場となる場所の土質を考慮して、犂の選択にも気を配らなければならない。そして優勝者がどの犂製作所の犂で耕起していたかということは、各犂製作所にとっては、販売に響く大切なことでもあった。

佐渡では、郡の競犂会で優秀な成績を三度おさめると、郡の馬耕教師に推薦されたという。そこで実績をつめば、県の馬耕教師になることができた。

この競犂会はのちに女子部も設けられた。競犂会のこうした盛り上がり自体、ある程度地域差があったようで、女子部の設置時期も一律には把握できないのだが、多くは昭和にはいってからになるらしい。ことに昭和六（一九三一）年、満州事変が起こったころからは、いわゆる「銃後の護り」の一環として、女性の競犂会が普及してゆく。また、昭和恐慌による農村の労働力衰退への配慮もそこにはたらいていたのかもしれない。

耕土をより深く、よりこまやかに耕すという技術は、そのまま農業の生産力の増加を意味し、それが普及していくということは一面ではきわめて自然な動向ではあるが、同時に犂耕という技術行為は、それを競いあう場を用意されてシンボリックな性格も背負わされていくことになった。

新しい時代

犂の普及のピークは、もうひとつ、戦後にあった。昭和二十（一九四五）年代後半である。この農具、というよりこの農具に象徴される増産への要請は、――あたりまえのことではあるが――敗戦とは無関係に存在し続けた。製作所間の競争も衰えることはなかった。そしてその戦後のピークの直後に耕耘機*の普及が始まる。

真岡の関根さんは耕耘機が普及を始めると、すぐにそれを購入した。昭和三十（一九五五）年のことであるという。しかしその年、まだ競犂会はおこなわれており、関根さんの息子はそれに参加していた。

佐渡の畑野村大久保というむらで話をうかがった馬耕教師、佐藤清治さんが犂耕の講習を受けたのは昭和二十五（一九五〇）年のことである。翌二十六（一九五一）年に県の馬耕教師になり、神奈川県厚木でひらかれた全国牛馬耕技術交換競犂会に出場している。「あんな厳しい競争はなかった。それだけに男の腕のみせどころだった」、そう話されていた。

耕耘機　東洋社が動力耕耘機の研究を開始したのは昭和三十（一九五五）年、松山犂の小型トラクタ用犂の開発はその前年のことになる。

松山犂の販売台数の推移　『松山原造翁評伝』による。同書によれば毎年七月十五日の決算であり、生産台数と販売台数はほとんど同じであり、製作台数だけ販売していたらしいとの注記がある。またこのほかに、昭和六年から同十九年までに、朝鮮に八九一台、満州に二三九二台、海南島とキューバに七台の販売があるという。

年度	台数
昭和　4年	4,519
5年	3,450
6年	3,763
7年	3,972
8年	4,015
9年	3,986
10年	4,659
11年	5,638
12年	4,274
13年	5,085
14年	2,332
15年	5,869
16年	7,913
17年	8,716
18年	6,593
19年	2,974
20年	1,962
21年	5,721
22年	7,717

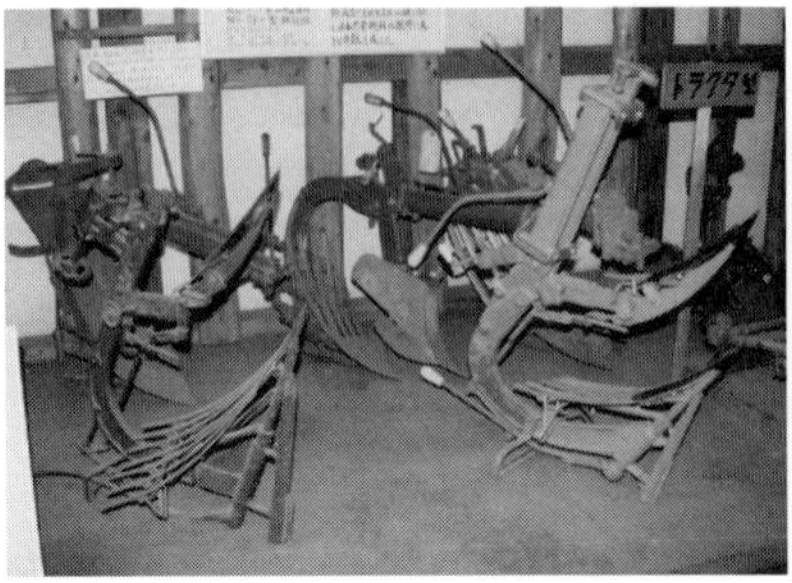

昭和三十二（一九五七）年、神奈川県平塚でおこなわれた全国大会には、佐藤さんの弟子が出場し、優勝を果たしたという。しかしこの年、佐渡にはいってきた動力脱穀機を目にした佐藤さんは、馬耕教師を引退した。これからは機械の時代だということを痛感したからである。耕耘機自体は戦後すぐに佐渡に入ってきてはいたが、むしろ脱穀機の出現に大きな衝撃を受けたという。弟子が全国大会で優秀な成績をおさめた年に馬耕から身を引いたというエピソードも印象深かった。

後藤丈作さんが耕耘機を目のあたりにしたときにもった次の時代への予感、息子が競犂会に参加していても耕耘機を購入した関根さんの判断、新しい時代とはそんな形をとってあらわれてくるのかもしれない。

八　シンボルとしての犂耕

天覧に供する犂耕

競犂会とは犂耕作業を突出させて競わせる催しではあるが、ときとして犂は、たんなる農具以上の存在として登場もする。

Ⅰ章で、明治九（一八七六）年の明治天皇巡幸の折、津軽の農民が犂耕をおこなった旨の文章を紹介した。先端の農耕技術を取り入れ増産にはげむ姿勢を天覧に供したということだろう。巡行の際に天覧に供した農作業は犂耕に限ったことではな

（前頁）

主に戦後に普及をみた二段耕の犂先部分（福岡県農業資料館、二〇一〇年九月）と耕耘機に引かせるために作られた二段耕犂（松山記念館、二〇一〇年六月）

天覧の馬耕　本文参照（『写真週報』第一六四号より）

いのだが、「天覧の犂耕」という儀式は、競技としてもしばしばみられたようである。

私の手元にある昭和十三（一九三八）年の『写真週報』第一六四号（情報局編輯）には、東京代々木でおこなわれた興亜馬事大会の記事が掲載されているが、これには「天皇陛下第二会場にて役馬による馬耕を天覧遊ばさる」との説明文とともに、天皇の前で馬耕をする数人の写真が掲載されている。II章で紹介した石塚権治さんの履歴書の昭和十五（一九四〇）年十二月の項には、「皇紀二千六百年を記念して神奈川県でひらかれた全国馬耕大会に新潟県選手の馬耕指導者として派遣される。またこのとき馬事功労者として天皇の陪観を許される」との記述がある。

前者の興亜馬事大会は、優良競争馬、優良種牝馬、模範軍馬、功労軍馬などの天覧もあり、明治中期以降、国をあげて進めてきた馬匹改良全般に及ぶ性格をもつものだが、後者は、全国規模の競犂会の天覧ということになるのだろうか。これらの行事は「天覧馬耕」、「御前馬耕」と言われ、その出場は大変な名誉とされた。

翌十六（一九四一）年早春、代々木練兵場でひらかれた「天覧馬耕」の様子が『農魂　熊本の農具』に紹介されている。これによると、熊本県からの代表として東洋社から男女各一名が参加している。ひとりは前述の東洋社三羽烏の一人、中川茂幸さんであり、女性は岡田（旧姓堀田）八千恵さんといった。彼女はこの大会で一位になっている。

「天覧馬耕の一週間も前に東京に行って、猛練習をしました。しかし、陛下の前では十数分間ではありましたが、馬耕するときは体が硬くなりました。
全国大会で優勝したときは、参観者たちが〝これが日本一になった日の本号か〟といって、私が使った犂を感心しながら見とんなさったですよ。

との岡田さんの言葉が残っている。(22)

これに擬する催しは、この時期、あちこちでおこなわれたのであろう。沖縄の『読谷村史』が紹介している昭和十七（一九四二）年九月十三日付の『朝日新聞』の記事を一例として紹介しておきたい。見出しは「読谷山に牛馬耕の日」となっている。

去る七月畏くも南島へ小倉侍従差遣の際女子牛馬耕視察の光栄に浴した中頭郡読谷山村ではこの感激を永久に記念するため、このほど常会で毎月十七日を〝牛馬耕の日〟とすることに決めた。この日は毎月牛馬耕に対する座談会、懇談会など開いて食料増産へ挺身する覚悟に一層鞭打ち、また毎年七月十七日の感激の日に全村一同の競犂会を開催する(23)

小さな島で

天皇臨席のもとでの犂耕ということであれば、まさに近代史的な色合いの強いひ

全国役馬競技大会ポスター　馬政第二次計画はこの昭和十一年から始まった（『馬政第二次計画実施記念全国役馬競技大会報告』より）

馬政第二次計畫實施記念
全國役馬競技大會
於 東京市駒沢練兵場
昭和十一年十二月四日―七日
主催
社團法人帝國競馬協會
社團法人帝國馬匹協會

とつの例として位置づけうることになるのだろうが、さらに私は、瀬戸内海の全長二キロ、面積一平方キロメートルほどの沖家室《おきかむろ》という小さな島で見た古文書を思い出す。

この小さな島の名は、瀬戸内海の漁業史においては、一本釣りの根拠地としてしばしば登場する。十六世紀末には無人島だったというが、島内には中世の石造物がみられ、往古に寺があったと伝えられている場所もあり、それ以前にも人の定住をみた歴史をもつのであろう。

近世初期になると、伊予河野氏の滅亡とともにその家臣が移り住み、田畑を拓いている。この島の旧家の記録には、その年を慶長十一(一六〇六)年としている。

その家譜の開祖の項には、「殿様」が勘左衛門(開祖)の家に来たことに続いて「嶋中牛御上覧並勘左衛門牛遣ヒ候事」との記述が見える。「殿様」とはおそらく毛利家臣で、この地の代官的な立場にあった武士のことであろう。「牛遣ヒ」との表現が、牛耕を指しているのであれば、為政者に対して、帰農、定住、恭順を誓う儀礼とも受け取れる。犂耕とは、為政者にみせることが、そのまま儀式ともなりうる行為だったのだろうか(なおこの地域は藩政の資料で見るかぎり、牛耕の地域であった[24])。

沖家室島の住民はその後、漁民としてエネルギッシュな活動を始める。この動きを見る限りは、農耕を志向しての定住でなく、元来海を稼ぎ場として生きる人たちの定住とも考えられ、だとすれば前記の表現は必ずしも牛耕とは確定しえないのかもしれないのだが、私のなかで、いまも気になっていることのひとつではある。その関心のまま、ここに記しておく。

私が見たこの資料は写しであった。前後の文意からすれば原資料の文が、あるいは「殿様」が島中の牛を見、勘左衛門に牛を「遣ハセ」た（与えた）となっている可能性も皆無とはいえない。原資料は戦前、この旧家がハワイ移民に出かけた折に戸主がハワイに持参され、今は行方がわからなくなっており、これに関する口碑も残っておらず、当面それ以上の手がかりはない。

小作争議の場で

そしてもうひとつ、関根貞之亟さんに出会った栃木県真岡市の調査について前にふれたが、『真岡市史』第四巻「近現代資料編」で興味をひく資料を目にした。それは昭和七年四月一日付の『社会運動通信』の「馬耕競技会の名目で示威運動」というタイトルを付されている資料である。

二十三日芳賀郡南高見沢村大字芳志戸地主塩口豊一郎対小作人の小作軽減問題で先頃よりごたついて居たが、芳賀郡農民組合員二百名、塩谷郡農民組合員数十名が応援し、同字内馬耕競技会の名の下に示威運動をしたので、真岡署より警部補二名、巡査部長三名、巡査二十名が朝の十時頃より警戒につとめたところ、農民組合員等は赤旗を押したて労働歌を合唱し、警官の制止を聞かないので、（中略）四名を真岡署に検束し、午後四時頃解散した。(25)

ここでは競犂会の形をとった小作農民のデモンストレーションがおこなわれている。土地を耕しているのは誰あろう俺たちだ、との意思表示が競犂会を擬する形で登場している。生存をかけた小作争議の興奮と、血を沸かせた競犂会の興奮とが、その昂ぶりのありようにおいてどこか通底しており、あるいはその気持ちが犂を持ち出しての示威行動に及ばせたのだろうか。

犂という農具はさまざまにシンボリックな役割を背負わせられた歴史をもってきたものでもあるらしい。

(1) テキストとして、日本放送出版協会『NHK市民大学講座　生活文化の交流』(一九七五年)五六―五九ページ。なお、このほか馬耕教師がテレビで紹介された例として一九八二年四月二五日NHK教育テレビ「あすの村づくり・証言昭和農民史　馬耕教師奮闘記　熊本市　福岡市　栃木県益子町」、一九八四年三月八日NHK「明るい農村　生きている年輪　馬耕教師と呼ばれた人々」がある。後者には本章でふれた出田久氏が出演されている。

(2) 宮本常一『私の日本地図』は一九六七～七六年の間に同友館から一五冊刊行されている。二〇〇八年より「宮本常一著作集　別集」として未來社から再刊中。二〇一〇年一〇月現在六冊が刊行中。犂についての記述は『6　瀬戸内海II　芸予の海』(同友館版、一九六九年)一三八ページ。『9　同III　周防大島』(未來社版、二〇〇八年)四九ページ。『10　武蔵野・青梅』(未來社版、二〇〇八年)一〇四―一〇五ページ。『15　壱岐・対馬』(未來社版、二〇〇九年)七五ページ、一七七ページ。

(3) 『私の日本地図　11　阿蘇・球磨』(未來社版、二〇一〇年)一八〇―一八一ページ。『同7　佐渡』(未來社版、二〇〇九年)では二一ページ、一七〇ページ。

(4) 『三原市史　第七巻　民俗編』(三原市、一九七九年)五〇六―五〇七ページ。

(5) 農業発達史調査会編『日本農業発達史――明治以降における』(4)(中央公論社、一九五四年)

二三七—二四一ページ。

（6）『農魂　熊本の農具』（熊本日日新聞社、一九七七年）「第二節　大地をすく」。

（7）田上泰隆編『耕耘の歴史　日の本号・すき・犂』（非売品、二〇〇五年）。

（8）『福岡県史　近代資料編　福岡農法』（西日本文化協会編・発行、一九八七年）「磯野式深耕犂」の項。

（9）東洋社刊行のパンフレット「東洋社の沿革と日の本号深耕犁解説書」（刊行は一九三五〜三七年ころと思われる）より。

（10）同前書。

（11）これについては和田一雄『耕耘機誕生』（富民協会、一九七九年）参照。

（12）オオグワについては本文中の図、写真で示したが（三二ページ）、宇都宮市平出の名主の正徳二（一七一二）年の「家督相渡ス目録」にみえている「おふくわ」もそうだと思われる（『栃木県史　史料編近世一』一九七四年、八三〇—八三七ページ）。

（13）関根貞之亟さんと真岡の犂耕については、『真岡市史　第五巻　民俗編』（真岡市、一九九〇年）第五章第六節と『真岡市史　第四巻　近代資料編』（真岡市、一九八五年）第六章第三節参照。

（14）岸田義邦『松山原造翁評伝』（新農林社、一九五四年）七六ページ。

（15）暉峻衆三編『日本の農業 150年　1850〜2000年』（有斐閣、二〇〇三年）四四ページ。

（16）『粕屋郡農業史　1973』（福岡県立粕屋農業高校60周年記念事業委員会編・刊、一九七三年）二五八—二六八ページ。および前掲の『日本農業発達史——明治以降における』(1)、三八二ページ。

（17）前掲の『粕屋郡農業史　1973』。

（18）同前書。

（19）この資料については巻末に一部を紹介しているが、「第九章　競犂会」の部分は省略している。

（20）前掲の『余目町史　下巻』一五八ページ。

（21）同前書、『余目町史　下巻』一五七—一五九ページ。また大沼作兵衛については須々田黎吉

「萬船居士遺稿『大野の農業（乾田の起源）』」（『農村研究』第三一号、東京農業大学農業経済学会、一九七〇年所収）。
（22）前掲『農魂　熊本の農具』五五ページ。
（23）『読谷村史　第五巻　資料編4　戦時記録上巻』第二章第三節。このほか同書には女性たちの農事訓練として牛馬耕の記述もある。http://www.vill.yomitan.jp/sonsi/vol5a/chap02/sec3/cont00/docu084.htm
（24）この資料については、拙著『東和町誌　各論編第一巻　むらの成立』（東和町、一九八六年）二三〇ページ。
（25）前掲の『真岡市史　第四巻　近代資料編』三〇四－三〇五ページ。なお、この記事の見出しは「南高根沢村の争議団デモる　四名検束さる」となっている。

台湾における犂耕指導

戦前の台湾における犂耕指導
（『耕耡法　出版第三十八号』昭和五年より）
①「深耕犂にて畦立て耕耡」
②「員林郡第八回牛耕競技会」
③「深耕技術講習」
④「深耕技術講習」
⑤「北屯分場と深耕技術講習地」

❶

❷

❸

❺

❹

農業雑誌の広告欄から

戦前の農業雑誌（『現代農業』）の広告欄から
①②③④　昭和十二年一月号
⑤　昭和十一年七月号
⑥⑦　昭和十三年四月号

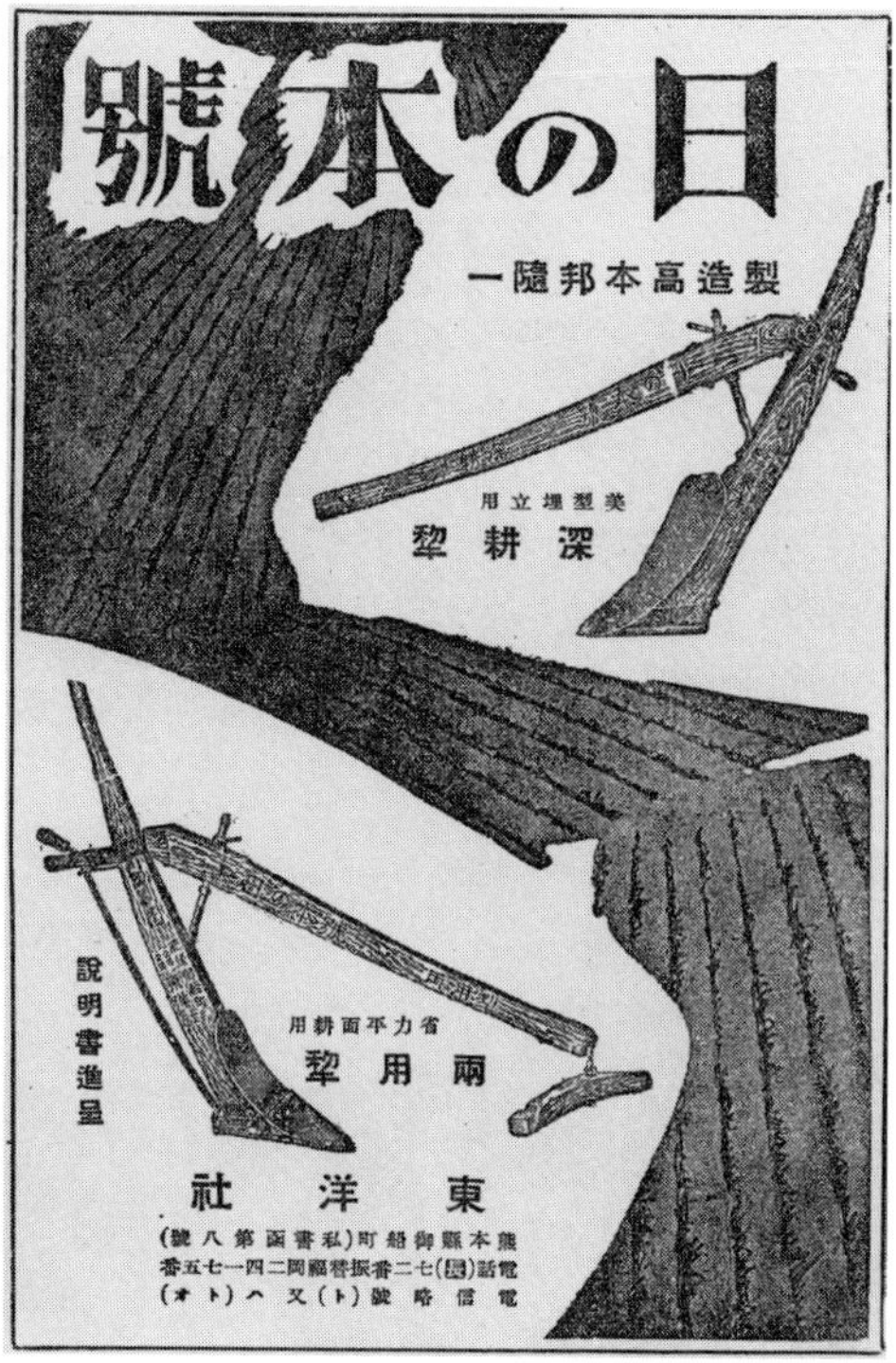

❶

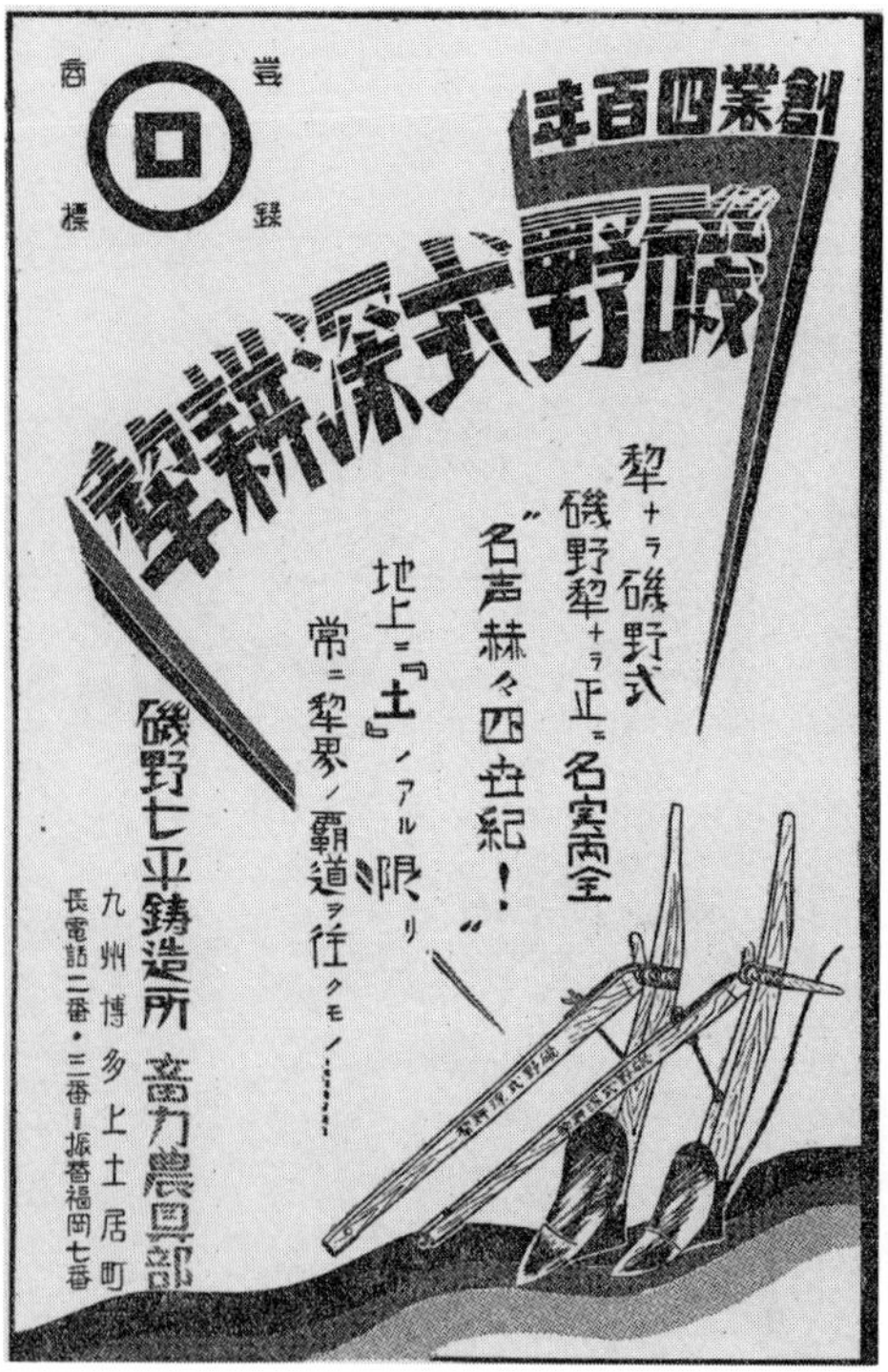

❷

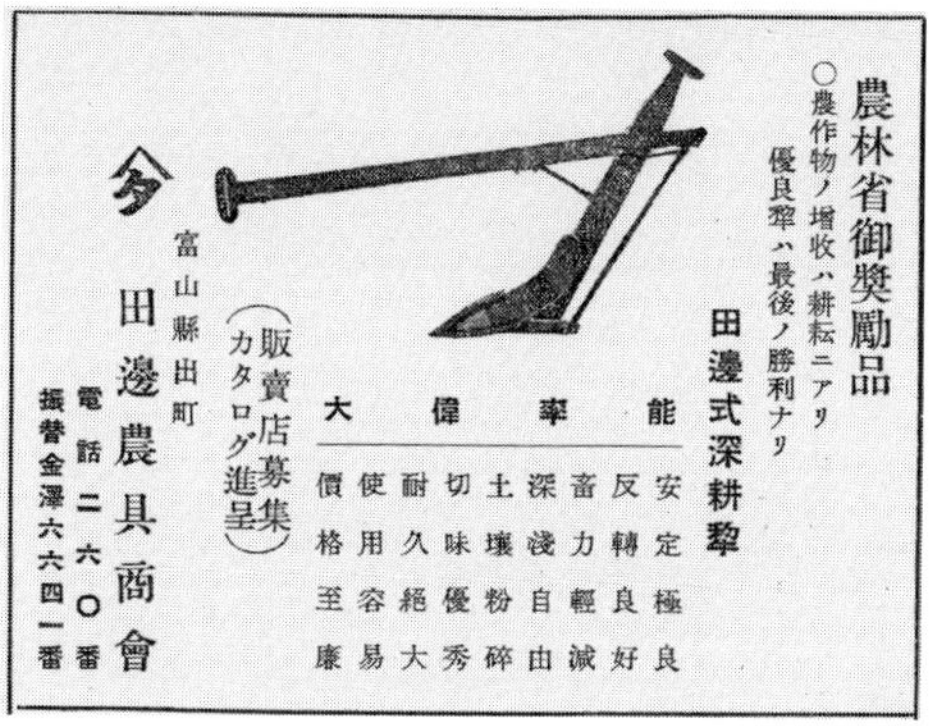
農林省御奬勵品
○農作物ノ増收ハ耕耘ニアリ
優良犂ハ最後ノ勝利ナリ
田邊式深耕犂
能率偉大
安定極良
反轉良好
畜力輕減
深淺自由
土壤粉碎
切味優秀
耐久絶大
使用容易
價格至廉
（販賣店募集
カタログ進呈）
富山縣出町
田邊農具商會
電話二六〇番
振替金澤六六四一番

❻

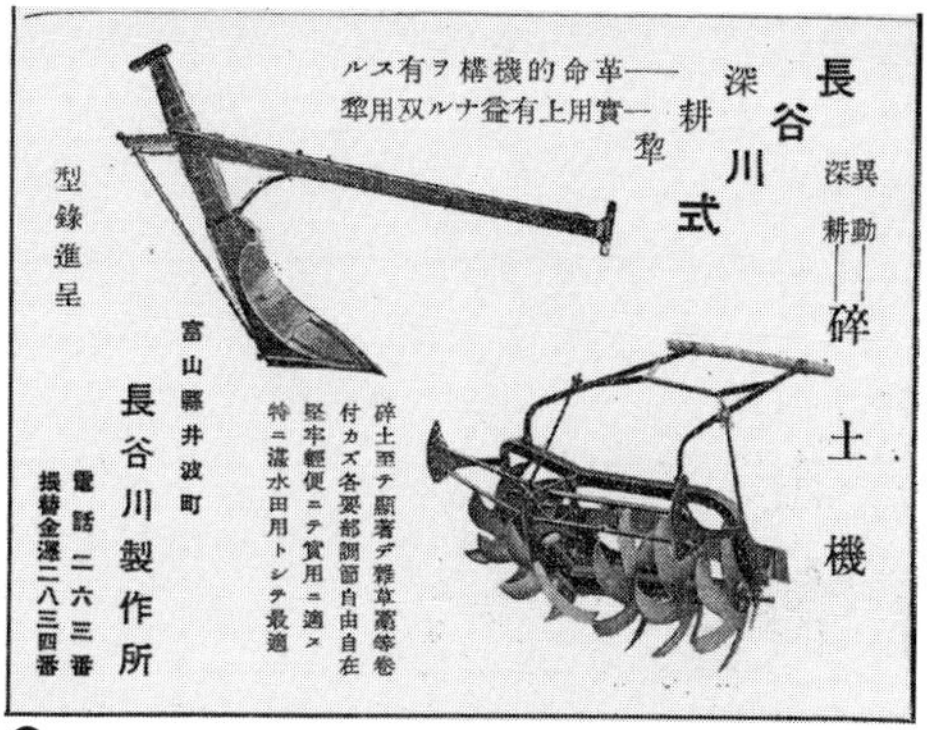
長谷川式
異動
深耕
碎土機
深耕犂
——革命的機構ヲ有スル
——實用上有益ナル双用犂
型錄進呈
碎土至テ顯著デ雜草處等卷付カズ各要部調節自由自在堅牢輕便ニテ實用ニ適ス特ニ濕水田用トシテ最適
富山縣井波町
長谷川製作所
電話二六三番
振替金澤二八三四番

❸

栗原式革明省力鞍
牛馬を疲らせぬ
栗原式を使用すると
牛馬のもつ全能力を
無駄なく完全に發揮
することが出來ます
しかも馬肌を傷めず
堅牢にして廉價です
特約店募集
カタログ進呈
栗原商會
千葉縣香取郡瑞穗村中谷

❼

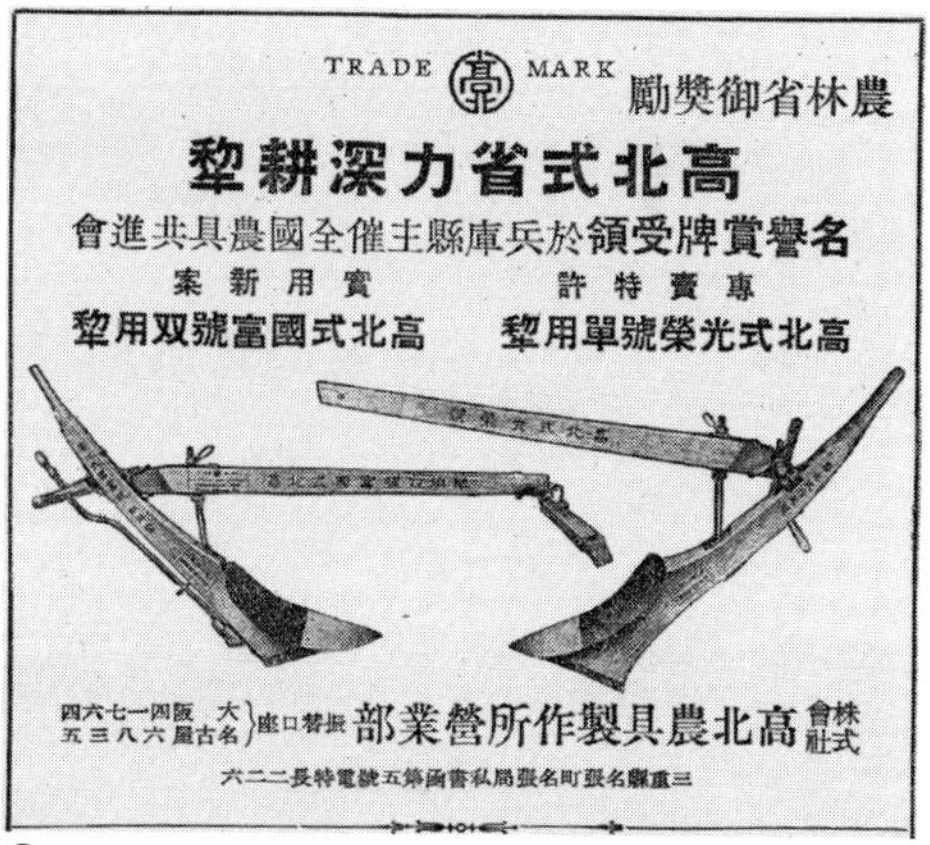
農林省御奬勵
TRADE MARK
高北式省力深耕犂
名譽賞牌受領
於兵庫縣主催全國農具共進會
專賣特許
實用新案
高北式光榮號單用犂
高北式富國號双用犂
株式會社 高北農具製作所營業部
振替口座 大阪四一七六四 名古屋六八三五
三重縣名張町名張局私書函第五號電特長二二六

❹

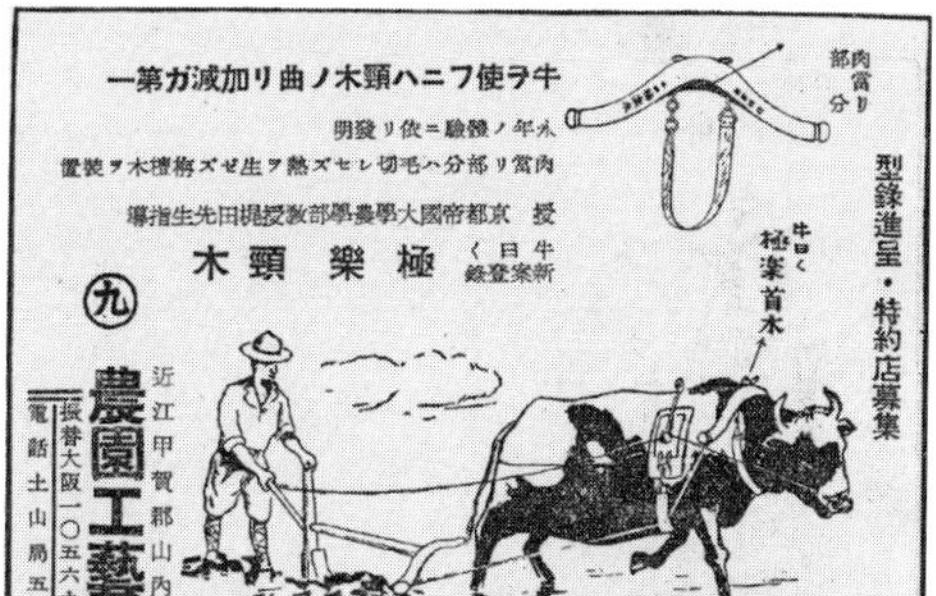
牛ヲ使フニハ頸木ノ曲リ加減ガ第一
永年ノ經驗ニ依リ發明
肉當リ部分ハ毛切レセズ熱ヲ生ゼズ増木ヲ装置
授 京都帝國大學農學部教授堤田先生指導
牛曰く
新案登錄
極樂頸木
肉當リ部分
牛曰く
極楽首木
型錄進呈・特約店募集
九
農園工藝部
近江甲賀郡山内
振替大阪一〇五六九四番
電話土山局五二番

❺

五株畦耕法——競犂会の基本耕法

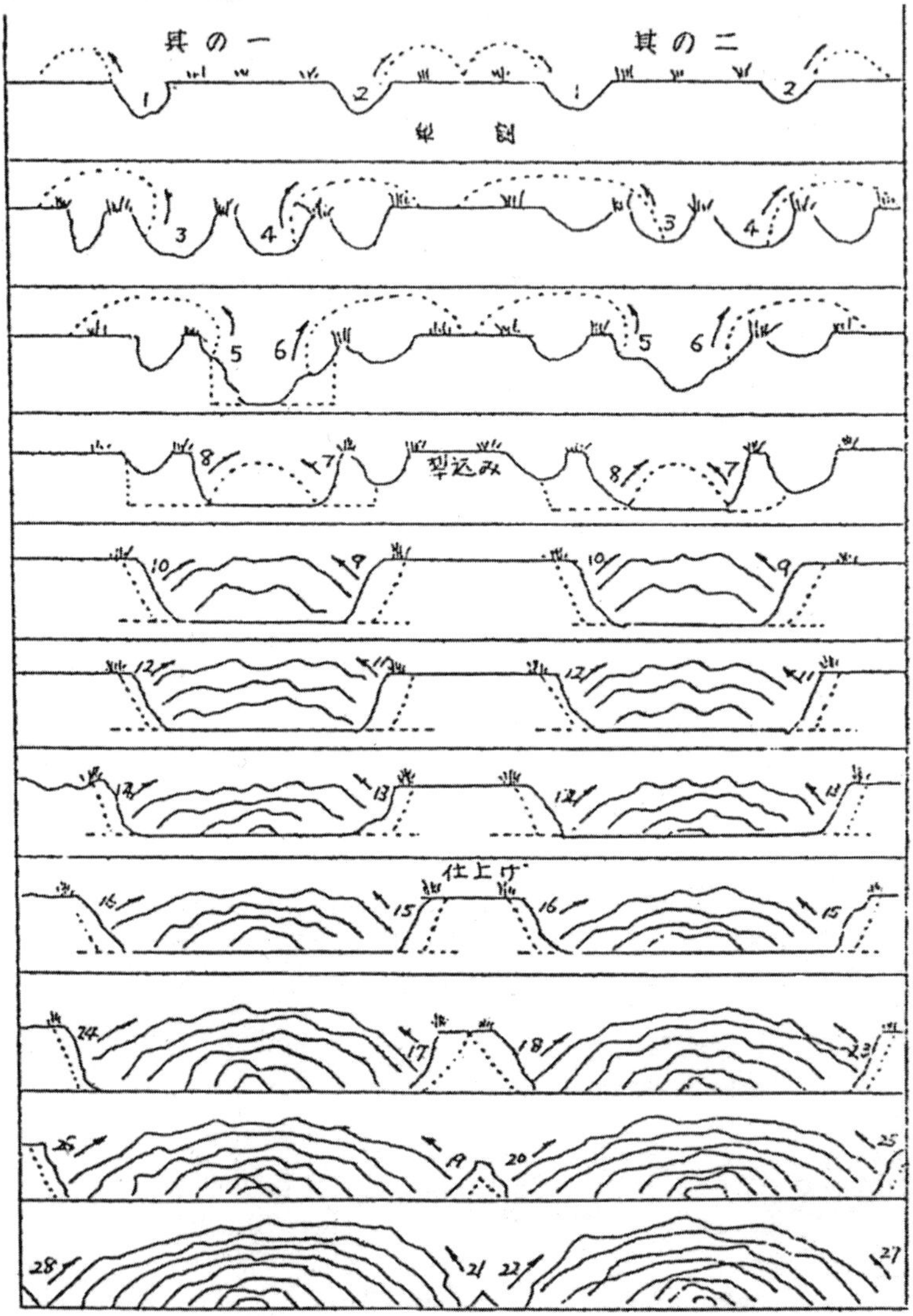

五株畦耕法　これは昭和三十年頃に東洋社が作成した手引書『畜力利用牛馬耕の栞』掲載の図だが、「牛馬耕競技の基本耕法」との文が付されている。

IV

野帖から——犂の普及を切り口として

中扉：「技術ハ無限」と記されている写真（石塚権治さんのアルバムより）

図において役畜の牽引力点と、はずなを結んだ線を牽引線というが、牽引線と水平線とのなす角、すなわち牽引角はすきによつて大体定まつた角度で普通二三度内外であるが、これが違うと犂の安定がわるくなり使いにくくなるから、使用に際しては役畜の体格に応じて曳綱を加減して決められた角度になるよう調節する（『日本の農業機械』より）

六〇－六二ページの写真で耕起のようすを示した宇久島の犂も現在では資料館に在来犂、近代短床犂ともども、なかよく並ぶ。宇久島資料館で（二〇〇七年七月撮影）

一　野に在ること

クサビを打つ

　これまで幾人かの例をあげて、馬耕教師と呼ばれる人たちの動きを——細部を端折り、背景をラフに要約しつつではあるが——述べてきた。そこに見られるのは、近代短床犂の普及をすすめた彼らの熱気、そしてそれを修得しようという農民の意欲であるとともに、時代と社会の追い風を受けて、発展・整備されていく犂製作所の勢いである。

　そしてたぶん私が四〇年近く前に、このテーマに魅かれた理由のひとつは、前者、教える側と受けとめる側との交流のありかたにあったように思う。

　たとえば、福岡の長末吉家。自宅に数多くの若い人たちを迎え入れ、滞在期間の費用は、食費以外は要求せず、一家をあげて彼らに対応し、技術を指導する。その近辺の家々もさまざまにこれに協力する。もちろん、その技術を修得した彼らは、長式犂の普及に貢献してくれるという効果があったとしても、そこに「先行投資」や「経営戦略」といった言葉とはまた違う次元の意思の存在を感じる。

　おそらくそれは、「在野」という言葉で括られる世界のなかに潜むエネルギーであろう。彼らは、なんの疑いもなく農業の明日に手ごたえの確かさを感じていたし、そのあるべき姿を望み描き、その世界に関わる自分の多くを託していた。そのことを前提としての在野のエネルギーであろう。そしてこうしたエネルギーがみられたのは、おそらく犂耕の世界にかぎったことではない。

福岡で、後藤丈作さんから長末吉家の話をうかがったとき、私がすぐに連想したのは、愛媛の篤農家、丸木長雄氏のことであった。彼は水田技術とサツマイモの栽培について優れた技術者だった。終戦直後、彼の家には全国から多くの若者がその技術を習いに来たという。丸木氏は、彼らをすすんで自宅に泊め指導している。とはいえ、普通の民家である。彼らが寝泊りする部屋は限られている。

驚いたよ。六畳くらいの部屋に十人も十五人も寝とるんじゃもん。どうやって部屋に寝るかわかるかい。みぃんな横寝、それも体を互い違いにして横寝するんじゃ。そのほうがよけいに部屋に詰め込まれるじゃろが。やからすぐ横に寝てるひとの足の裏が自分の鼻の先にくる。自分の足の裏のとこに別の人の顔がくっついてる。それでまた泊まる若い者が増えたらさらにその間にぎゅうぎゅうに押し込んで寝るんよね。これを「クサビを打つ」て言いよった。わしが驚いたんは、その連中はそれに不平を言うどころか、面白がって寝よるんじゃ。「昨日はクサビ打って十二人寝れた。今日は十五人寝れた」ちゅうて。すごいもんやったぜ。たいしたもんじゃったぜ。

丸木氏と交流が深かった宮本常一先生が、丸木宅を訪れた折の感想をそう話されていたことがある。[1] 彼らはそんな日々のなかで農業技術を学んで郷里に戻っていった。

こうした「在野」の熱意や熱気は、かつて農業生産技術の現場で、さまざまな形でみられたはずである。そして、あるときは「制度」の側に利用され、あるときは吸収され、あるときは潰されといったいきさつを経て、整理されてもいった——もちろん、だからといって、ここで「そこには現代社会の失ったなにかがある」的な雑駁なまとめをするつもりはない。

熊本のむらで

前章で熊本県の馬耕教師についてふれたが、東洋社の工場から一二キロほど北東の黒松（合志市）というところに、明治二十五（一八九二）年にひらかれた合志《ごうし》義塾という学校があった。[2]

これは、同二十四（一八九一）年まで小学校の教員であった工藤左一とその従弟の平田一十が、工藤家の座敷八畳と二階の一六畳の部屋を教室にあててスタートした民間の教育機関である。昭和二十五（一九五〇）年の閉塾までの五九年間で六〇〇〇人をこす卒業生を出している。ここは農民のための学校であり、実学に基本を置いていた。金銭で授業料をとらず、生徒は農事実習として週に一日、工藤家または平田家の田畑で働くことでそれに換えた。

戦前、この塾を卒業しても中学卒業（旧制）の資格を取ったことにはならなかった。

資格をとることに基準を置いていなかった。そのため卒業して上級学校に進学する者は、改めて中学校や実業学校に入学しなおさねばならなかった。そのようにして進学していった人たちもおり、のちに国会議員をつとめた人もいるのだが、多くは農民としてむらにとどまり、そこで中堅農民として地域を支えた。そしてこの学校のもうひとつの個性は、明治三十（一八九七）年代の後半以降、朝鮮半島、東南アジアからの留学生が少なからず在籍していたことである。合志義塾では、彼らに衣服、学資などすべて支給し、卒業させており、それぞれの祖国に帰っていったのちも、塾との関係は続いているという。

戦後、学制改革がおこなわれた際に新制高校への手続きをとるという選択肢もあったのだろうが、戦後は、「人の気持は急にかわってきて、ここに入塾を希望する者が急に減り、経営が成りたたなくなってきた。それに工藤・平田一家は戦後のどさくさの中でも、いわゆる闇取引をしなかったから、経済的な窮迫も大きく、そういう面からも塾経営はむずかしくなっていった。そこで昭和二十五年三月で一応閉塾することにした」。昭和二十二（一九四七）年と同二十五（一九五〇）年にここを訪れた宮本先生はそう述べている(3)。

制度が整備されていくと、逆にこうした在野の動きは枠に組み込まれていき、ふと振り返ると、人々の意志そのものは見えづらくなっている。ことに農業を基盤とした在野の動きは、時の国策にとりこまれ、あるいはそれを受け入れといった性格をもっているだけに、戦後の社会風潮から等閑視されることも多かった。農業技術というより、なによりも農業を発想基盤におく思想——農本主義——自体が、戦後は、あるきわどさをもったものとして考えられてもきた。

けれども、こうした在野での動き、これに類する動きがあちこちで見られ、その中を人々が動いていたという時代状況を念頭においてみれば、長式犂の普及という衣をまとっていたとはいえ、長末吉一家の実習生への対応の姿勢の中には、在野の動きが——犂製作所間のはげしい競争とは別に——ごく自然に息づいていたように思う。ことに長末吉という人物の性格や動きを追うと、前にふれたように販売促進というより普及・指導に軸足をおいての生涯だった感が強い。そのために特にそう思うのかもしれないのだが。

現在、そうした動きが皆無というわけではないと思う。しかしその動きの多くは、あくまで「制度」との関係性のなかで自分たちの価値観を意味づけ、その立ち位置を把握し活動しているように思う。「制度」というものから自由になろうとする、あるいは制度を突き抜けようとしての発想はできにくくなっている。長末吉家での熱気を思うと、今日、改めてそのことを確認せざるをえないところにいる。

私が犂の普及に魅かれたことのひとつに、この「在野」の生命力が発信している手ごたえへの漠然とした興味があったように思う。そしてこの生命力は「民俗」という概念、その概念で括られているものに潜むエネルギーと同じものではないにせよ、どこかで交叉する場をもっているのではないのか、そう感じてもいた。

二　「普及」のもつ意味

統計表を見ることから

犂を広めた人たちやそれを受ける人たちの熱意・熱気、さらに時代や社会の追い風、そんな言葉をこれまで私は使ってきた。

では、どれほど、どのように近代短床犂は普及していったのだろうか。

私の手元に、県ごとの犂普及のデータがある（左表参照）。これは『日本農業発達史――明治以降における』(1)からの引用であるが、その元の資料は、『農会調査農事統計表』と『畜産提要』に拠るという。全都道府県の、明治三十七（一九〇四）年、大正三（一九一四）年、同十三（一九二四）年、昭和九（一九三四）年、同二十一（一九四六）年の犂普及率が百分比で示されている。

この統計数値が、どのような調査と数値資料にもとづいて集計されたものか（犂を所有している農民の所有耕地を算定基準としたのだろうか、もっと大まかな算定法なのか）、よくわからないのだが、ひとつひとつを見ていくと、気になる点も多い。例えば水田の表で大正十三（一九二四）年の山口県、同じく昭和九（一九三四）年、同二十一（一九四六）年の香川県の普及率は一〇〇パーセントとなっているが、これは不自然であろう。山口県の昭和二十一（一九四六）年の数値は逆に減って七〇パーセントを切っている。しかし犂耕の普及について、全体の大まかな趨勢を把握できるデータ

牛馬耕普及の県別の変遷
『日本農業発達史』(1)からの引用。同書では「但し＊印は一桁違うと思われる」との注記がある。

畑における牛馬耕普及率の変遷（単位＝%）

年	1904	1914	1924	1934	1946
北海道	65.2	69.8	78.7	92.7	97.5
青　森	5.7	16.9	21.7	44.0	31.0
岩　手	0.6	5.1	14.7	20.6	35.9
宮　城	3.4	5.7	7.5	12.1	23.3
秋　田	2.0	9.5	16.7	30.0	50.1
山　形	5.8	7.4	3.6	6.5	17.3
福　島	0.0	0.3	0.8	1.0	61.4 *
茨　城	8.4	17.7	19.2	19.4	12.4
栃　木	27.1	27.7	25.4	30.2	36.2
群　馬	27.1	36.8	36.2	24.2	23.0
埼　玉	14.4	13.7	22.7	26.1	27.0
千　葉	11.3	12.7	6.9	10.4	6.3
東　京	0.0	0.1	1.9	1.0	2.0
神奈川	1.9	0.7	1.6	3.0	15.1
新　潟	1.3	1.5	3.4	9.6	66.6*
富　山	0.2	0.5	1.5	5.1	13.2
石　川	0.1	9.9	8.2	7.2	2.8
福　井	8.0	9.1	7.2	10.4	36.6
山　梨	1.3	1.4	2.8	8.4	14.4
長　野	12.5	15.5	13.5	10.3	52.2
岐　阜	0.4	0.2	0.2	0.2	13.5
静　岡	4.3	4.3	4.7	3.3	64.5 *
愛　知	3.7	2.3	4.5	8.5	11.3
三　重	2.6	3.5	4.3	7.8	8.2
滋　賀	6.6	7.0	8.0	11.8	5.7
京　都	15.6	14.1	12.5	15.5	21.2
大　阪	52.0	53.5	54.6	49.2	71.3
兵　庫	50.2	46.1	44.0	44.9	5.4 *
奈　良	1.0	2.1	2.2	3.1	18.5
和歌山	35.3	38.1	31.7	23.3	4.3 *
鳥　取	6.7	12.0	6.4	7.8	21.9
島　根	25.2	18.1	11.0	13.3	2.3
岡　山	62.0	56.6	49.3	46.0	42.8
広　島	44.6	47.6	40.8	36.0	18.4
山　口	77.1	82.4	71.7	75.5	59.8
徳　島	71.1	82.5	79.0	87.9	91.9
香　川	84.6	76.7	72.0	96.1	30.8
愛　媛	17.0	16.7	16.0	20.4	26.4
高　知	13.2	7.8	8.1	14.2	15.1
福　岡	82.4	85.5	83.9	86.9	71.5
佐　賀	33.7	49.3	31.2	26.0	36.4
長　崎	52.7	54.2	56.6	58.5	71.6
熊　本	99.3	75.0	83.9	89.0	99.0
大　分	85.8	84.8	80.6	86.3	55.9
宮　崎	73.2	87.1	80.7	83.0	59.9
鹿児島	60.7	63.3	66.3	67.4	71.2
全国平均	32.9	36.6	39.6	46.8	53.2

〔備考〕出典は右に同じ。

田における牛馬耕普及率の変遷（単位＝%）

年	1904	1914	1924	1934	1946
北海道	60.4	70.2	92.3	99.3	88.9
青　森	30.4	45.7	52.6	70.8	76.1
岩　手	3.2	10.3	44.4	63.0	69.7
宮　城	13.2	45.8	57.1	70.6	76.3
秋　田	12.7	43.3	61.6	79.5	92.5
山　形	29.7	41.1	57.7	66.4	69.6
福　島	6.2	19.5	39.7	55.4	62.8
茨　城	5.1	16.4	28.4	39.6	49.9
栃　木	78.2	80.7	86.5	90.0	63.9
群　馬	88.2	88.3	94.3	92.0	82.4
埼　玉	69.0	70.0	71.7	74.5	71.1
千　葉	21.4	26.1	31.2	47.1	49.0
東　京	33.5	28.4	47.6	36.3	49.3
神奈川	31.2	28.7	29.0	31.0	30.7
新　潟	5.5	9.9	25.6	47.6	51.8
富　山	75.6	76.7	81.2	87.2	93.4
石　川	15.6	40.3	48.3	53.0	72.0
福　井	28.1	29.1	37.5	47.5	59.9
山　梨	85.1	83.2	90.0	91.3	70.6
長　野	29.8	40.8	68.0	60.4	87.9
岐　阜	33.9	38.2	43.1	54.7	61.4
静　岡	40.5	39.5	45.6	44.8	51.8
愛　知	8.1	11.4	18.2	27.2	42.6
三　重	62.9	64.6	66.0	69.2	59.3
滋　賀	50.4	50.6	50.0	51.3	54.5
京　都	75.4	71.0	71.9	74.4	76.9
大　阪	81.1	95.1	95.6	94.5	95.0
兵　庫	95.0	96.5	95.6	95.7	98.2
奈　良	52.8	54.9	60.2	65.8	79.1
和歌山	95.4	56.3	95.2	91.7	89.7
鳥　取	95.2	96.5	95.5	93.3	85.8
島　根	51.4	53.9	53.1	58.3	70.0
岡　山	89.5	87.3	85.9	88.2	81.6
広　島	90.8	92.5	93.5	94.2	86.6
山　口	89.3	94.2	100.0	97.0	69.1
徳　島	89.3	94.8	89.6	92.9	94.4
香　川	99.3	99.2	98.0	100.0	100.0
愛　媛	75.8	85.5	86.8	90.7	87.4
高　知	94.9	93.5	93.7	93.5	77.5
福　岡	96.9	97.6	98.2	98.8	92.8
佐　賀	79.0	84.3	86.4	90.2	87.8
長　崎	90.5	90.9	92.5	93.8	84.8
熊　本	98.6	94.9	95.6	93.2	99.8
大　分	91.6	93.3	95.6	94.7	94.9
宮　崎	90.2	91.8	95.7	94.7	93.3
鹿児島	81.5	90.7	93.1	94.0	91.5
全国平均	53.9	59.9	67.4	74.2	74.8

〔備考〕『農会調査農事統計表』および『畜産提要』より作表。

はこれ以外に見あたらないようなので、細部まで見ず、水田の例を中心に、ごく大まかな傾向をたどるレベルでこの表を見てみよう。

明治三十七（一九〇四）年の時点で、西日本の普及率が東日本のそれと比べてあきらかに高いことは明瞭であろう。ことに東北地方は、その後の数値の伸び方に、馬耕教師の活躍がうかがわれる。中部地方では、早くから勧農社の指導員が出向いた石川、新潟両県の数値が、きわめて低い。これは逆に犂耕後進県のありようを反映して、それゆえに希求性や導入力が高かったということなのだろうか。この二県に比べて、富山、山梨両県の高比率は、突出している。この年の数字で、関東地方では茨城県五・一パーセントと群馬県の八八・二パーセントの大差の意味するものもよくわからない。

全国規模で見た場合——つまり平場の水田のみでなく、棚田や山間に点在する田などまでひっくるめて見た場合——近代短床犂が席捲するように、またその普及があたかも時代を画すような趣をもって広まっていったというわけでもない。東日本、ことに東北地方では、暗渠排水、耕地整理を呼び込み、農業生産力を飛躍的にひきあげたシンボリックな農具として位置づけられてはいるが、その波が及んでもなお近代短床犂がはいりにくかった耕地もあれば、耕耘機が普及するまで在来の犂を使っていた地域もあった。

試行錯誤の群れ

前章までの私の走り書き的な調査記録を振り返っても、あらたな短床犂を考案した大津末次郎のいた地域の周辺では、それ以前からさまざまな短床犂が考案、使用されていた。もっともそれらは誰の考案、と個人に収斂される形ではたどりにくく、土地土地の農民が長い時間のなかで生み出し、洗練させつつ伝えてきたとしかいいようのない性格をもつ。こうした犂の多様性については、前述した熊本日日新聞社の『農魂　熊本の農具』に、細かくしるされている。また、福岡県の明治前半の農具図会にも多様な犂が描かれており（二〇〇―二〇一ページ）、佐賀県立農業試験場（現在は佐賀県農業試験研究センターと改称）の犂のコレクションの多様さもみごとだった。佐賀では水田だけで三種類の犂を使い分けて耕起をおこなっていた（二〇四ページ）。

そしてまた、東洋社の創始者、田上重兵衛が最初に考案した犂は、長床犂の範疇にはいるものであった。長末吉は、当初は無床犂を作っていた。石塚権治さんが長家に講習に行った折、はじめに練習させられたのが無床犂であったことは前述したとおりである。その無床犂も、床をわずかながら付けて、「抱持立犂」から「押持立犂」へと改良されてもいる（四九ページ参照）。栃木の関根さんが少年のころ、在来のオオグワのほかに身近で使われていたのは、地元の製作所がつくった改良型の長床犂であり、競犂会のために父親が用意してくれたのは、茨城県でつくられた無床犂であった。こう書いてくると、かなり混然とした状況での犂の改良、使用のありようとなる。

フィールドにて　愛媛県西予市城川町魚成（うおなし）のある農家で。納屋には三丁の犂がほこりをかぶって置かれていた。まず在来の長床犂（右）。カシ材とスギ材を使っての自家製。これは田のみに用いた。それから近代短床犂の単用犂（中）。これは購入品で田畑ともに用いた。さらに双用犂（左）。これも購入品で「愛媛六号」の文字が記されていた（一九七〇年一〇月）

これをある程度まで整理しようとすれば、九州北部でさまざまな地域差をもって生み出され、それだけにまたさまざまな改良への意思の蓄積のなかで、より深耕しやすく、より量産しやすい方向で考えられていった犂が近代短床犂ということになろうし、軌を一にして同じような犂が、長野や三重でも考案されていたということになろう。犂の利用が遅れていた東日本でも、在来犂にこれまたさまざまな改良がほどこされ、また新しく考案されていた状況があった。一例をあげると、『上毛篤農伝Ｉ』に群馬県の中島嶋三の事蹟が紹介されている。彼は農作業の畜力化を考え、「中耕兼用井岡犂」を発明したという。「明治四十三年の頃、朝鮮牛を購入し自ら調教し、麦作の中耕に一日に壱町余をたやすく成し遂げて、百姓をアッと言わせた[4]」。

こうしたありようも大きくみると従来からの定説の域を出るものではない。そして主要な六、七社の犂製作所が競いつつ先導する形で、近代短床犂を広げていった。さらにその前段階に、深耕を進めるべしとの農政上の要請があり、勧農社の抱持立犂の東日本への普及が呼び水となっているが、こうした動向を受けての諸地域の試行錯誤の総体そのものが、この時代の農業のエネルギーを示していた。そのため、近代短床犂の普及がおそかったところ、不十分だったところが、必ずしも農業への意識が遅滞していたということではない。

丸い畑

一九七二年の春、私は長崎県佐世保市の宇久島という島をあるいた。五島列島最

北端の島である。田でも畑でも牛に犂を引かせて耕起がなされていた。水田では近代短床犂が使われていたが、畑では在来の無床犂が使われており、この島では、耕耘機がはいるまで、畑ではこの在来犂が使われ続けた。五島列島の無床犂については、私はその前年、宮本常一先生の授業で聞いていたため、ことに興味をもってこの耕起作業を見てあるいた（六〇―六二ページ参照）。

たとえば宮本先生はこのように記述されている。

> 畑の形のきまっていくのにはいろいろの条件があり、その中でも地形が畑の形におよぼす影響は大きいのであるが、農具が形をきめていく場合も少なくない。長崎県の五島や壱岐へいくと、まるい形の畑が少なくない。これは地形がゆるやかな丘陵をなしており、そこで用いる農具が抱持立犂《かかえもったてすき》という方向を自在に向けなおすことのできる犂を手につけて使用するとき、渦巻形にすいていくともっとも能率があがるからだという。そういう畑は抱持立犂〔の耕起――引用者〕のおこなわれないところにはあまり見受けられない。[5]
>
> 私たちは福江〔五島列島最南端の島――引用者〕の南にある鬼岳へのぼった。もう活動はしていないが、噴火口を持つホマテ火山で、ゆるやかな傾斜を持つ美しい山である。その上から四望する景色はものやわらかで実に美しい。そしてその裾野には矩形の畑も多いが、まるい畑が多い。まるい畑は渦巻形にすか

丸い畑　長崎県福江市京ノ岳山麓。建設省国土地理院航空写真 KU-65-2X-C18 より。

れている。ダイズのうえられているものが多い。山をおりて畑のそばを通って見ると、ダイズのでき具合はあまりよくなかった。

　同じ旅でのこと、小値賀島〔五島列島の北から二番目の島――同〕をあるいてみた。ここにも畑にはダイズが多かった。ここのダイズはスジまきにしてあった。福江島とは農法がちがっていることを感じた。畑ではたらいている百姓にきいて見ると、渦巻形にすくことは一応すいているのである。それから今度は一方の端から、ずっとまっすぐにすいてゆき、タネをまくとのことであった。つまり一回多くすいているのである。それだけのことではなかろうが、小値賀のダイズのできはよかった[6]。

無床犂による「回りずき」である。そして授業ではたしかこう付け加えられた。

　まるい畑のみごとなのは、福江の三井楽じゃ。地元でわしがあんまり興味をもって言うもんじゃから、このごろまるい畑の航空写真を観光ポスターに使うようになったよ。

　そんなあとの旅だっただけに、島のどこをあるいてもごくありふれて目にする無床犂での耕起は興味深かった。この島の農民は、畑作においては、近代短床犂ではなく、在来犂での耕起を選び取ったことになる。

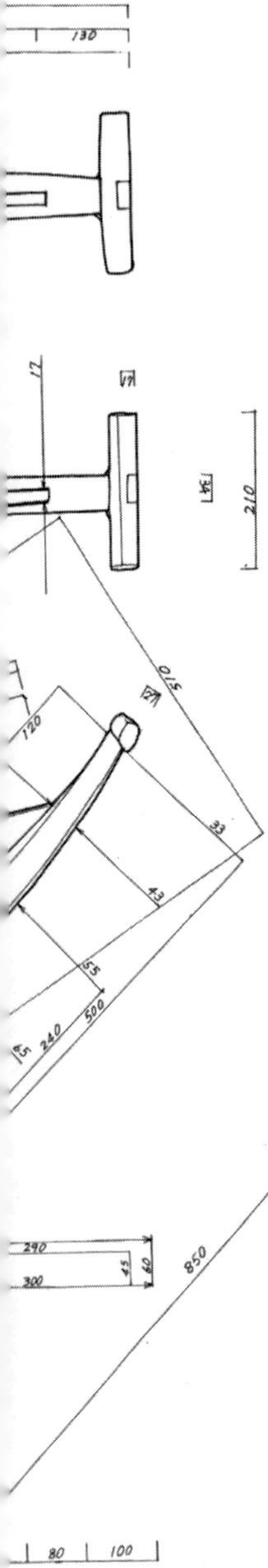

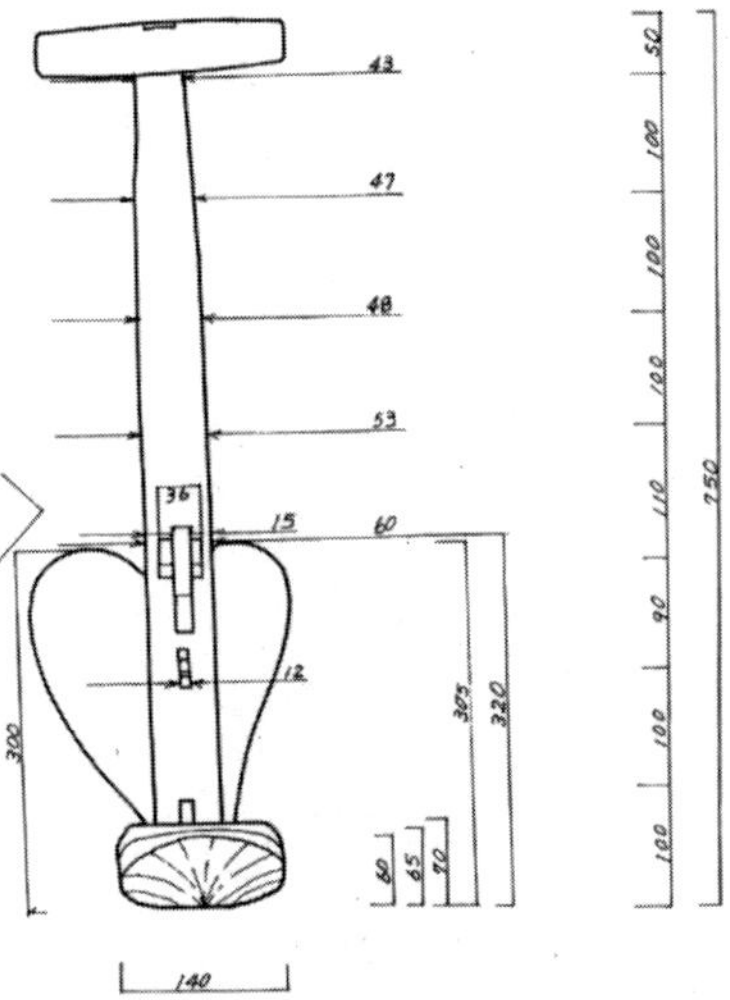

高知県山間部の中床犂実測図　大豊町立民俗資料館蔵の犂。国の有形民俗文化財に指定されているうちの一点の実測図。高知県の犂は、本文で述べたように土を右に反転する形のものが多いのだが、この町周辺は左に返す形のものが多く分布している。

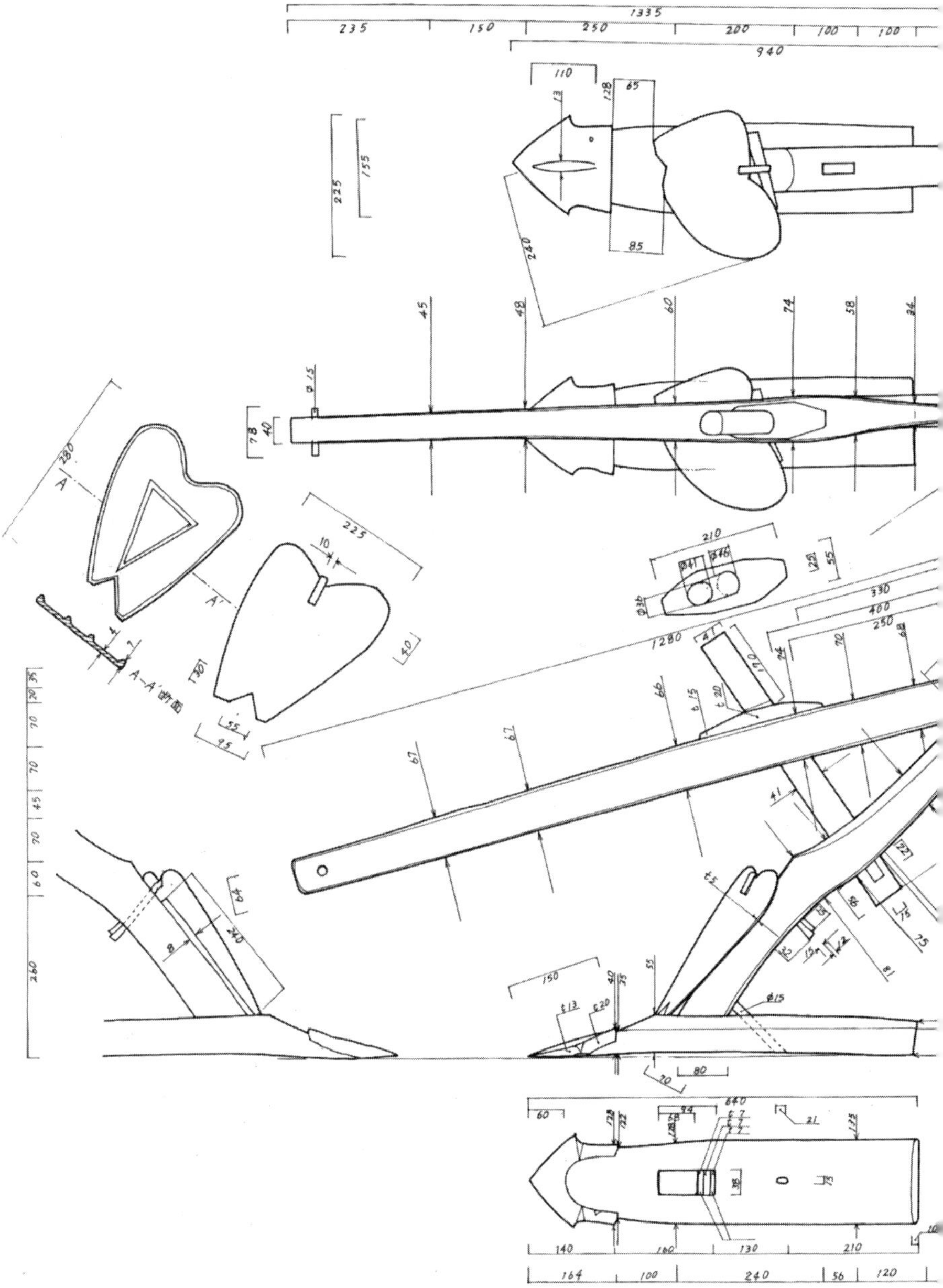
A
A'
A–A' 断面

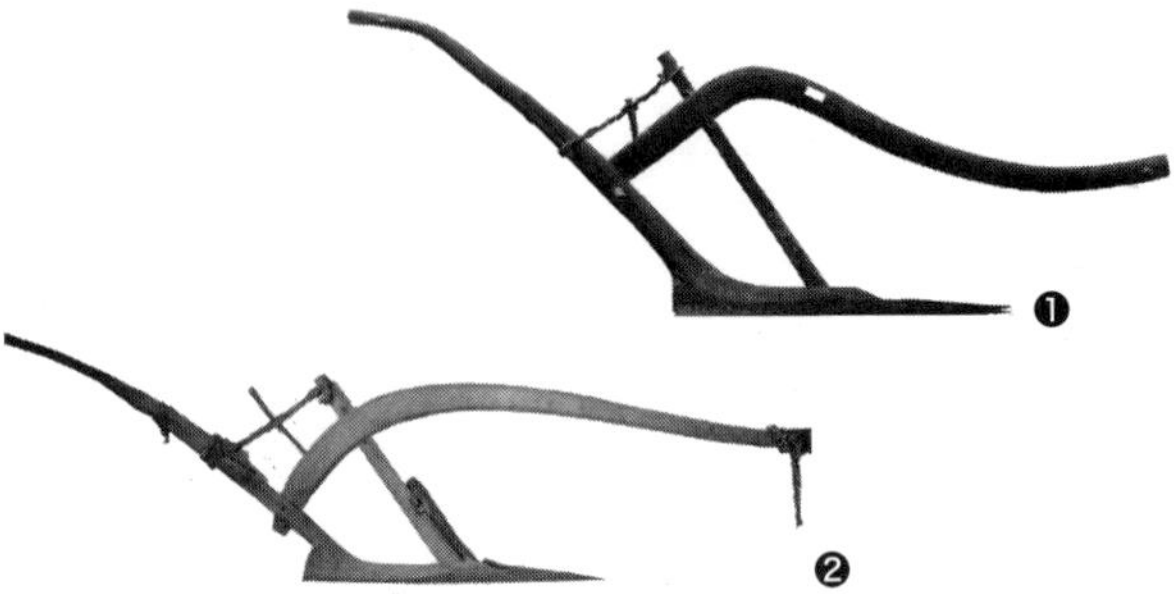

❶ ❷

フィールドの記録から――広島県の在来犂
①安芸高田市。長床犂（一九七〇年一〇月）
②山県郡安芸太田町。同（同）
③三原市八幡町。同（一九七五年八月）
④同佐木島。無床犂（同）

私は一九七〇年頃からフィールドワークを始めたのだが、そのころしばらく高知県山間のある町で民俗資料の収集・整理・保存を手伝ったことがある。この地では犂をウシグワという。一〇〇台余のウシグワが集まったのだが、その七割ほどは在来の長床犂（正確には「中床犂」）であり、近代短床犂は三割程度だった。ここはみごとな棚田、段畑の地帯であり、極端な湿田は少なかった。農民にとってもっとも効率がよかったのは、在来犂だったと思われる。

流れと広がり

前述した宮本先生の民具調査を含め、私が調査させてもらった農家の納屋はかぞえていけば、二〇〇舎くらいになると思うのだが、それ以外でも、フィールドワークであるいた先々で、よく農家の納屋をのぞかせてもらっていた。

関東では、東京府中市の農家をはじめとして、もう使われてはいなかったが、納屋にしまいっぱなしのオオグワを時々見うけたし、勧農社が持ち込んだのではないかと思われる抱持立犂を同じく東京都下の農業高校で見たことがある。

西日本では、納屋からもう使われなくなっていた近代短床犂を引っ張り出して写真を撮らせていただき、納屋にもどそうとすると、その奥に在来犂の長床犂がほこりをかぶって置かれていることも多かった。地層にたとえれば、ひとつ前の古層とその後の層がひとつの納屋の中にひっそりとおさまっていたことになる。

九州北部の犂の多様性についてすこしふれたが、これはある時期――おそらく江

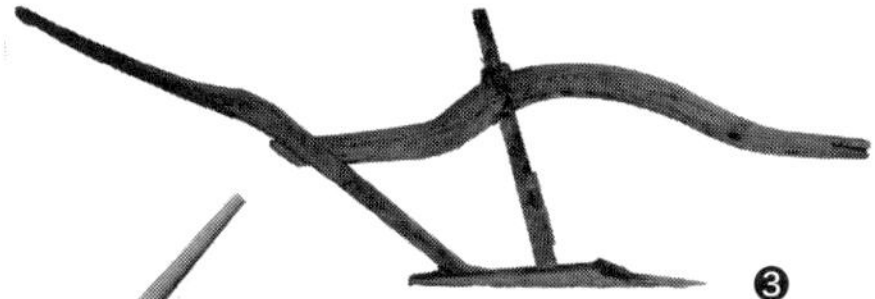
❸

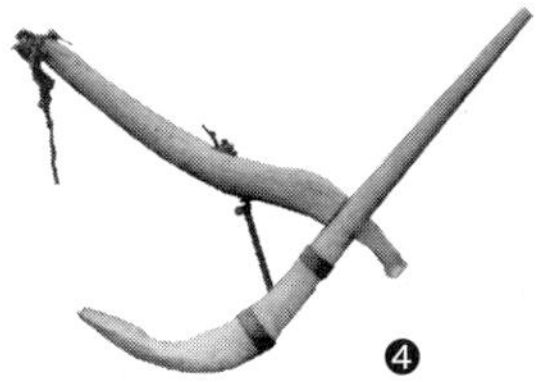
❹

戸中期以降――にそれぞれの地域で考案され作り出されてきたものになろう。いわば、共時態的な多様性であろう。一方私が佐渡農業高校で見た犂は、明治以降、佐渡に次々と入ってきた犂のコレクションになる。一世紀ほどのスパンではあるが、これは通時代的な様相が反映していることになろう。こうした横ひろがりと縦のながれのさまにふれたことが、私にとって犂がどことなく魅力のある存在になったもうひとつの理由になる。

在来犂という古層のみにこだわり、系譜論的に筋を探っていくこと自体にそう興味をもてず、かといって近代短床犂の果たした役割のみに焦点をしぼる気持ちにもなれず、犂をとりまく世界に漠然とした関心を持ち続けてきた。さらに言えば、この関心は、どこかで近代という時代のもつ性格への、また逆に近代という時代の波が浮き彫りにした在来の技術やそれを支えてきた社会のありようへの興味につながる。

三　納屋の近代

鉄材の変化

これまで述べてきた犂をはじめ、在来の形状をもつ鍬や鎌が無造作に置かれている農家の納屋にも、「納屋の近代」というべき時代の波は確実に及んでいた。と言っ

フィールドの記録から――鹿児島の在来犂　長床犂。大島郡喜界町中央公民館民俗資料室（二〇〇六年一〇月）

ても、ここで犂が耕耘機にかわっていったという変化について述べようとしているのではない。文字どおり、手足の延長として使う道具類であるその鍬・鎌についてのことになる。

話をすこしずらすことになるのだが、というより犂のみに焦点を当てることから一旦引いて、犂を農家の納屋に納められている農具のひとつとして受け止め、納屋に納められているありふれた、それゆえに酷使されてきた諸農具群に目を移してみたい。

日本の野鍛冶職人の間に、ヨーロッパから輸入された洋鉄（高炉によって製造された鉄。なおここでは、鉄という言葉を鋼や鋳鉄まで含んだ総称として使っておく）が普及をはじめるのは、全国的にみると明治二十（一八八七）年代以降のことになろう。それまで西日本では砂鉄から得られた鉄材が、東日本では、おそらく西日本ほどは砂鉄の比重は高くなかったであろうが、地域に応じた在来の鉄材が使われていた。

こうした在来の鉄材は、鍬・鎌・鉈などを作ろうとすると、仕入れた鉄塊を、まず薄い板状に均質に打ち伸ばし、それから各々の刃物や農具をつくっていかねばならなかった。均質な板状の材に打ち伸ばすまでに高い技術と少なからぬ手間を要した。

幕末期、鋸に打ち伸ばすつもりが意図どおりにゆかず、十能になってしまったある鍛冶屋の話が土佐刃物の産地である土佐山田（香美市）に伝わっている。これは未熟なうちに独り立ちした鍛冶職人に対しての笑い話として語られているのだが、それだけでなく、均質に打ち伸ばしていくことのむつかしさも伝えている[7]。

洋鉄が普及すると打ち刃物の鍛造は技術的に容易になり、手間も省かれ、刃物の生産能率はかつての三倍や四倍どころではなかったとの口碑もまたいく人かの古老の間に残っていた。私が若いころにお会いしてお話をうかがった七、八〇人の野鍛冶の古老は、この洋鉄普及後に修業された方々であった。その方々の時代で、親方に一〇人が弟子入りをしたとして、独り立ちできるところまで残るのは多くても三人ほどであったというし、その三人とてそのすべてが必ずしもそれ以後ずっと鍛冶屋で稼いでいけたわけではない。在来の和鉄の時代では、こうした割合はさらに低かったはずである。

もちろん日本の鉄の需要のなかで鍛冶職人にまわる量は、その比率からすれば微々たるものだったであろう。しかし、藩政期に大坂の和鉄問屋が強い主導権を握っていた体制が崩れ、より自由な流通システムが生まれ、東京の大きな鉄鋼問屋ではその扱う鉄の種類は*四五〇種類ほどにもなり、各地に鍛冶職人や石工などの小口需要者に個別に対応する取引店も生まれていった。

鍛造に、より手間がかからず、均質な材質の圧延鉄材の廉価で豊かな普及は、日本の常民社会総体の鉄製農具の量と種類を飛躍的に増加させた。といってもその結果のあらわれかたは全国的に均等な形ではなく、それぞれの地域の要求を反映する形をとった。

四五〇種類　この点数は東京日本橋の鉄鋼問屋河合商店の大正時代のカタログによる。

現われた意思

鍬・鎌・鉈などをはじめとする鉄製農具の形は、使い手の農民と造り手の鍛冶屋との「合作」の上にできたものだと言われる。これは使い手の要望を造り手が形として叩き出し、それを使った者がさらに改良を求め、造り手がまたそれに応える、そうした営為が何百年と繰り返されてきたうえに成った造形であるということを示しているが、こうした農具における地域差は江戸時代半ば以降には確立していた旨のこともしばしば指摘されてきた。

この二者――農民と鍛冶屋――の「合作」作業はその後も続き、幕末から明治初頭にかけての在来鉄をつかっての、農具や刃物に集約される鍛造技術のレベルは、地域によってはほとんど限界近くまで達していたのではないかと思う。民間社会総体に蓄積された鍛造技術を通しての鉄に関する知恵の体系、こまやかさはきわめて高かったはずである。それは洋鉄が輸入され、普及をみると、すぐにその新材料を鍛冶職人たちが使いこなしていったいきさつからみても、そう言えるように思う。和鉄を存分に使いこなしていたからこそ、すぐに、そしてみごとに洋鉄に対応していった、と。

それだけに、農具の地域差が形となって明確に現われていった和鉄時代は、和鉄を使っている限り、限界もあった。その限界の壁の手前には、この二者のさらに強い潜在的欲求が存在していたように思う。

この潜在的欲求は地域によって違いがあった。在来の技術のままでほぼ充足して

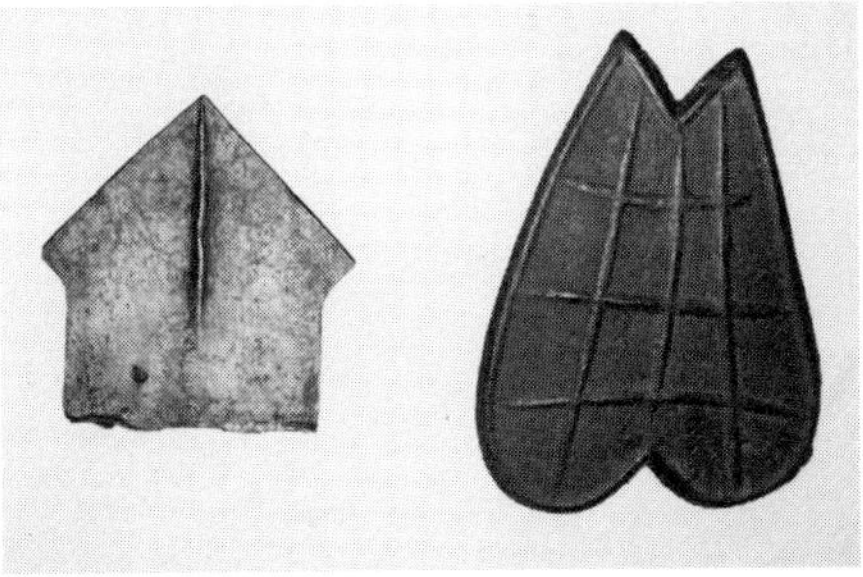

犂先（左）と反転板（右）　鋳物で作られていることが多い。この写真は在来の長床犂に用いられたもの。大豊町立民俗資料館（二〇〇九年一二月）

いる所もあったが、さらに使いやすい形の鍬があれば、さらにこまやかにつくりわけられた鍬があれば、あるいはさらに多くの数の鍬が得られれば、と心のどこかで希求する地域の人々もいた。そして鍛冶職人も、もっと均質な鉄材を、もっと多くの鉄材を、もっと入手しやすい鉄材がありさえすれば、という潜在的欲求をかかえていたはずである。自身の稼ぎへの意思、生活向上への意欲がそこにあるかぎり。

現代の都市生活の道具感覚からすれば、消耗品と貴重品とは、多くの場合対立概念になる。かつての民具の多くは、この二つの概念をひとつのものの中に強く併せもっていた。それがもっとも切実な形で並存していた民具のひとつが農具である。今はそうした文脈のうえで類推をしている。だとすれば、こう考えていくのが自然ではないか、との立場で。

廉価で素材の種類も多様で、また均質性の高い洋鉄の普及は、この潜在的欲求の枷を取り除いた。潜み、蓄積されていた使い手と造り手の声が、鉄製農具の種類と形態と数量とを通して、明治中期以降、一気に地域差として浮上してくることになる。洋鉄の普及というひとつの「普遍」が、逆に水面下に隠れる形で存在していた地域の意思を明確にし、そして増幅もしていった。洋鉄の普及以前の人々の希求は、洋鉄の普及によってあらわれていくことになる。

「普遍」の広まりによって、逆に地域の差がきわだつ形であらわれていくこと、それが日本列島における「納屋の近代」であろう。振り返ったときに見えてくるひとつ昔の農家の納屋の姿がこれであり、現在、私たちが民俗資料館で目にすること

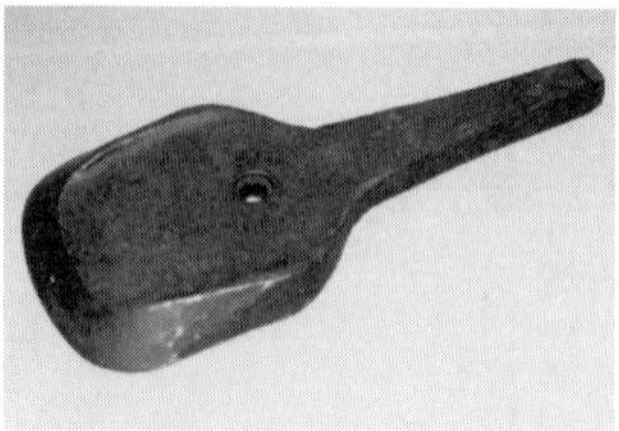

犂先をつくる時の型　高知県大豊町立民俗資料館所蔵（二〇〇九年一二月）

ができる鉄製農具の多くは、この時代のものになろう。しかしそのうちのあるものは、材質は洋鉄ではあるが、藩政期の形状をそのまま受け継いでもいる。鉄の素材性が変わっただけのことである。これは文化が継承されていくときのごくありふれたパターンのひとつではあろう。

鍛冶屋の時代

そうして、その均質な圧延鉄板を作り出した工業技術の延長線上にあるものが、次に逆に鍛冶職人を追い詰めていくことにもなる。追い詰めてはいくが、日本の常民社会にある鉄に対する知恵や技は、広い意味で、町工場や職工に継承される形で展開し、そのことがまた日本の近代を支えていくことになる――もちろんこれはまた別の問題になるのだが。

明治二十（一八八七）年代以降の洋鉄普及の状況を考えると、おそらく明治期後半から大正期前半の時期の野鍛冶職人は、己の意思を存分に形に表わせたという意味では、日本の歴史の上でもっともその技術を発揮できた技術集団のひとつではなかったろうか。私がこれまで見てあるいた一〇〇館近くの民俗資料館の鉄製農具は、その八割ほどは、洋鉄で作られていた。今から振り返って見るかぎり、洋鉄普及の影響力が、まず目にとびこんでくる。それは「鍛冶職人の時代」の勢いでもある。[8]

日本が工業国家として基盤を固め離陸しようとしていた明治期の後半、そのことを前提として「工業以前」として位置づけられるある種の生業は、もっとも明確に

整理・展示を待つ犂　ほとんどが中床犂。高知県の大豊町立民俗資料館で。ここには一〇〇台ほどの犂が収蔵されている。一八四－一八五ページで図示したものもそのひとつ。この地では犂をウシグワという（二〇〇九年一二月）

自己を主張する時期をもったことになる。そして私が若いころにお会いした鍛冶屋の古老の多くは、その世代の親方に弟子入りをし、技術を修得した方々になる。

鉄製の農具・刃物という分野、具体的には、鎌・鍬・鉈・鋸といった道具については、ラフではあるが、内に潜む「近代」をそんな形で述べることができるように思う。

納屋の一道具として

では、犂についてはどうだろうか。馬耕教師の熱意や追い風となった時代の勢いについてのみ記述していくと、まるで近代短床犂が日本の農村を席捲し、生産力を高めていったかのような趣になるのかもしれないが、前述したように西日本では、近代短床犂普及の波を受けても、それを受容せず従来からの犂を選び取り農耕を続けてきた地域もまた少なからず存在した。こうしたありようも、これまで何度も引用した『日本農業発達史』の⑴、⑵、⑷巻に詳述されているが、それもその土地の近代という時代への対応のひとつであろう。そうした受容のありかたの総体が、犂とは元来どのような道具であったのかを浮き彫りにしてくれるようにも思う。そしてそこから馬耕教師の人たちのエネルギーの性格も見えてこよう。

冒頭の「はじめに」で述べたように、本稿の主題は、彼ら馬耕教師の動きである。そしてそれを述べていくことは、私の問題関心の網の目のなかに、彼らの動きがどのあたりにどうすわっているかということを確認していくことにもなる。

高知県山間で民俗資料の収集を手伝い、そこでは集められた一〇〇台ほどの犂の七割が在来犂――中床犂――だった旨のことをすこし前にふれた。これは、具体的には、高知県長岡郡大豊町という四国山地の中央よりやや東よりに位置する山村でのことである。

一九七〇年代、私はここによく通っていた。(9) この町の豊永地区の柚木《ゆのき》というむらで一軒の農家の納屋をのぞかせてもらったことがある。間口二間、奥行き三間ほどの小屋で、奥のほうには藁束が積まれていた。納屋の入口に鎌掛けがあり、そこに一〇丁近くの草刈鎌が掛けられている。そのそばには背負梯子《せおいばしご》が四つ掛けられている。一歩なかに入ると、右手にいく丁かの鍬が掛けられている。分厚い開墾鍬、センバと呼ばれる平鍬、サラエと呼ばれる又鍬、これは穂先が四本のものと五本のものとが二丁ずつそろっていた。それにフタツグワと呼ばれる穂が二本の鍬が二丁。そして奥の藁束に隠れるように、在来の犂が置かれていた。さすがにもう使われてはいなかったが、ほこりもかぶっておらず、犂先もそう錆びてはいなかった。鉈や鋸は、母屋の入口の脇に置かれてあった。

いまでもその光景は、ぼんやりとだが、スナップ写真のひとこまのように思い出せる。これはこの地域のごくありふれた納屋のたたずまいである。

変容のなかの伝承

今挙げた農具ひとつひとつについて見てみよう。(10)

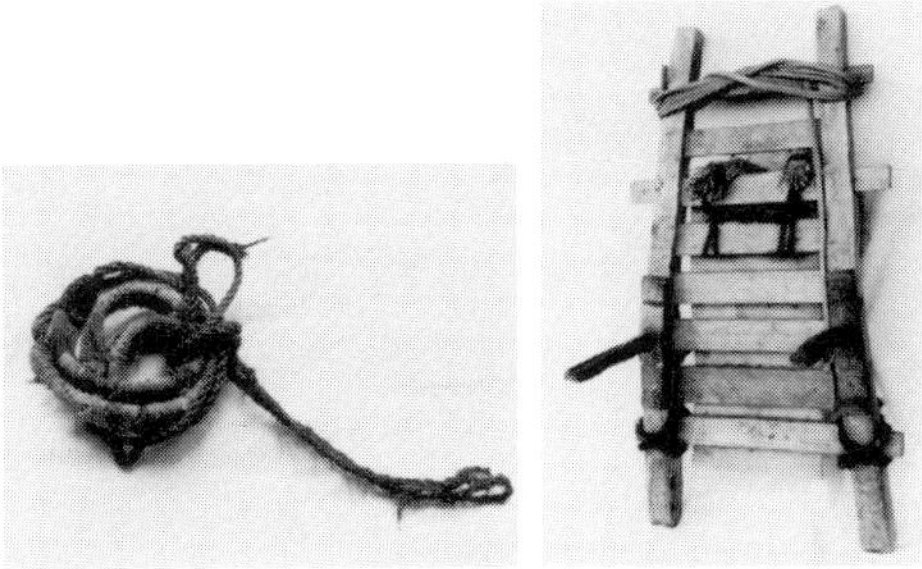

背負梯子と負縄　高知県長岡郡大豊町（いずれも一九七二年八月）

まず草刈鎌。これは、その銘からみて、隣町の鎌鍛冶が打ち、この町の問屋を通してきたものだということがわかる。柄は自家製ではない。その問屋でつけたものであろう。柄の造り、それにナカゴをとめている釘の打ち方からもそれと知れる。材はもちろん洋鉄。もし幕末にワープしたとすると、この鎌の鉄は和鉄で、柄はおそらく杉をつかった自家製になろうし、所有数も二、三本だったはずである(11)。

次に運搬用具である背負梯子*。これはこの地方に明治になって北の愛媛方面から入ってきた。当初は、「鉱山梯子」「銅山梯子」と呼ばれていたというから愛媛の銅山で使われていたものが伝わったらしい。これは明治以降の人の動きの活発化によるものであろう。それまでこの地域は、背負い運搬には負縄《おいなわ》*をつかっていた。木枠と爪のついた便利な背負梯子は、あっというまに広がった。そしてその家の働き手の数だけの背負梯子が誂えられ、農家に掛けられることになった。まるで何百年も使われて馴染みきった道具のように。

次に開墾鍬とセンバ。これは在来の形をもつ鍬である。材質こそ洋鉄であるが、かつて在来鉄で作られていた形状をそのまま受け継いでいるといっていい。これらはその家に働き手の数だけそろっているわけではない。開墾鍬を使うのは多く男である。センバには田で使うものと畑で使うものとがある。いずれも二丁揃えている。田センバは、主に畔を塗るのだが、この作業をおこなうときは田ごしらえの時期で、家族がさまざまに作業分担をしてすすめるため、働き手の数だけそろえる必要はない。畑のセンバは主に家周りの畑用で、これもほかの農作業の合間をみておこなう

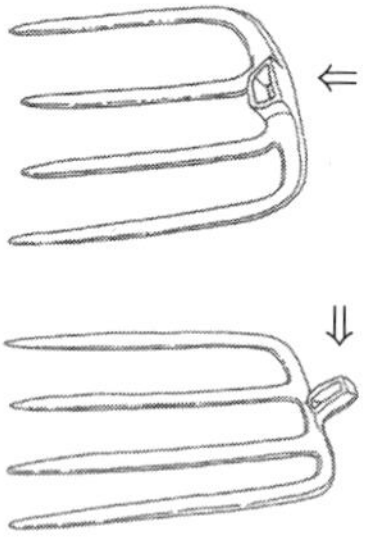

サラエ　ヒツ（矢印部）が出ているタイプ（下）とおさまっているタイプ（上）。本文参照。

場所のため、二本も揃えていれば十分である。

次にサラエ*。これは山の畑で麦作などに多用する。傾斜や作業によって穂が四本のものと五本のものを使い分ける。体力のある壮年の夫婦がそろって使うため二本ずつそろえてある。鍬の柄を通す穴をヒツというが、かつてこの地方のサラエのヒツは飛び出た形でついていた（上図参照）。刃物産地で修業をしてこの地に帰ってきた鍛冶職人がこれを使いやすく改良してヒツが飛び出さない形のものを普及させた。これは昭和初期ころのことだという。この家の納屋にあるのは、いずれもその改良型である。

次にフタツグワ*。この形の鍬はかつてこの地にはなく、この鍬を使う作業はかつてサラエやトウグワでおこなっていた。これが伝わってきたのは、やはり昭和初期のころであるという。まだ歴史が新しいため、この鍬に関してはこの地での定番的な形がかたまっていない。ひとつのむら内を歩いてもさまざまな造りのフタツグワを目にする（一九七ページの図参照）。

そして最後に水田に用いていた犂。これは前に述べたように在来の中床犂である。自家製のものになる。この地域にも近代短床犂が伝わってきてはいるのだが、この家の人は在来の形の犂を選び、田で使っている。これまで紹介してきたほかの農具のようには、新しい波を咀嚼する形で受容しているわけではない。もちろん旧態にこだわってのことではなく、農業技術上の、そして農業経営上の合理的な判断に基づいてのことである。農具のひとつひとつに各々の「近代」の波があった。

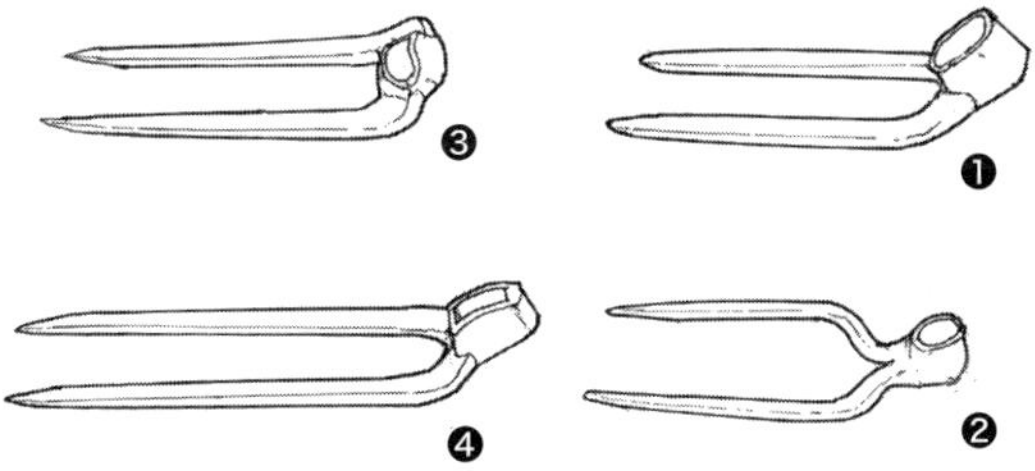

大豊町のさまざまなタイプのフタツグワ　①・②はヒツに鉄パイプを利用。③はサラエの穂が四本のものの両端二本を切って整形。④はきちんとした造りのもの。

くだくだしく個々の農具についての説明をしてきたが、ここで述べたかったのは、そこにそういう道具がそういう形をして、そういう組み合わせで現役のものとして目の前に置かれていることの意味になる。そしてその「意味」の組み合わせはそのままこの農家の生産生活における文化をものがたっている。

「普及」とは何か

前に示した犂の県別普及の表の数字を見て、私が思い起こすひとつの光景は、この納屋に置かれていた犂のたたずまいである。それはこうした統計数字にどう向かい、どうよみとるかという問いかけにもつながる。凹凸のある道をアスファルトでひたすら平坦化していくような「普及」とは違った意味での「普及」の相貌である。それが六坪ほどの納屋の中に情報として、あるいは問題提起として、さりげなく収まっている。

　今から四〇年近く前、片方で犂の普及を追い、片方で農家の納屋をひとつひとつ見て歩いていた私は、なにかその先にあるものに触れさせてくれるような手ごたえをフィールドワークの向こうに見ていた、求めていたのであろう。犂そのものへの関心から犂を追っていたわけではない。現役の生産の場にある農具の体系、体系という表現が大げさなら農具の有機的組み合わせ、そのなかに見られる「現在」を規制もし、また可能性も潜ませている「伝承のなかの意思」、それを探り、追うことで気づいてくる問題群——前述した「在野」の力も含めて——に強い磁場を感じていたように思う。

犂のことから稿を起こし、それが他の農具とともにおさまっている納屋にたどりつく記述となる。歳をくってあの頃の自分の行為を振り返ってみて、もっともらしく筋立てをし、位置づけ試みれば、そうしたことになる。

あの頃からどこまで進みえたのか、なんとも心細い以上、こう書いて文を結ぶしかないのだけれど。

(1)　丸木長雄は愛媛県の篤農家。水田技術、甘藷栽培技術の改良・指導に貢献。著書に『甘藷栽培精説』(八雲書店、一九四六年)など。宮本常一との親交については、宮本の「丸木先生の多収穫育苗法」(『宮本常一著作集四六　新農村への提言1』未來社、二〇〇六年所収)のほか、宮本の『私の日本地図10　武蔵野・青梅』、『同11　阿蘇・球磨』(それぞれ同友館から一九七一年、一九七二年。のちに未來社からそれぞれ二〇〇九年、二〇一〇年)においてもふれられている。

(2)　合志義塾については、『合志義塾略誌』(合志義塾同窓会編、荒木精之発行、一九七六年)、『耕作の歌』(横田正三編集責任、合志義塾農道部発行、一九八三年、非売品)。

(3)　『私の日本地図11　阿蘇・球磨』(未來社、二〇一〇年)八―二一ページ参照。

(4)　萩原進編『上毛篤農伝I』(みやま文庫、一九八一年)一七三―一七四ページ。

(5)　宮本常一『空からの民俗学』(岩波書店、二〇〇一年)七ページ。初出は『翼の王国』一九七九年四月号(全日本空輸株式会社刊)。

(6)　『宮本常一離島論集　第一巻』(全国離島振興協議会・財団法人日本離島センター・周防大島文化交流センター監修、みずのわ出版、二〇〇九年)一三〇―一三一ページ。初出は『季刊しま』第八号(一九八〇年一二月)。

(7)　香月節子・香月洋一郎『むらの鍛冶屋』(平凡社、一九八六年)三三―三四ページ参照。

(8) 香月洋一郎「民俗学と地域研究」(『岩波講座　日本通史　別巻2　地域史研究の現状と課題』岩波書店、一九九四年所収)参照。

(9) 香月洋一郎「大豊町立民俗資料館覚書――ひとつの前史として」(『豊永郷文化通信』1、定福寺豊永郷民俗資料保存会刊、二〇〇九年)参照。

(10) 香月洋一郎「『大豊町山村生産用具概説』の紹介」(同前書2、同刊、二〇一〇年)。

(11) この山間ではないが、同県安芸郡の山間部の史料「土佐国安芸郡馬路村風土取縮指出帳」(近世村落史研究会編『近世村落自治史料集　第二輯　土佐国地方史料』日本学術振興会、一九五六年所収)参照。この史料では一軒の農家の所有の鎌の数は二丁、ほかにエガマ一丁との記述がある。

福岡県の在来犂

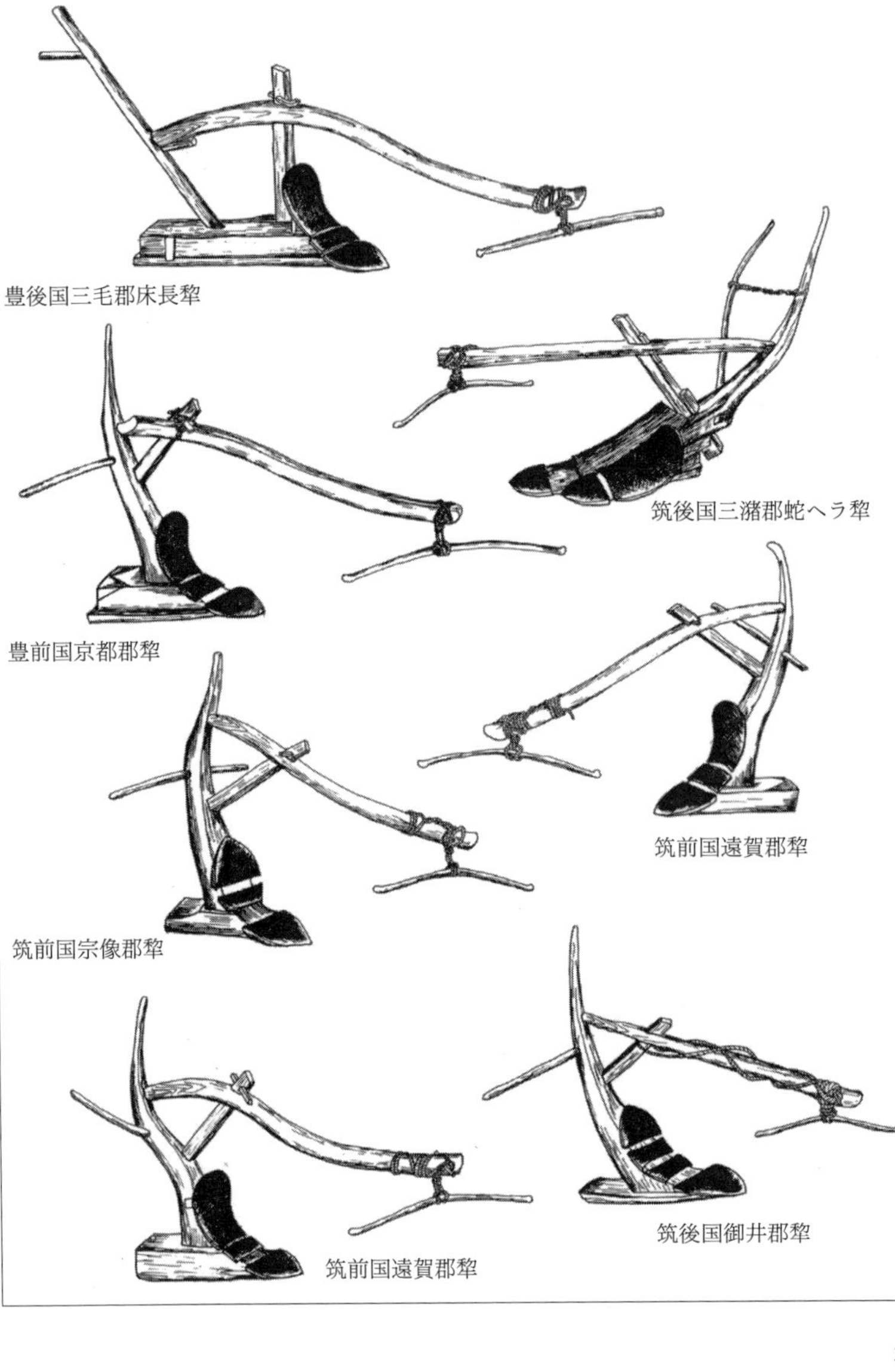

明治前期の福岡県の在来犂　（明治十一年に編まれた『福岡県農務誌』より田口洋美模写『あるく　みる　きく』二二〇号から）

福岡県の在来犂

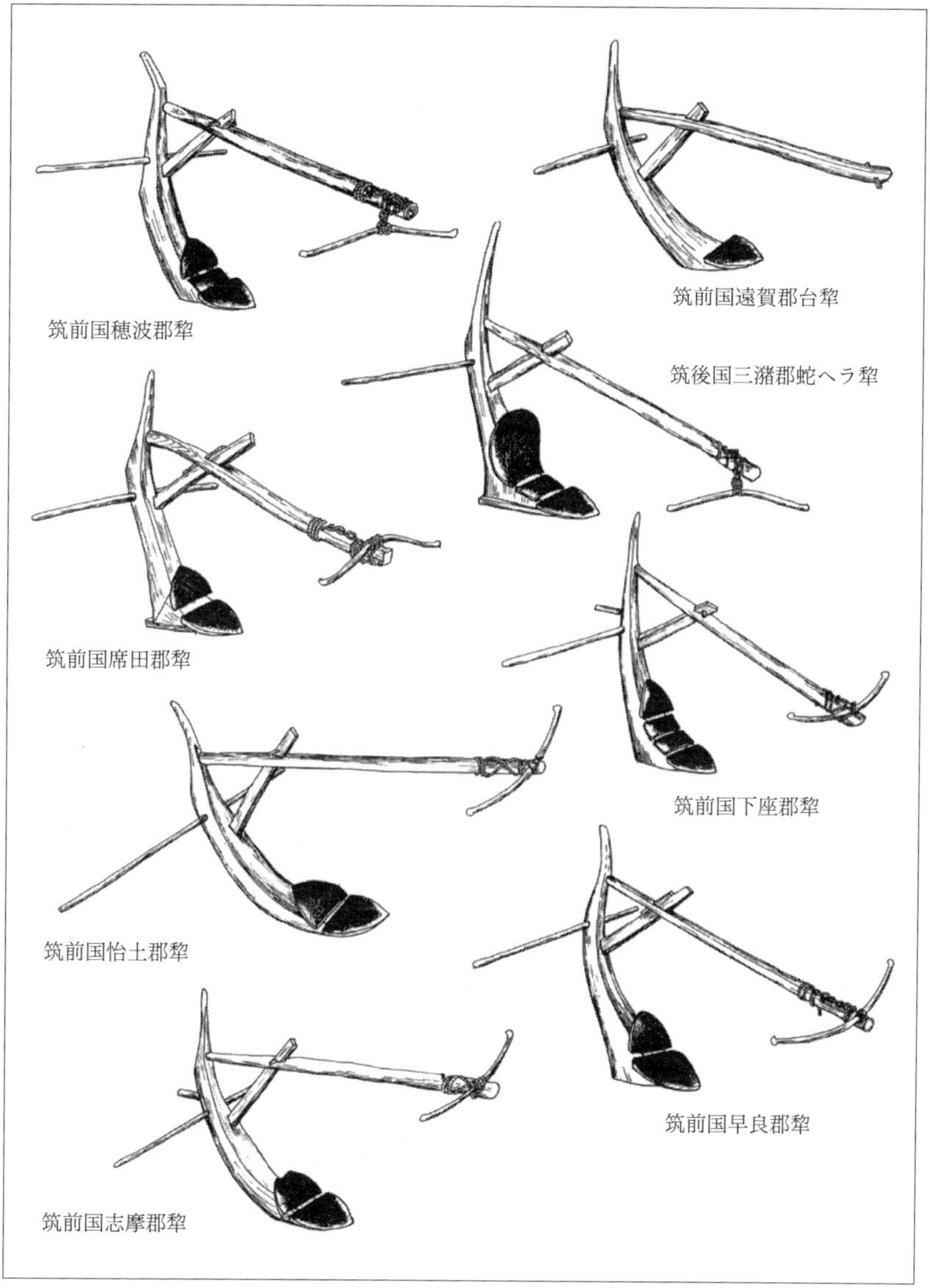
筑前国穂波郡犂
筑前国遠賀郡台犂
筑後国三潴郡蛇ヘラ犂
筑前国席田郡犂
筑前国下座郡犂
筑前国怡土郡犂
筑前国早良郡犂
筑前国志摩郡犂

❶

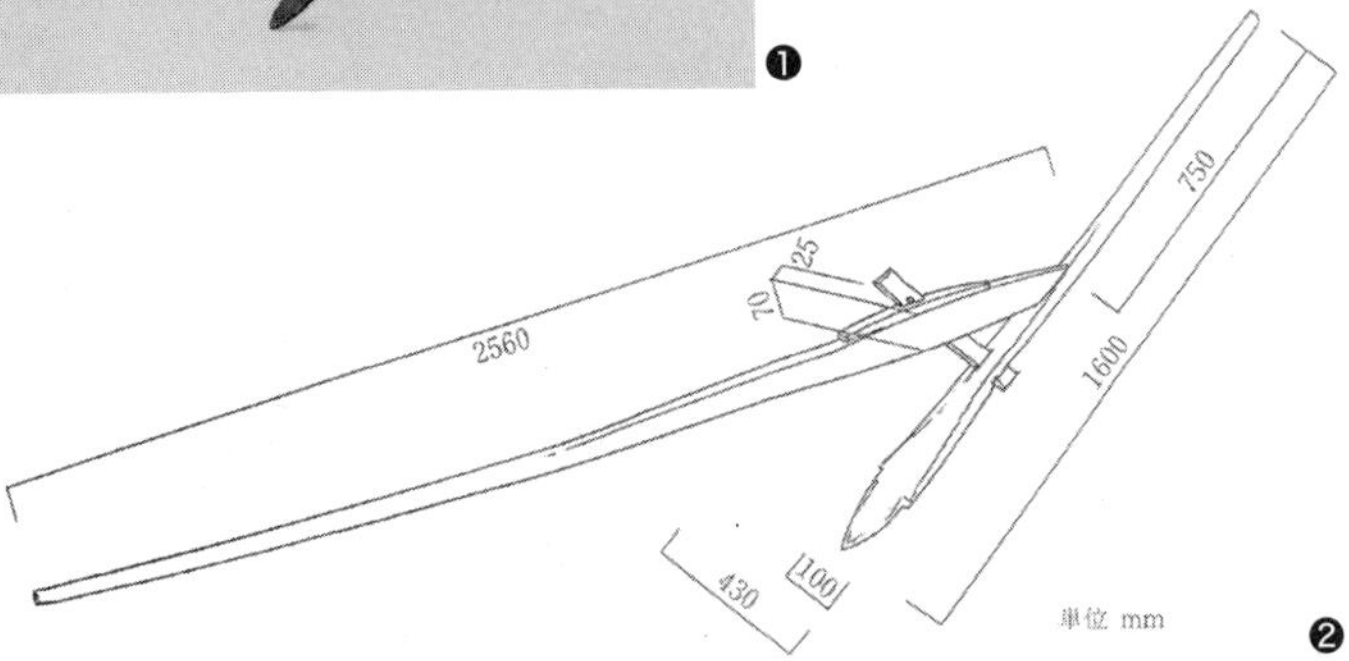
2560
25
70
750
1600
430
100
単位 mm

❷

❸

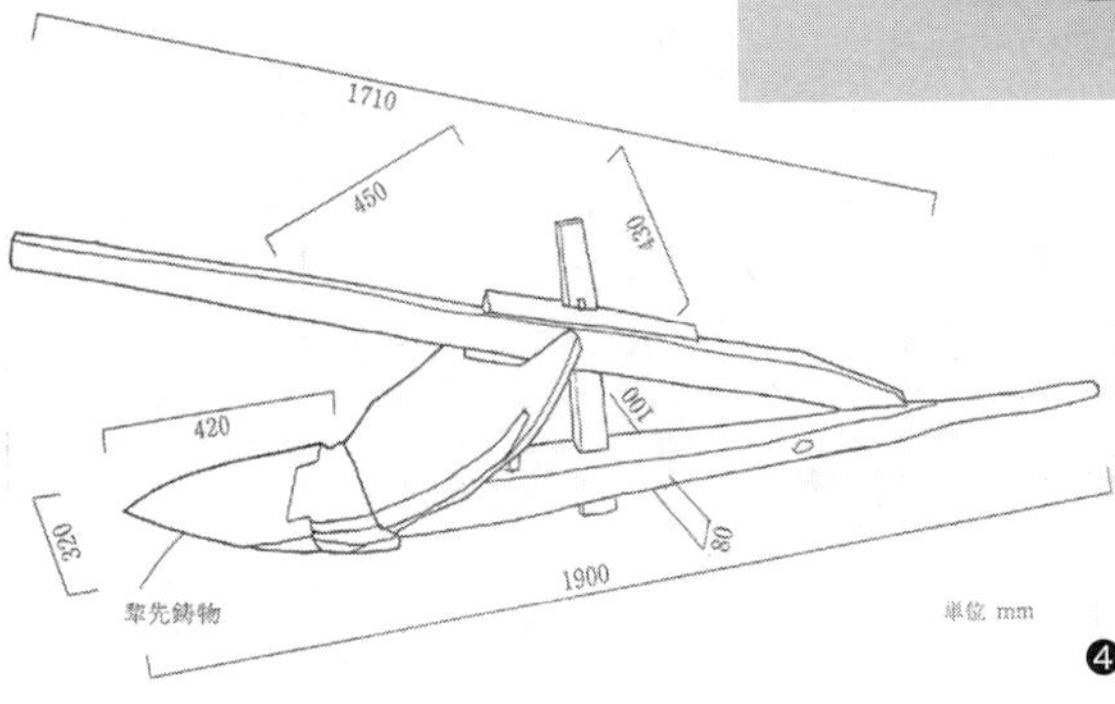
1710
450
430
420
100
320
80
1900
犂先鋳物
単位 mm

❹

さまざまな犂——静岡県の犂

さまざまな犂

駿東郡小山町でも新旧の犂が納屋の外で材木に混在してほこりをかぶっていた。

①農家の納屋の外側に他の資材にまぎれて放られていた古い犂と②その実測図。ただし、これは牛馬ではなく人が引いた犂。⑤はそのまぎれて置かれていたときの様子（一九八九年八月）③別のタイプの在来犂が他の農家にもあった。④はその実測図。⑥近代短床犂、⑦同じく双用犂もみることができた（一九八九年六月）

❺

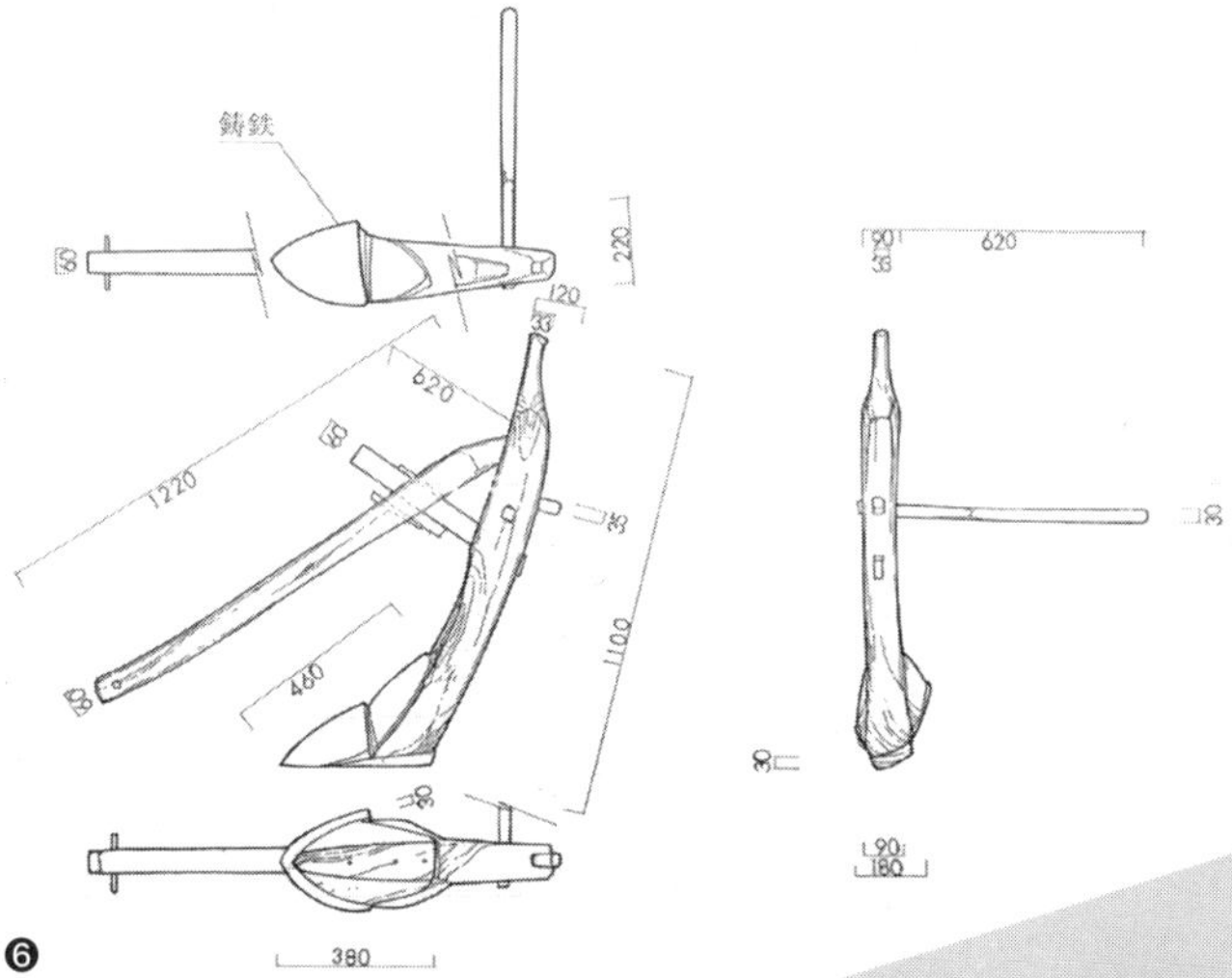

❻

❼

佐賀平野の在来犂

佐賀県立農業試験場所蔵の犂の一部（一九七一年一〇月）

❶

①延犂（はえすき）　江戸中期から明治末期まで佐賀平野で使われた水田用の長床犂。

❷

②塊返犂（くれがえしすき）　延犂とセットで用いられ、麦作を行なう場合、このクレガエシ犂で耕土を大きく反転させる。明治末頃まで使用。

❸

③水田犂（みずたすき）　佐賀独特の水田用犂で、主として水漏れを防ぐための床締め作業に用いる。

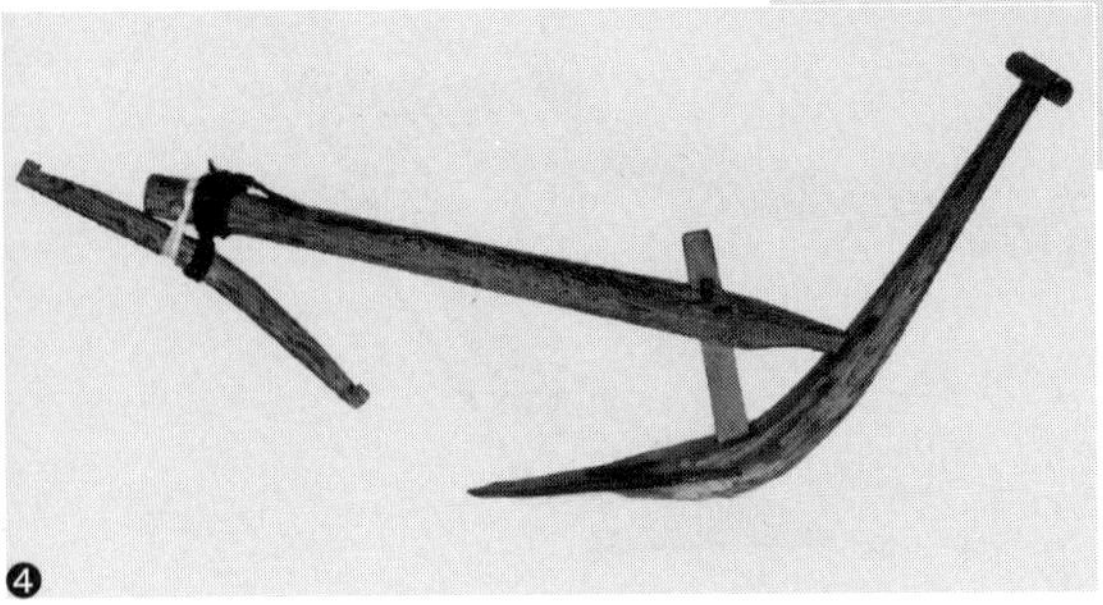

❹

④モグラ犂　平場の畑作に用いられた。牛に引かせるが、反転はせず土中深くすいていくところからこの名前がつけられた。

資料

本文の内容を補足するため、以下の五点の資料を紹介する。

1　長末吉述『実験　牛馬耕法』
2　小田東畊著『実験　牛馬耕伝習新書　全』
3　『土の母号　畜力利用　牛馬耕の手引』
4　農林省編纂『農民叢書（第9号）　農用役牛の扱い方』
5　「粕屋郡多々良村競犂会規則」

ただし、いずれも抄録であり、またこの紹介にあたり、原文にあらたに句読点やルビをほどこし、あきらかに誤字と思われる箇所は訂正、あるいはルビの位置に正字と思われる字をカッコで示すなどの処置をとった。漢字も常用漢字に改めたものが多い。一行あたりの字数なども原文とは異なる。

これは原本の史料性を伝えること以上に、犂耕技術や役畜の調教技術がどのように記されて伝えられたかを、より読みやすい形で提示することに主眼を置いたためである。

なお、各資料の冒頭に資料ごとの凡例を示した。

資料1　長末吉述『実験　牛馬耕法』（長末吉著、吉原丈作発行、一九二〇年）

●目次構成は、以下のようである。

第一章　諸　言
第二章　深耕の必要及利益
第三章　犂具及牛馬具
第四章　装具の方法及順序
第五章　牛馬の使ひ方
　第一節　馴致／第二節　牛と馬の比較
　第三節　使役用語／第四節　馬の使ひ方
　第五節　牛の使ひ方
第六章　姿　勢
第七章　耕鋤法
　第一節　七株畦の耕し方／第二節　犂き方の要訳／第三節　牛馬耕一日の功程／第四節　各株畦の耕し方
第八章　新牛馬の調教
第九章　競犂会
第十章　結　論

●原文は「犂」、「犁」が混用されているため「犂」に統一した。
●原文は「です・ます」調と「だ・である」調とが混用されているが、原文のままとした。また、原文中の「瀝」は文意からして「壢」と判断したため、この字に替えている。「箭」のルビは「たう」、「たたり」の二種がふられているためそのままにしている（二一二ページ）。
●図の位置は、必ずしも原本の配置どおりのレイアウトにはなっていない。また第七章の付図を二点省いている。
●本文の省略部分はその旨記しているが、南波菰川の序文と三点の図、一点の写真も割愛している。
●奥付に三十銭の定価格がゴム印で押されている。
●表紙写真は八三ページ参照。

はしがき

一、余や無学菲才を顧みず之れを公にするは、直接農家の子弟にして実地の研究をなさんとするもの丶為めに参考に資したい考へである。故に字句も務めて難解を避け極めて通俗的にしたのである。

一、元来牛馬耕に関しては、世上其書甚だ少し。偶々之あるも、多くは洋式の参酌又は理想的説明によるもの丶みにして、実際的実験より出でたるもの殆んど皆無なれば本書は其趣に異にし、終始皆余多年の実験よりなるものを記載せり。

一、本書は順序配列に重きを置かず、故に重復を免れずと雖も、元来技術を記載するものなれば、其実際を具体的とじて（ママ）は筆舌に尽す能はざる点尠からざるは極めて遺憾とする所なり。此の点は特に読者の諒察を願ふ所なり。

一、日進月歩の今日、此の技に於けるの改良は未だ前途瞭遠なり。今後読者諸氏と共に着々研究の効を積まん事を期す。

一、本書を編するに当り、特に本郡農会幹事清水喜一郎氏、同農業技師藤健蔵氏は種々なる参考材料を供せられ、且つ上梓に関しては尠からざる同情と援助を与へられたるの厚意は、深く茲に感謝の意を表す。

大正九年九月九日

於多々良寓舎

編　者

第一章　緒　言

私は別に学識のあるものでもなく、只だ一の農夫に過ないのです。幼少の頃より実地に鍬や鎌や犂に親しみ、専ら伝来の農事に励みつ丶ありしが、何となく農業は労多くして利益の割合に少ない様に感じられてならない。殊に我が飼養する家畜を使役しても、肝腎の犂器具の構造其の当を得ないのか、又は家畜使用方の未熟なのか、矢張り其功程の進まざるに吾人の労のみ多いと云ふ結果に外ならないのは、実に遺憾に堪へぬ。故に今後農業をして益々改良せしめんとすれば、種々の方法もあらうが、中にも土地を深く耕すと云ふ事と畜力の応用と云ふ事が其主なる事柄であらうと考へついたのである。そこで私が十六才の時、自分の考案になる簡単なる犂を製しまして我が家畜に使用を試みて見ましたが、中々思ふ様には参りませぬ。其後如何にせば理想に近づく事が出来やうかと常に念頭を離れないのでありました。そこで各地の農法や幾多の牛馬の使用法を苦心研究をしました結果、明治四十三年十月六日にやつと私の発明になる深耕犂として第一八六五〇号を以て専売特許を得ました。

　抑も牛馬耕なるものは、第一牛馬の使ひ方如何である。牛馬をして自己の意の通りに御し得るに至れ《マヽ》、牛馬耕術の初段に達したのであります。次に牛馬はそれぞれ体格の異なるにより、体格相応の犂器具を使用し、其構造に於ても可成簡単にして耐久力強く、極めて合理的でなければならぬ。尚耕者の体格と犂器具用法の研究と相俟ちて、始めて最大の能率を発揮するものであると云ふ真理を幾分会得したのであります。故に爾来各地に於ける練習会、講習・講話会等に臨み、親しく当業者と接し専ら実地の指導に当り、常に言行の一致を以て私の誇りとしたものであります。爾来私の式は、我が郡内全部に亘るの外九州各県、遠く四国中国の諸県に至る、特に農業組織の異なる地方に歓迎せらるゝを得たるは実に私の光栄とするところであります。目下各地の練習講話会、講習会等に招聘せられ、殆んど寧日なきに郡立農学校牛馬耕教師嘱託を命ぜられ愈々暇がない事になりました。故に茲に浅学菲才を顧みず、日頃の実験研究になる要項を記して世の当業者の参考に供したいと考へ、以下章を追て摘録した次第であります。然し技術の点は到底筆紙に尽し難いので、おわかりにくいかと考へます故に、何時にても御照会になれば、充分御承知のいく迄は御指導致します考であります。

第二章　深耕の必要と利益

　申す迄もなく、土地は農業上極めて必要且つ大切なものであります。其土地には肥瘠深浅各一様ではありません。然しながら農業上尤も理想とする土地は、深く肥沃なるを最良とします。即ち深く肥沃なる所は生産力も高いのであります。此の深いと云ふのは、自然にのみよるのでは到底満足は出来ない。どうしても人工の耕鋤により常に深くすると云ふ考へでなければなりません。深く耕せば耕す程、気水の流通は勿論肥料の分解吸収力を強からしむるので、随て根の蔓延の場所を拡からしめる訳で、生産力の高いと云ふは至当であらうと思ひます。然るに実際に於て深く耕すと云ふ事は容易な事ではありませんが、今後に於ては可成軽快合理的器具により、漸時深耕の実を揚げたいものであります。

第三章　犂具及牛馬具

第一節　牛馬具

一、小鞍

　小鞍は鞍骨及鞍床の二種よりなるのでありまして、其鞍骨は主として樫材を用ゆるを以て最良とするので、私の工夫になるものは前枠は梢や畜体の形に取り少しく湾形とし、枠底より枠頂までを壱尺五分位とし、双方より拝み合せとなし、後枠は前枠と連縛のため横木二本を以て取り付け長さ七寸五分とし、其上端は組合をなさず少し宛自由に開閉せしむる事を得る様にして居る。

　即ち畜体の大小と其肩幅の厚薄により、作業中其の呼吸反動をして調節せしめ、疲労の程度を減ぜしむる故であります。而し此の横木二本の内上段は綱通しを吊すので、下段は腹帯胸帯の括りつけの用をも兼備するものであります。

　鞍床　鞍床は俗にシタビラと云ふもので、普通大麦の藁稈を最良とし、少し宛の小束を縫合し畜体形にし鞍骨の下部に附するもので、全体の鞍骨の巾より二寸余広くし、特に枠端よりは五寸長く下部に垂れしめるので、其厚さは下部中部は上部より厚からしめ約三寸位を可とする。之れ作業中稍もすれば其下部の薄く三寸以内のものにありては、曳緒と畜体を摩擦し、甚だしきは其皮膚を損ずる事がありまして、歩行の自由を失ひ犂床の安定を得ざる等の不利を免れしむる為であります。故に此等の憂ひを避けんため斯くするもので、随て耕者も一層の便を得るのであります。又姙畜の如きは、腹部膨大せる故に、俗にホテと称する麦稈の小束を以て畜体と曳緒との間隔を得せしむるの注意を要する事があります。

二、胸帯及腹帯

　共に小鞍を固着緊縛に要するもので、多く藁を以て製す。若し畜体をして摩擦損傷せしむる虞あれば、七島莫蓙を以て包みたるを最良とします。

三、手綱

　之れは牛馬を制御するに最も必要の具にして、牛にありては右綱一本にて可なるも、馬にありては左右二本を要し、棕梠《しゅろ》又は苧を以て三つ撚りとし、円周一寸位を可とし、約

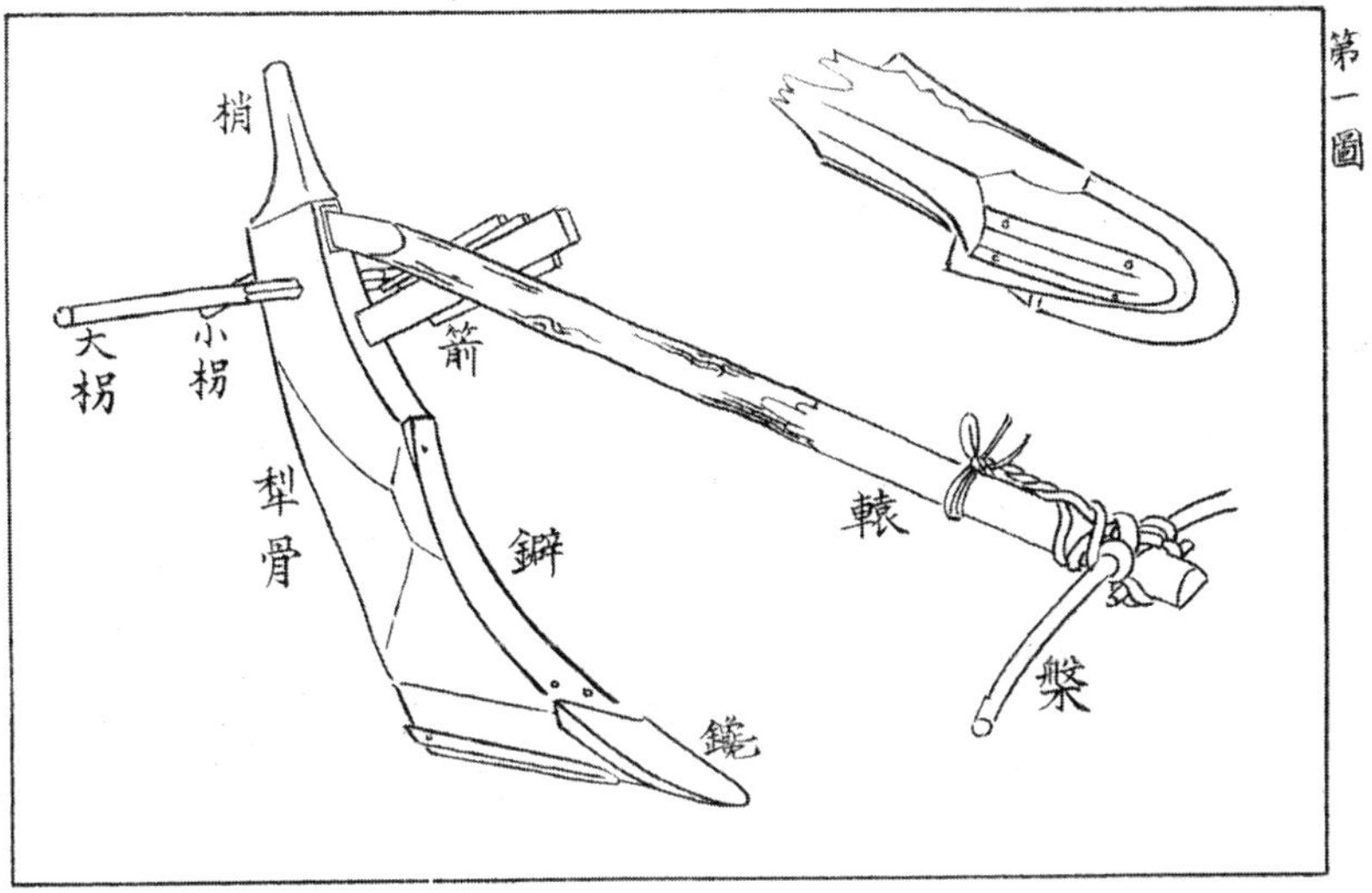

一丈二尺位を要するものである。時に或は紡績綱を用ふるものあるも、こは尤も不可なるものにして乾湿により又は小撚節を生ずる等の事あり。耐久力も亦割合に弱きものである。

四、曳緒

之は小鞍に附着せしめ、其一端を犂の曳手（俗に臂木と云ふ）に取付くるものにして左右各二本を有し藁製を可とし、三つ撚り周囲四寸位を普通とし約八尺余を要す。

五、綱通し及止メ木

綱通しは犂耕の際曳綱を通じ其位置の安定に必要なるものにして、牛にありては右側に一個、馬にありては左右両側に各一個宛を吊すもので、共に耕鞍より取りつけ、木製の環或は木片に枝抜けの穴あるものを削り、用ふるときは手綱を摩擦するも損傷せざるの利あるものである。然らざれば綱打其他作業中に故障を生じ易く、極めて不可なるものであります。

止メ木（俗にハジカミと称す）は左右各一本宛を要し、常に細き紐を以て、鞍の上部に附着せしめ、犂耕の際に曳緒、腹帯との交叉点の中央斜めに挿し、曳索の重点を司り、且つ曳緒の長短を調節し得るためのものにして普通杉又は雑木何れを選ばず長さ一尺五寸位とし、一端を扁たく尖ら

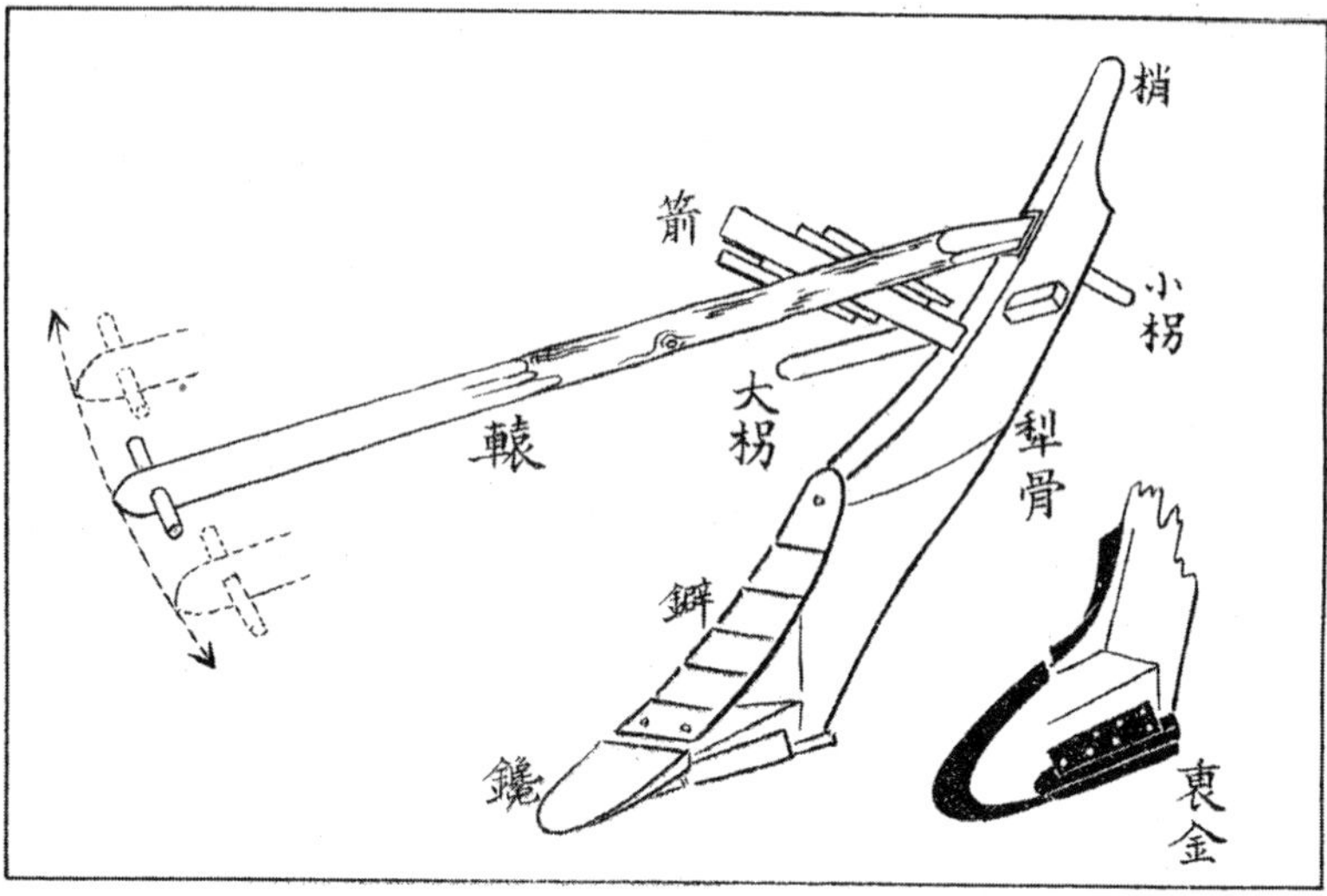

第二圖

したるものであります。

第二節　犂具

犂具は世に各式各様千差万別なるも私の発明になりたるものを説明致す次第であります。構造は鑱《さき》、鐴《へら》、犂骨《いさりのゐ》、箭《たう》、轅《ねり》、枴《つく》、梢《おいたて》、槃《ひきつる》等よりなるもので左図の通りである。

犂骨は梢《おいたて》に連り、下部は幅広く、其端尖り少し前方に屈曲し、其尖端に鑱及鐴を附す。鑱は鋼鉄にて鋳造したる三角形のもので、鐴も之と殆んど同形なるも少し長方形をなして居る。箭《たたり》は梢より出でたる轅及犂骨を接続せしめたる要用のもので、多くは樫材である。轅は梢に附着して其の端に小杆の備あり。以て槃を縄にて結び付くるに便にしたものであります。又犂柱の上方に枴《つく》あり。枴は犂を使用すに際し、運用に便なるものである。

　抑も此の犂の得点とする所は、構造簡易、重量軽くして運用に多くの力を要せないのであります。重粘土又は雑草の多く繁茂せる所にても容易に耕鋤せられ、深浅何にも意の如くなす事を得るので、要するに使用に際し土地の深浅牛馬の体格如何に鑑み、箭の楔を緩め、梢より出ずる轅の角度をして鋭鈍自由に之を調節する事が出来る。而して一日の功程一人一頭とし稲田にては一反歩及至二反歩余、畑地又は裏作跡なれば五反乃至八反歩内外を耕す事が出来る。

括縄（俗にジンドウと称す）は、轅の端末小杆を附し、ある部に槃を《（ママ）》る縄にして、多く藁製三ツ撚り縄にして中央太く、両端に至るに従ひ次第に細くして結括に便ならしむので、長さ約一丈位を要するものにして、之を結び付くるには最初轅の下より上向きに二条を折り曲げ、槃に掛け数

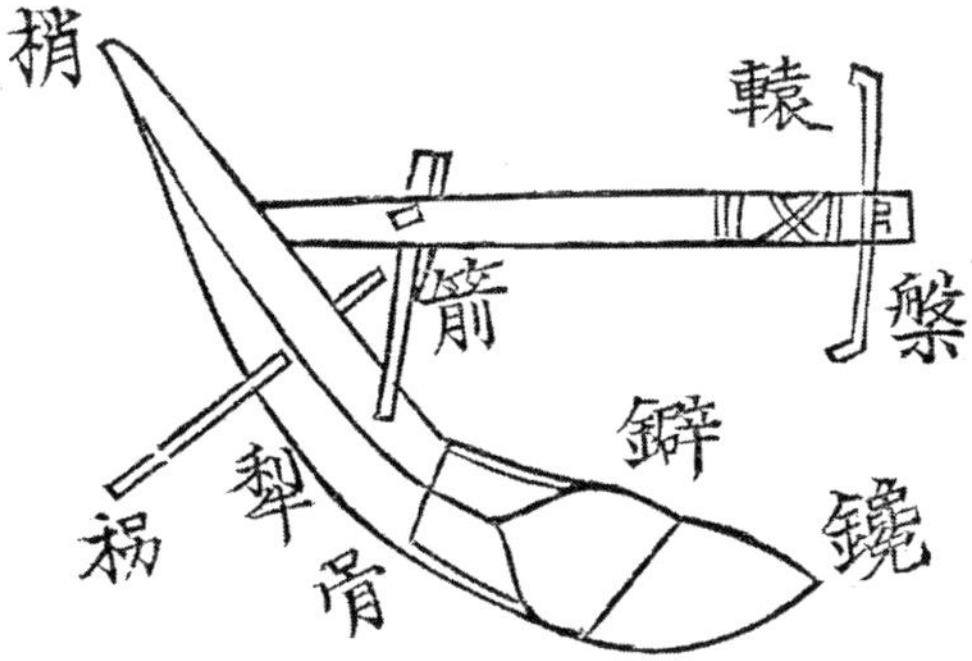

回折返し作業中緩まざる様にする事が肝要です。

第四章　装具の方法及順序

総て牛馬耕をするについて、重力の中心は小鞍にあるもので、其耕鞍に附属する各具の附け方が其の当を失して居たら、如何に牛馬を巧みに使役するとも功程の進まざるのみならず多くの疲労を感ずるの外、畜体をして損傷せしむる事等あるもので特に注意を要する次第であります。

胸は胸力、最初に胸帯腹帯の一端は小鞍の左側に括り着け置くを便とする。而して畜体の背部に小鞍を乗せ、先きに腹帯を右側小鞍横木の第一段に推《（掛カ）》け充分緊縛し第二段に結び付く。次に胸帯をして右側腹帯の一端に掛け、後第一段に掛けて結び着く。元来胸帯は役畜の前胸部に附する具であって、働力の移るは此部の抵抗力強きと否とに依って別段の差を生ずるものである。

綱通しは、小鞍横木の上段より吊下するを可とするもので、其高さは馬耕の際牛馬の口部より犂を把持する牛縄の一直線上なるを最上とするのであります。其高低は直ちに綱打ち追廻し等に於ける使役上に支障を生ずる事が多いの

第四圖

で特に注意を怠ってはならぬ。

曳緒及止メ木は、其一端を結び合せ耕鞍の中央部に掛け、止め木により腹帯に接着せしむ。此の止メ木（一名ハジカミ）は腹帯緊緩の度を調節するの効あるものにして、静止の場合は畜体に極めて安全自由ならしめ、使役の場合は多くの力を腹帯及胸帯の小鞍に附着せる点に集注せしむるの用をなすものであります。次に曳緒は両条共其長さを同うすべきもので、普通使役進行中左足の位置より槃迄約三寸乃至四寸を可とするものである。即ち曳緒の長さは畜体の静止時に決定せらるゝものにあらず、必ず歩行中によらねばならぬ。之れ畜類の種類により其体格により進行の遅速あれば、其歩度の伸縮一定せるものでないからであります。

第五章　牛馬の使ひ方

第一節　馴致

牛馬は幼時より常に充分の注意を以て愛護し、常に手入給《（休）》養に親切を尽さねばならぬ。漸く断乳期より満一才後に至れば、時々鞍を置き或は外し、時により或は丸太の類を曳かしめ進め、前へ、止れの命令に馴れしむる事をせねばなりませぬが、元来畜類だから己れの欲せざる事や飽きたる時には勝手気儘の振舞をなし、命令に服せざること屢々ある事がある。かゝる場合は決して其の儘放任してはなりません。徹頭徹尾要求の行動に到るまでは相当の手を尽し、最後の手段として或は懲罰をする事が必要であります。然に我が意に叶ふが如き挙動に至る時は充分愛撫し、常に賞罰を明かにする事が極めて肝要であります。要するに吾人は家畜の愛護者である、家畜としては吾人に対し充分信頼し崇高の念を抱かしむる様に常に心掛けねばなりません。特に使役に当り厩より曳き出したる際は、家畜心理の如何にあるかを察知せねばならぬ。喜怒哀楽は矢張り家畜に於ても存するものであれば、眼光、耳、挙動により背を撫で脚を擦り、以て其心情を慰むるは唯一の手段たる事を忘れてはなりませぬ。

第二節　牛と馬の比較

牛は馬よりも神経痴鈍なれば諸事敏速を欠くものである。之を制御するに、牛は口綱一本を以て足れるも、馬は二本を要します。故に使役上に於ては幾分相異の点なきにもあらざる次第であります。業務功程に於ても牛の馬に及ばざるは敢て贅言を要する迄もありません。然しながら牛は馬に比して優良なる特点を持って居ります。それは山間部落にして峻坂険路の処、粘強土にして動力を多く要する処は、馬よりも却て牛に利があります。又飼育の容易なると相当価格を維持するの点は農家の現状よりして執るべきことゝ思ひます。

第三節　使役用語

語訳	用語
(1)、止まること	牛にありてはワー　馬にありてはドーと呼ぶ
(2)、前進せしむる事	シーと呼ぶ（牛馬同じ）
(3)、左行せしむる事	サシと呼ぶ（　仝　）
(4)、右行せしむる事	セーと呼ぶ（牛馬同じ）
(5)、後退せしむる事	ゼレ又はアトと呼ぶ（仝）
(6)、脚を上げしむる事	アシと呼び脚部を手に握り注意を促す

注意　使役用語は簡単に明瞭に適当の時期に極めて徹底的に発令する事が必要でありますが、世上稍もすれば猥りに

乱発し、或は発令の時期を失し、殆んど発令用語は其効なく綱打罵声の頻発をなし、以て能事足れりとするは之れ思はざるの甚だしきものでありまして、疲労の多大なると功程の進まざると且つ巧妙の技術を現はす能はざるは已れの不徳の致す所とせねばなりませぬ。

第四節　馬の使ひ方

牛馬を御するに第一の要具は手綱である。手綱は実に操縦の伝令器にして左右、転廻、進退、緩急、等皆之を介して行はざる事はない。即ち右進後退静止は之を引き、左行急進には之を打ち、発足には波動を伝へて之を促す等、常に其現れ来る変に応じて操縦自在に応用し得るの用意がなければならぬ。即ち手綱を取るに張り過せば進行を制止さるゝの思をなさしめ、緩ましむれば耕者の気遣なくして人畜の気合全く別個となり、遂ひに役畜に軽視せらるゝに至るものである。故に張り過さず緩ませず、拇指一本の屈伸によりて直ちに感応の利く位にあらねばならぬ。以下其使ひ方により手綱の取り方をも説明しましょう。

㈠、廻り目の綱取の事（後退しつゝ廻るときの綱取）

之れは俗にゼル《グカ》ゝゝ廻る時の綱取の事でありますが、世上一般は多くはそうでなく、進ましめつゝ廻らしむるが斯くするときは、左廻りに二足以上十五足位、右廻に二足以上十二足を要して後漸く目的の位置につかしむるものであるが、斯くの如く多数の足数を運ばせ無駄の骨折をなすより、次の方法によれば一日の勤労行程に於て約三割の仕事をなし、牛馬耕者共に疲労の程度極めて少いものである。即ち両手綱をして長短なく揃へ、緊緩なく一様にし、曳緒手綱共にゼレの発令と共に後方に引くこと約四歩にして目的の壢条をして牛馬の四肢の中央に至りたるとき左進の発令サシと共に左綱を少し引くときは容易に目的の位置に就かしむる事が出来るものであります。

㈡、其儘廻るときの事

普通は曳緒手綱をして、左進の令にて引くときは必ず馬は一回後肢を二歩右方へ出し、而して又二歩にして其位置につくもので、都合四歩の無駄足となるものであります。故に即ち両綱を右手に持ち、左綱を少しく緊め左手にて犂の「コドリツキ」を持ち、馬の後左足の上らざる様馬と共に僅かに引きつゝ左進の令にて廻れば、無駄足を踏む事なく目的の位置に容易につかしむることを得るものであります。

㈢、進行しつゝ廻るときの事

左右両綱、曳緒を張らずして前への令（之れは舌打ちにてよし）にて進ませ、時期の来るを待ち左綱を引き目的の位置につかしむのです。

注意　一般に廻り目の左右の綱は必ず右手に持ち、又進めの令にて前進せざる時は右手にて右綱を横に打つものである。

㈣、進行中の追綱

必ず左手にて真横に打つことであります。若しも右手にて打つ等のことあるときは梢を一旦離し、又握り等なし極めて不便なればなり。左手なるときは、綱打ちたるときは既に犂を握り得るもので、極めて便利であります。

㈤、進行途中に於ける後退の綱取りの事

進行中右又は其他の異変により鑱が外れたるまゝ幾分の進行をなしたる時は、一先づ馬を止めたる後、手綱の長短を揃へ、曳緒と共に後退の令と共に後方に引きつゝ後退《ぜれ》せしむるのであります。

㈥、進行中左、又は右進の綱取りの事

右進の場合は時期を見て発令するも、若しも其令により行動を取らざるときは、右前足を上げたるとき右綱を引くこと。左進の場合も右に準ず。

注意　一般に牛馬の足部の状態を見ることなく、自己の勝手の善きときに右進又は左進の令を発し手綱を引くものあるも、決して意の如く左、右進するものにあらず。元来牛馬は右前足を上げたるときは後肢右足を上げ前方へ運ばんとするもので、若しも右足を地に付けたるとき右進の令を発し綱引するとも、必ずや今一歩の後右足の上りたるときに非らざれば右進せざるものであります。即ち此の場合手綱を暫く引くにあらざれば其効少きものである。此の一歩の無駄足は犂鑱、犂尖、壢条に於ける好位置を失すること極めて多く、注意すべき事であります。特に追詰めのとき早廻りをする場合、其正に一方に寄らんとするに先《さきだ》ち、使畜の足の上下に拘はらず手綱を少しく引き寄せて制止せねばならぬ。

第五節　牛の使ひ方

牛は手綱一本にて制御するもので、馬に於ける二本分の代用をなすものであります。特に牛は綱の打方如何によりては尤も軽快に動作するものでありますが、世上稍もすれば無意識的に綱打の乱発をするものあるも、之れは極めて注意すべき事で、決して如斯き振舞ひをしてはならぬ。故に常に其打ち方如何により如何に運動するものなるやを知らしむること極めて必要であります。総て発令は前に説きたる如く、簡単に且つ明瞭に之れを掛け、充分牛馬をして其何れたるかを考慮せしむるため少しの時間を置き、然るとき其令の通りに動かざるとき綱の打方により之れを指示する如くすること必要にして多くは只だ令と共に綱打ち又は綱引きの後発令し、意の如く動かさんとし、為めに牛馬をして躊躇せしむること往々見受ることで慎むべき事であります。

故に尤もよく習慣を附すれば、打綱の要なく発令のみにして行動し得るに至るものである。

㈠、前進せしむる時の綱の打ち方

真上より下に打つこと

㈡、後退の綱打方

右より斜に打つこと

㈢、左進の綱の打方

右真横に二回以上五回打つこと

㈣、右進のときは

右へ綱を引くこと

注意　右の内後退《ぜれ》には、普通後退の令と共に曳緒手綱を引くが故に首のみ右に曲り、体部は右斜に後退するの状を呈するものにして、最後の位置につかしむること極めて困難なるものであるが、まして首並に体も右斜に後退するために足数のみ多くして後退は極めて遅いものである。特に畦溝仕上げ等のときは、前足は畦の右側後足は左側を踏みくずし、殆んど外観の美を損ずるものであります。而るに右に記せる如く右斜に綱打ちをなすときは左進と誤解し、首のみ左に向くるの瞬間、後退の令により口綱及曳緒を数回に、急に引くときは首の正位置に就くと同時に一、二歩後退するを以て決して無駄足を踏むことなく定位置に就かしむることを得るものであります。

㈤、右進のときの綱の打方

牛は馬と同一の比にあらず。馬は右綱を引くのみにして

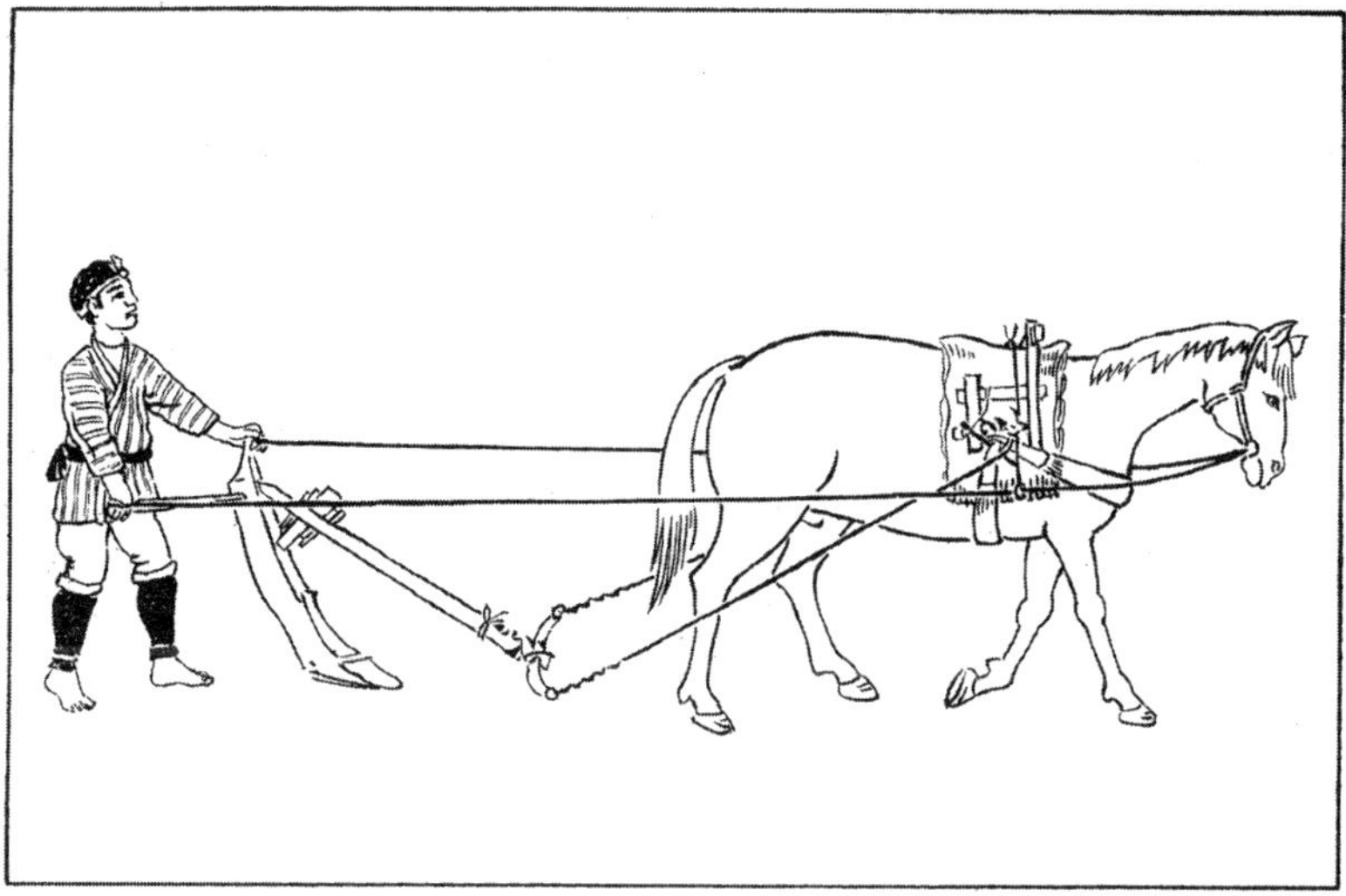

第三圖

右進するも、牛は一本綱なる故、其綱の緩みたる場合等に急に之れを引くときは、為めに其綱の動揺により体に触るゝときは左進と誤解し、思はざる反対の行動に出ずることあり、注意す可し。故に一応静かに之れを引き、牛をして充分之れを会得せしめたる後に之れを引く可きであります。

故に一般に牛は、左に廻ると右に廻るとは何れを機敏且つ作業に便なるかを比するに、左進は右進に比し尤も作業敏速なれば、必ず左廻即ち左進《さし》の習慣を附くること必要であります。

(六)、後退しつゝ廻るときの綱の打方

右斜に綱を打ち引き緊めて左手に犂の小枴《ことりつく》を持ち、曳緒を張り口綱を引き後退せしめ、時期の到るを見て綱を打ち定位置に就かしむるのであります。

(七)、其儘廻るときの綱取の事

口綱及引緒を少し前に張り左進の令をなし綱を引き緊め左進の綱打ちをなし耕者も共に廻転す可きである。

(八)、前進しつゝ廻るときの綱取りの事

綱と曳緒とを張らずして前進の令により時期の至るを見て左進の綱を打ち定位置に就かしむるのである。

第六章　姿　勢

姿勢の良否は耕者使畜の労力に多大の影響をなすのみならず延《ひ》ひては技術者巧拙の岐《わか》るゝ所なれば特に注意を要するものであります。常に正しき姿勢を保つの外、犂の把持口綱の取方に至るまで細心の念を以てせねばなりません。一般に姿勢其他に於ては特に注意をなすことなく、只だに行程の進渉を喞《かこ》ち、或は罪を牛馬の不良に被するが如きは以ての外の事であります。

抑も牛馬耕をなすに当りては、装具の完全を期するは勿論にして、耕者は常に軽装とし、股引脚絆をつけ裸足又は足袋を用ひ、上衣は臀部の隠るゝ位の長さのものが宜しい。さて完全なる姿勢とは前に傾かず後に反らず、上体は腰部に安定せしめ少しく僅かに右斜に傾くる位を可とする。常に牛馬右側の眼光、耳、右足、犂鑱の位置を通視し得可きであらねばならぬ。而して右手は手綱を手掌に一廻り巻き、大枴を下より握り、左手は梢を把するも親指一本のみは其の真上に乗せ掛くるを便とする。

歩度は普通歩度より僅かに狭く、七分歩度位を可とする。即ち上体に関係せざるが如くして腰を据へ、其歩度により犂床及上体の安定を調節することが大切である。故に或は少しく両脚を○字形に屈め以て進行すれば一層の調節を計る事が出来る。

第七章　犂き方

耕鋤は一種の技術であるから臨機応変千変万化の働きをなすものである。而も其間に於ける牛馬の熟練したるものは実に驚く程規律の正しいものであります。故に之を使ふ耕者にありては、其位置既に主動者である丈、猶更規律は厳正でなくてはならぬ。加ふるに一種犯す可らざる権威と温愛とを備へて居らねばならぬ。若し耕者にして酒気を帯ぶるか又は他事の不満よりして精神錯雑したる時の如きは、人畜互に調和を欠き到底所期の成績を挙ぐべきものではない。極端に之を云へば人畜犂器の三者は殆んど異身同体でなければならぬ。即ち馬術家の鞍上人無く鞍下に馬なしとは其極意であるから、此の間の呼吸を体得すると云ふ事が何より必要である。扨精神上よりの実際の働きを如何と云ふに、偶々外出せる馬が奔逸して神経過敏となりたる時の如きは徐ろに愛撫して落ち着かしめたる後、犂具を装置して其の位置につかしめ、進行を開始するや先一定の姿勢を保持し臍下丹田に力を罩《こ》め腰を据へ、足は軽快に爪先にて馬の歩調と調子を合せ、役畜の四肢より犂器の浮沈は眼を以て視《み》らずして心を以て視追詰め、引き廻し等其足らざる所は呼吸を察し、気合を以て暗示を与へ機先を制するの術がなくてはならぬ。就中《なかんずく》機先を制し暗示を与ふるは最も必要の事であって、之れ牛馬の精神状態を其発せんとする一刹那を知りさへすれば良いので、之れさへ意の如く発作して来るに至ればもう大丈夫である。然るに未だ斯の道に不馴れの間は役畜の変体が実現するを予知する事は出来ず、為めに醜態を演ずる事が多い。要するに方法素より之に依らねば行はれぬも、余り一々考出してでもやる様じゃ仕事にならぬから、行る内に自然に其形式が発動して来る様にならねばならぬ。又馬がしたか人がしたか区別がつかぬ位に双方の精神が共通して居らねばならぬ故に精神の調和は秘訣中の極意であります。

　耕鋤の方法には種々の形式ありて各利害得失は免れない。古今東西を通じて各様であるが、要するに深耕の理に適ひ人畜共に理想的耕鋤法としては未だ研究の余地が多いのである。故に私は年に之が工夫研究を積み、幾分宛の改良を加へ、徐々に理想的耕鋤に近かしむる考へでありますも、是迄研究し得た処を玆に記しますれば、我が地方に於ては水稲は殆んど正条植であって八寸正条植が一番多い。中には七寸五分或は九寸、一尺位のものも稀にはある故に、其壢数及深耕じ（ママ）度により株の割合を示せば次の如くである。

八寸正条植として

株畦	深さ	壢数　乾田	壢数　湿田
五株畦	三寸五分	一四	一〇
六株畦	四寸*	一八	一二
七株畦	五寸四分	二四**	一四
八株畦	七寸八分	三二	一八
九株畦	八寸五分	三八	｜
十株畦	九寸五分	四二	｜

十株以上十三株迄は一尺五寸

注意　湿田としたるは排水不良の地を云ひ秋耕し得ざるか或は裏作をなすも特に畦溝を広くするの要あるものである。而して右は現在の新法によるものなれば、旧法に比し深耕五分以上を増し、土塊細小となり特に塊拾ひの要なきものである。

〔＊＝手書きで「五分」と追記。＊＊＝「四」を手書きで「二」と修正している――引用者〕

（中略）

第二節　犂き方の要訣

総て稲刈跡を犂き起すに当りては、一様の畦形を造ると云ふ事は出来ない。即ち排水不良の地は畦溝を広く畦頂を高くし可成乾燥を計らねばならぬが、普通土質にして麦、蕓苔《なたね》の多収栽培をなさんとせば、勢ひ畦溝を狭く畦巾を広くせねばならぬ。又特に表土の深き所は丸形の畦を造らねばならぬ。要するに此等各様の畦形を造らんとすれば、必ずや意の如く土塊の上下を調節するの要訣を知らねばならぬ。故に初めの墢は充分左方へ飛ぶ丈け飛ばせねばならぬ。飛び方少ければ最後に稲株畦溝に出で外観の美を損じ不体裁である。即ち今技術により土塊の上げ下げ又飛び方如何を示せば

㈠、犂鑱を土壌に少く掛けて巾狭くすれば、土塊は多く左方に巻き上がる。

㈡、同じく巾広く薄くかくすれば、土塊は少く転下する。

㈢、犂の握り方に於て、右手押して左手を引けば土塊飛ばず㈢《（ママ）》右手引きて左手押せば土塊は尤も多く左方に飛ぶものである。

㈣、右の内㈡、㈢、を併用すれば土塊を一尺以上は決して飛ばせずして犂く事が出来る。

㈤、右の内㈠、㈢、を併用すれば四尺以上左方へ土塊を巻き上らしむる事が出来る。

故に常に耕鋤中此等の事を考へつゝせば土塊を上げ又は下げする事を得るものにして、随意に丸畦、角畦を造る事が出来るが、多くは此等の事項の研究をしないで意の如き畦形を造り得ない事がある。

第三節　牛馬耕一日の行程

牛馬耕に於ける一日の行程は、普通一反歩を以て標準とせられたるも、種々なる工夫研究をなさば優に二反歩を耕すは易々たるものである。一般に牛馬の追ひ込み追ひ廻し等に多くの時間を要するにより随て行程上に影響を来すのである。例へば廻り目に於ても右すると左するとを比するに、右廻りよりも左廻りの方が歩数が少くして定位置につく事が早いものである。鋤き初めに於ては左に廻はして十二歩を要し、右に廻りて十歩を要する。而して耕者の歩数

は十四歩にして定位置に就くが、之れも何の考へもなくすれば二十歩以上は優に要するのである。故に耕者に於ても常に此等の心得により曳緒を踏み込まぬ様、口綱を何時にても引かるゝ様にして耕者も共に廻れば十四歩で済むのである。又最も速度の早い場合として七株目の端を壢するとき、無意識であれば八歩を要するが、前に説きたる其儘廻るときの方法を応用すれば四歩目にて定位置に就くのでありますから、時間として約六秒位しか要せないことになる。特に高畔の下とか区劃田を鋤く等は案外長時間を要するが、少しの心得があればさまでの時間を要せない。

今使役上に於ける牛と馬とを比較するに、荷を運搬するに馬は湿潤地にして足部の埋まるとき、荷重ければ速力が早くなせるが、牛は其の反対である。又馬は乾地にして荷軽ければ速度は遅いものであるが、牛は反対である。挽曳荷負は別に異る所はないものである故に、荷負又は挽曳として歩ましむれば一時間一里の行程が普通である故に、一秒時間一間の割合になる。今水田に於て八寸正条の七株畦にして長さ二十間とすれば、十六畦にして一反歩八株、畦にして十三畦で一反歩である故に片道二十間とすれば二十秒を要する訳である。而して今七株畦一反歩を耕すとして、両端の廻り目に平均十秒を要すとして通算すれば、二時間五十分四十秒にして終了することになる。然しながら之れは単に一の計算に過ぎないので、実際は中々そうは行かぬ。休憩時間や牛馬の大小便時を見ねばならぬ。一体に牡馬は排尿十五秒時、排糞十秒時を要し、牝馬は共に各十秒時位である。牝牛にありては排糞排尿共に十秒時位にして、牡牛排尿は二十秒位を要するものである。休憩時間は度数を多くし時間をして決して長きに亘る可らず、故に一回は二分以上五分以下とし、吾人の動労と牛馬の動労は常に相伴はせなければならぬ。今仮りに一畦鋤き上げに休憩三回とし一回三分間とし百四十四分、即ち休憩時間二時二十四分となる。更に牛馬の大小便一日十五回とし、一回平均十五秒とすれば大小便時三分十五秒となる。外に牛馬並に耕者の中食時四十分間と仮定し、都合一反歩に対し右時間を通算すれば六時間十八分四秒にして遺憾なく耕し得る事になる。故に此の理由に依れば一日功程一反二畝以上を耕し得ると云ふも敢て過言にあらざる事を承知して貰ひたいのである。

（中略）

第八章　新牛馬の耕鋤法調教

仔牛馬をして耕鋤法を調教するに、其方法を誤らざるときは一日間にして充分牛馬をして装具並に挽曳《ばんえい》の方法や発令に於ける行動意如何をして会得せしめ得るものである。一般に馬は其性質極めて正直なる動物なれば、一旦教へ込みたる事は容易に忘るゝことなく、殆んど最後に至る迄力役に従事するものであるが、牛は全く其れと異り覚ゆる事は早いが忙(忘カ)るゝ事が割合に早いのであるから、故に其心して数回に心長く繰り返さねばならぬ。尤も牛は系統にも依るが一般に年若ければ従順にして馬と大体に於て違ふ事はない。少しく調教を後れたる牡牛などにありては、力役中特に疲労を感ずれば倒伏し如何に罵声をなし又は打擲するも決して起立せないので、遂には鼻環を取り首を左右に振り或は最後の手段として荷《にな》ひ起しても其効がない事がある。斯かる場合は耳に少量の水を入るゝか、又は前半部丈け鍬を以て周囲の土を切り掛くるときは容易に起立するものである。又使役中に於ては耕者の油断と不注意を見ては附近作物或は畦草を食ひ、或は猥りに左、又は右に行く等随分図々しい狡獪のものである。故に其調教に於ても幾分の手加減を要するものである。

㈠、新馬の調教の事

新馬として耕鋤に調教するは満一ヶ年位のときが一番よいのである。先づ常に止レ（ドー）、進メ（シー）、後退（ゼーレ）丈けは教へて置かねばならぬが、左行（サシ）、右行（セー）は使役中によく覚ゆるものであります。扨て愈々装具を試みるには木製又は藁製のものは必ず其畜体の前方に持ち廻り、馬によく見せ且つ其香気を嗅がしめ、充分自己の装具として恐るゝに足らざるものであることを承知せしめたる後に使用す可きである。然りと雖も色の付きたるもの又は革製にして特臭あるもの等を使用するときは、特に仔馬をして気付かしめざる如く隠して付す可きものである。然らざれば一旦嫌忌せば容易に矯正する事が困難である。斯くの如く装具即ち鞍置の儘耕鋤する位置に至り、二人にて一人は口取りをなし四、五回往復をなし耕鋤に於ける歩行並に位置廻り目等の度合を会得せしむ。次に両綱を着け後より追ひ掛け、左右行の発令語や綱打ちをなし漸次行動せしめ、特に後脚内股或は外股を手綱を以て磨擦し、之れに馴れしむる事が必要である。之れ耕鋤中は時々曳緒を踏み込み或は犂具の障害あればなり。既に斯くの如く自由に歩行し得るに至れば、曳緒、槃を着け、槃の中央は縄にて括り、左手にて持ち引き締め、挽曳の方法を知らしむると共に、時々左を緩め槃をして後脚部に当らしむる事に馴れしむる事約五往復位の内に調教す可きである。次に犂を着するのであるが、犂は決して仔馬に見せてはならぬ。而して犂は決して地に着けず抱へたるまゝ一、二回の往復をなし、特に追ひ廻りの時は仔馬と共に機敏に廻り決して犂をして仔馬に見せてはならぬ。

次に少し宛素鋤きを試みるも尚ほ恐れ気味ある時は、抱へて以て曳かしめたる後に鋤き試む可きである。以後少量宛より漸次其の量を増し、以て耕鋤の方法を知らしむると共に畦一本を鍬き上げねばならぬ。要するに此の徐々たる内に、挽曳の方法や力の出し工合をして仔馬自身をして充分諾得せしめ得る事が出来るのである。斯くの如くして次ぎは普通の如く、今一畦を鋤き三本目の畦を耕し終れば充分仔馬は発汗し疲労の状をなすものなれば、直ちに休止し充分手入愛護をなし、厩に入れ約二時間位安静ならしめねばならぬ。然るに発汗疲労するも尚作業を続くるときは神経過敏を促し悪癖を付するものなれば注意せねばならぬ。

以上は午前中に於ける調教の順序を示したものであるが、午後に至れば再び装具をなし曳緒槃のみにて午前の如く二、三往復の後犂を着け畦一本丈け少しく軽く土を掛け耕し、爾後普通の墢数により充分耕し、翌日よりは朝来より意の如く耕し得るに至るものである。

㈡、仔牛は満二ヶ年位のときを以て調教の好期とするが、其方法に於ては別に異る程の事もないが、元来牛は馬と全く其性質を異にするにより制御上一本綱なれば左、右、行を教へんとするに先づ耕鞍の左端より鼻環まで縄にて少し首の曲る位迄引きつって置かねばならぬ。一般に追上げは早曲りをなす等の癖をなすものなれば注意すべきである。

調教法は徒《いたず》らに口取のみを以て馴れしめんとすれば、随て長時間を要するの外其効果極めて薄きものである。

第九章　競犂会

我が郡では、毎年秋季稲刈終了後、各町村に於て町農村会主催で競犂会を挙行します。有資格者として満十五年以上二十年以下の壮丁で、各牛馬耕術に於ける其巧拙を品評互評し等級を附するのである。最後に郡進農会主催にて全部の大競犂会をなすのであるが、此の競耕会の出技者は各町村に於て優秀の成績を挙げたる選手のみよりなり、一町村より平均七、八名宛出し全員一百二十有余名を以てなり、主催者に於ては前月迄に地割其他の準備をなし、当日、鶏鳴暁きを報ずるの頃に至れば、会場は既に人の山を以て埋められ、牛馬の操縦をなすもの手入をなすもの、休息するもの、選手附添人、参観人、露店、携帯品預り所、救護班等騒然雑踏を極め時の至るを待つのである。やがて払暁を待ち選手の抽籤番号の部署を定め、漸時にして選手を一ヶ所に集合せしめ審査長より競犂上に於ける心得に付き遺憾なき口達を受け、直ちに部署につき準備おさゝゝ怠りなく開始の合図今や遅しと待ち構へて居るのである。斯くの如く総ての部署定まるや、太鼓の合図により開始する。耕鋤中休憩時間として約十分間一斉に休息し、人馬共に給水或は犂器具の整理をなすのである。斯くて規定の畦三本を耕し終りたるものは、番号札を持ち係員に示すのである。此の間八名の審査員は、各審査項目により審査を遂ぐるのである。斯くの如く全部の終了と共に、係り員は必死の努力をなし点数の計算をなし等級を附し、其れ〳〵褒状及賞品を授与するのであるが、多くは黄昏時になる。特等や一等の桂冠を得たる選手の町村は喊声を挙げ万歳を唱ふる等、其壮絶痛快なるは言語に尽す能はざるものである。

元来競犂会に於ては、個人に於ける規定時間を定むる事が必要で、土地の深浅長短及株数による畦巾並に追い廻しの秒数を参酌するものにして、最後に一間何分間の計算をなし長さを乗じ、一畦分の時数を見、之れに三畦即ち三を乗じたるものに休憩時間を合算したるものであります。然るに此の規定時間は一の標準に過ぎないもので、特に研究熟練をなしたるものは規定時間内に充分終了するものもあれば、又極めて長時間を要するものがある故に、理想としては審査項目に合格するの外、可成短時間に終了し得る様でなければならぬ故に審査項目以外に時間の長短により増点又は減点の要がある。即ち審査要目とは左の五項目になる。

一、犂具の装置　満点二十点
　耕鞍の形態及取付手綱及曳緒原料、装置の方法犂の取り方

二、技術　満点三十点
　姿勢、追ひ廻し進行、綱取其他牛馬の制御法

三、畦形　満点三十点
　塊並、畦の整否、土塊の大小畦溝の壢条、枕畦の巾

四、深耕　満点二十点
　畦底の平均及徹底

五、時間　　　　増減点

（例）規定時間より後るゝこと三分にして一点を減じ早きこと二分にして一点を増す等の事がある。

第十章　結　論

以上数項に亘りまして牛馬耕の大略を申述べましたが、要するに牛馬耕なるものは決して千変一律を以てト《（ママ）》する訳のものではありません。時と所と牛馬の都合によりては各臨機の処置に出でねばなりません。特に農業組織の異なる地方に於ては尚更である。

抑も西洋犂は学理の応用による精密なる農具であるが、惜いかな本邦現在の耕地に使用する事が頗る困難である故に、日本は日本として日本的犂具の改良が必要であるから、我が深耕犂としては今尚改良の余地こそあれ尊重す可き農具なる事を自信するものである。

日進月歩の現代に於てより多くの生産とより多くの能率を高むるには、是非共種々なる策略を講ぜねばならぬが、中にも普通農家の飼養する畜種の改良は、農具の改良と共に看過す可らざるものであります。即ち前説牛馬耕一日の行程の如きは、地方在来種の普通なるものを標準としたるものなるも、今後畜体の改良により体格並に挽曳力の大なるものに改めたらんには、其幾割かの能率を増進せしむる事が出来るであらうと思ふのであります。是等の必要からして、近時産牛馬の改良増殖を計られつゝあるのは誠に慶賀に堪へない次第である。

資料2　酒匂常明序／安藤広太郎校訂／小田東畊著『実験　牛馬耕伝習新書　全』（東京興農園蔵版、一九〇六年）

●本書は、「序」「緒言」につづいて

第一章　総論
第二章　耕牛馬の調教
第三章　牛馬耕用の器具
第四章　田畑の鋤法
第五章　馬耕法
第六章　開墾に於ける牛馬耕の事

から成っているが、以下、第一章第三節の途中から同章の終わり（第八節）までを紹介する

●引用にあたり句読点をほどこし、漢字を当用漢字に改めた箇所がある。

●ルビをあらたに加えたところがあるが、原文独得のルビと思われる表記は、多くそのままにしている。また、そのルビと送りがなが通らない箇所（歩行《あるく》せしめ、徐ろ《そろそろ》、熟達《なれる》せる、従順《おとなしく》に、習熟《よくおぼえ》したる、など）は、多くそのままにしてある。

●「したがう」という意で、原文はすべて「隋ふ」を使っていたが「随ふ」に訂正した。

●表紙写真は八三ページ参照。

（前略）

最近五ヶ年平均馬の消長

種別	産出	斃死	屠畜	差引増減
牛	一二七、六二七頭	一八、一二四頭	一三九、九四五頭	四〇、四三減
馬	九一、四六三頭	二五、四五七頭	三六、七六九頭	二九、二三七増
計	二〇九、〇九〇頭	四三、五七一頭	一七六、七一四頭	一一、一九五減

前表に示せる我邦牛馬の総数二百八十万七千三十頭の内、農用に供せらるゝものは百八十四万九千三百七十七頭にして、之を我農家総数五百八十一万戸に割当つれは農家三戸に対し僅かに牛馬一頭を飼養するに過きさる割合にして、而も実際に於ては一戸に二頭以上牛馬を有するものあるを以て農家の牛馬を飼養せる戸数は恐くは四分の一以下に過きさるべし。加ふるに年々牛馬の総頭数に於て一万頭以上を減するの現状によりて見れは、我農家の将来も甚た心細き次第なりと云はざるべからす。既に述へたるが如く牛馬は農家に対して天与の動力なるのみならず貴重なる肥料の供給者なれは、務めて之を飼養して労力の節約と肥料の経済を計らざるべからず。若し只現状に甘し牛馬の飼養に注意せさるときは時勢の進むと共に労力の騰貴は一層甚しかるべく、為めに利益は益減少すべし。其時に至りて徒《いたずら》に痛苦を訴ふるも何の得る所あらんや。農家よく此理を考へ牛馬の飼養に務め以て他日臍《ほぞ》を噛むの憂なからんとを望む。

第二章　耕牛馬の調教

牛馬耕に熟達せる九州地方にては、牛馬を使役して田畑を耕すことに就き牛馬が耕鋤の道に熟達せるものを（具《ぐ》が行く）と云ひ、其習熟せざるものを（具《ぐ》が行かず）と云ふ。蓋し牛馬が能く耕鋤のことまで具備し居るの義ならむ。故に此調教のことを（具を仕込《しこむ》）と云ふ。

第一節　調教すべき牛馬の年齢及調教の順序

耕牛馬（以下単に耕馬と記すことあり）の調教は、無智の牛馬をして耕鋤すべき田畑に入らしめ、殆んど単独《ひとり》にて耕路《さきみち》を進退すべき丈けの習熟を要すものなれば、親切且丁寧に之を教へ仕込み成るへき（マヽ）だけ速かに熟達せしむるを要す。而して耕牛の調教は耕馬の調教に比すれば頗る容易なるものなれば、宜く耕馬の調教に準し調教すべし。

調教のすべき牛馬の年齢《とし》は一歳の終り乃至二歳の始めより調教を始め、三歳の五月田植の頃より実地簡易《ぢっちやすき》の耕鋤に使役し、四歳の春となれば一廉《ひとかど》の馬耕に使役し得らるゝものとす。

牛馬調教の順序は易より難に進み、簡より煩に及ぼすをよしとす。故に初は簡易《やすき》なることより教しへ、次第に駒犢《こまこうし》の年齢の長するに従ひ、煩難の事を仕込むべし。左に其年齢に応し調教の区別を示すべし。

耕牛馬調教区別

年齢	躾方（仕込方）の区別
一歳	左右前後の進退及歩調等（一歳の終りに始むべし）
二歳	同上の温習、牽具輓鞍の置慣し、馬耙の下慣し等
三歳	馬耙の実役、簡易なる犂鋤の実役等

駒《こま》にても犢《うしのこ》にても、三歳の終りまでに此区別の調教を卒《お》へざれば年齢長じ体軀壮成なるに随ひ我儘騒弄《さわぎ》を逞ふし調教上大に難事を感するものなり。

第二節　左右前後進退調教の方法

牛馬耕に就て第一大切の事は耕牛馬《つかいうしうま》が耕馭者《つかいて》の呼声の通り、左にても右にても自由自在に働くをよしとす故に、耕《つかい》牛馬《うしうま》には左記の符調を覚へしむること第一の調教なり。

左《さ》セ（サセ）　左方に行けと云ふことなり
右《う》セ（ウセ）　右方に行けと云ふことなり
歩《ほ》イ（ホイ）　進めよと云ふことなり
辞《じ》セ（ジセ）又は（ゼー）　後へ退れと云ふことなり
止《ど》ー（ドー）　止まれと云ふことなり

第三節　左セ（サセ）調教の方法

左セ（サセ）と云ふことを調教するに就ては種々《いろいろ》の方法ありと雖ども、牛馬が覚へたる度合ひに依り其の方法を異にするをよしとす。即ち最初の調教に当りては左記の如くすべし。

㈠　左セ（サセ）口元の調教

牛馬の口元の右側に立ち、牛は鼻輪を、馬は轡《くつわ》を左手にて持ち右手にて其手綱を採り、左セ々々と呼びつゝ口元を左手にて左方に突き廻はし、右手にて手綱を掬《しゃく》(綱の合図)り乍ら次第々々に強く突き廻はして其方向を左方に転んぜしむべし。如此すること数回にして後ち之を労《ねぎ》らひ、愛する為め休息せしめ、食物を与へ又は口元を撫で愛するをよしとす。但し鼻輪又は轡を未だ用ひざるものは面支《おもがひ》又は無口《たつ》を用ふべし（第一図を見るべし）。

此調教の時間は一日三度にて、朝、昼、夕とも適宜の時に行ひ、一回の時間　凡三十分間位とし、成るべく飼付後少時を経たる後ち之を行ふを適当《よし》とす。左すれば運動を兼ね一挙両得なり。此調教は一歳の終りより始め、二歳の始めに亘り行ふべし。

（注意）此時に当り最も注意を要することは、牛馬の取扱ひ寛《ゆた》かにして成るべく牛馬に苦痛を感ぜしめざるをよしとす。若し徒らに苦痛を感ぜしむるときは、牛馬が調教を嫌ひ動《やや》もすれば悪癖《くせ》を生じ、大に不利益を来すことあり。

次に行ふべき方法は、牛馬の右側に立ち手綱を持ち掬《しゃく》りつゝ左セ々と呼び試み、牛馬が其語声《こえ》に随ひ左方に廻り行けば習ひ覚へたる証なるを以て、之を忘れしめざる様日々反覆之を復習すべし（第二図を見るべし）。

(二)　二本綱の調教

左セ（サセ）の呼声を二本綱を以て調教するの方法は、

第二図

第一図

手綱を左右に附け牛馬の後方に立ち、第三図の如く手綱を左右両手に持ち牛馬を追ひ進ましめつゝ右手の手綱を掬《しゃく》りながら左セ（サセ）と呼び、此れと同時に左の手綱を静かに引き牛馬の頭部《かしら》を左方に向はしめ自然に位置を左方に移しつゝ歩行《あるく》せしめ、又は直ちに左方に引き廻はす等反覆調教すべし。而して之を習ひ覚へたるときは一本綱の調教に移るべし。

㈢　一本綱の調教

此調教は右の手綱一本にて耕牛馬を自由自在に使役《つこ》ふ方法にて、耕牛馬調教の中に就て最も大切なるものなり。若し耕牛馬が此れを習ひ覚へず、二本綱にあらざれば使役することと出来ざるときは前にも云ひし如く、此耕牛馬の具は二本綱なりと云ひて其価半額に下るのみならず、如此牛馬は耕作上望みなきものなれば深く注意すべし。

一本綱調教の方法は、牛馬の右の手綱を右手に持ち牛馬の後方《うしろ》に立ち、第四図の如く牛馬を追ひ進めつゝ手綱を掬り、左セ（サセ）々々と呼び牛馬をして左方に徐《そろそろ》ろに行かしめ、又は左方に廻り行かしむることを習ひ覚へしむるるものなり。而して牛馬が此一本綱の事を習熟《よくおぼえ》したるときは、更に一歩を進み手綱を用いず左セ（サセ）の呼声のみにて

第四図

第三図

使役することを調教するを順序とす。

㈣　左セ（サセ）の呼声のみにて使役するの調教

此調教は手綱を使はずして左セ（サセ）なる呼声のみにて牛馬を自在に左方に進ましむるものなり。其方法は一本綱の調教の如し。右の手綱の先端《はし》を静かに持ち牛馬を追ひ進ましめ、後方より左セ（サセ）々々と呼び進み牛馬をして左方に行き、又は廻らしむるものとす。若し呼声に随ひ進退せざることあれば未だ一本綱の事を覚へざるものなるを以て、一本綱の調教を併せ行ひ十分習熟せしむべし。

（注意）実際牛馬耕の仕業《しごと》に於ては犂に土の掛り方の矩合《ぐあい》に依り耕牛馬の行方を左又は右へ寄り、又は廻らしむるの必要あるを以て、調教の場合にも低声にて左セ々々と呼び手綱を緩《ゆ》るく搦《しゃく》りたるときは少しく左方に寄ること、又高声にて左セ々々と呼び手綱を急ぎて搦りたるときは、速かに多く左方に行くべしと云ふことの意味を自然に牛馬に悟らしめ其習熟を為すを必要《かんじん》とす。

以上述べたる左セ（サセ）の調教は、唯々其順序方法の一端のみなれば、実際調教の場合には精々丁寧親切を旨とし、種々《いろいろ》の方術を設け能々習熟せしむるを肝要なりとす。

第四節　右セ（ウセ）調教の方法（地方に依り「ヒヨセ」と呼ぶことあれども「ウセ」と呼ぶ方可ならむ）

右セ（ウセ）調教の方法は、総て左セ（サセ）調教の方法の反対にして、順序方法とも之れに準んじ調教するを宣《よし》とす。殊に右セ（ウセ）と云ふことは右方に寄り行かしむるの呼声なれば、牛馬の手綱は総て右方に著くものなるを以て牛馬耕の作業に際しては、手綱を引けば右方に行かしむることを得るに依り、此調教は左セ（サセ）の調教ほど困難にあらず。故に実際左セ（サセ）の反対の方法にて調教すべし。

第五節　歩イ（ホイ）調教の方法

歩イ（ホイ）とは、歩行せよ進み行けと云ふことの呼声にして、此調教の方法は甚だ難事にはあらず。即ち左に述ぶる一二の方法を習熟せしむるを宣しとす。

㈠　独行《どくこう》の調教

此独行とは牛馬を独《ひと》りにて人より先きに行かしむること

なり。およそ駒《こま》、犢《うしのこ》は少さき時より牝母《はは》の尻に随《したが》ひ、又は人の後に引かれて歩行するを常とするを以て、従順《おとなしく》に人の先きに立ちて独り行くことを嫌ふの習性《たち》あり。故に独行を習熟せしめざれば牛馬耕に適《かな》はざるものなり。而して此独行調教の方法は第五図の如く長き竿竹を以て手綱に代へ、牛馬の後に立ち（ホイ）々々と呼び竿を押し進み行くを良《よき》法《ほう》とす。追々此仕方に依り独行を覚ゆるに随ひ、手綱のみを以て後に立ち歩イ（ホイ）々々と呼び習ひ慣れしむべし。

第五図

㈡　直行の調教

直行とは牛馬を真直《まっすぐ》に歩行《あるく》せしむることなり。此調教の方法は、初めは第五図の如く長き小竿《こさお》（図書の手綱は竿の誤也）を両側に附け、之を左右の手綱とし、牛馬の後に立ちて之を両手に持ち（ホイ）々々と呼びつゝ真直に押し進むを良き方法とす。而して漸く覚へ慣るゝに従ひ、普通の両手綱を以て習ひ覚へしむるを良しとす。又鞭を持ち時々之を振り、速からず遅からず常に牛馬耕の歩調《あしなみ》をも併せて慣れしむべし。

第六節　辞セ（ジセ）又は（ゼー）調教の方法

辞セ（ゼー）とは其儘後へ退け、又は後ズサリをせよと云ふ呼声にて牛馬耕の際、鋤き傷《そこな》ひたるとき、又は目的の場所を進み過ぎたるときに用ゆる呼び声にして、牛馬耕上必要の場合多々《おおく》あるものなれば、能く習熟せしむべし其調教の方法左の如し。

㈠　口元の調教

口元の調教は、牛馬の鼻先に立ち両手にて牛馬の口元（無口の両側）を取り、辞せ（ジセ）々々と呼びつゝ後方に押し後ズサリを為さしむることを習熟せしむるものとす。此方法に依り稍々覚へたるときは次の手綱の調教に移るべし。

(二)　手綱の調教

先づ初めは左右両手綱を附け、牛馬の後方に立ち、両手に手綱を持ち辞せ（ジセ）々々と呼びつゝ手綱を引き掬《しゃく》り、後ズサリを為さしむることを習熟すべし。略々《ほぼ》覚へたる後は右の手綱一本にて前の如く再三丁寧に練習し、時々手綱を動かさずして呼声のみにて教習し能く習熟せしむるを良とす。

第七節　止（ドー）調教の方法

止（ドー）とは止《とど》マレと云ふ呼声にて、牛馬耕上の必要は耕鋤の矩合《ぐあい》に依り、中途にて耕牛馬を止むる場合に用ゆる呼声なり。其調教の方法左の如し。

止（ドー）の調教は、牛馬の進行を俄かに中止する目的なるを以て牛馬の後に付き歩行せしめつゝ、俄かに止（ドー）々々と呼び手綱を引き進行を強止《とど》むることを練習するを良しとす。最初は手綱を引き止（ドー）々々と呼ぶも止まらざるときは、直ちに牛馬の口元を捕へ止むる等種々の方法を用ゆべし。

此呼声は、牛馬に最も聞き安きものにて追々慣れるに随ひ牛馬耕の際、咳をしても止る様になるものなれば注意すべし。何となれば牛馬の労働中に止まれと云ふことは直ちに体に楽を感ずるが故なればなり。

第八節　歩調調教の方法

牛馬耕の目的は土地を深浅なく速かに鋤き起すものなれば、若し牛馬が遅速常《ちそくつね》なく其歩調一定ならざるときは、耕地の深浅厚薄《しんせんこうはく》一定ならずして、地拵《ぢごしらへ》へ作付等に不便少なからず。故に耕牛馬の歩調は能く教練して耕耘に適切ならしめざるべからず。

歩調調教の方法は、先づ牛馬の後に随ひ行き、前既に述べたる左セ、右セ、歩イ等の呼声を応用しつゝ実地耕耘に適当（普通人の歩行する度合）と認むる歩調を以て歩行せしめ、反復之を教練し稍々熟練したる後は田畑の畦溝《うねみぞ》を往来せしめ或は蹄を没する位の田の中を真直に往来せしむる等、種々の方法を以て教練すべし。

然り而して牛馬耕は歩調《あしなみ》と牽力《ひきぢから》と相待て其働きを為すも

のなれば、共に之を調教するを肝要とす。其牽力を兼て調教するには、石又丸木の如きものを牽かしむるを良とす。此方法稍々習熟したるときは、実際田畑に於て馬耙《まんが》を曳かしむるを自然の順序とす。

（注意）　歩調々教に於て最も注意すべきことは、即ち歩行往来の中途にて休息せしめざることなり。若し然らざれば自然に癖となり、終には耕耘の際暫く行きては止まり少しく歩みては息《いこ》ふ如き甚だ忌むべき悪慣《くせ》を生ずるに至るべし。故に仮令へば休息せしむるにも必ず耕耘中に於てせず、田畑両側の畦畔《あぜ》に達したるとき一息せしむるを可とす然れども、一往一来毎に休息せしむるは不可なれば、大概牛耕馬の耕程疲労等を計り、適宜に休息せしむるを可とす。

（後略）

資料3　『土の母号　畜力利用　牛馬耕の手引』（株式会社高北農機製作所、刊行は昭和三十年代前半と思われる）

●本書は、冒頭の「緒言」につづいて

第一　高北犂について
第二　犂耕法について
第三　役畜の飼養管理
第四　悪癖の矯正法

と巻末の附表（図および写真）から成っている。以下、第二の3のイからホ、5、6、7、8、9および附表の一部を紹介する。

●句読点、ルビ、行がえおよびそれにともなう一字下げなどをほどこしている。

●表紙写真は八三ページ参照。

（前略）

イ、牛馬の調教

明けて二歳になれば時々鞍を置き、或は取外し又は丸太棒の類を曳かせ、前進、止れ等の扶助用語に馴らす事が肝要である。これを予備調教というのである。動物である牛馬は己れの欲しない時、或は飽きた時は勝手気儘の振舞をし命令に服従しない事があるが、決して其のまま放任すべきものではない。斯る場合には、徹頭徹尾要求する行動する様になるまでは手を尽してこれを馴致調教をすべきものであって、最後の手段として或は懲罰をなす事も亦必要である。

然しこの際に注意すべき事は、制裁の必要を認めた時必ず即座に制裁を加える事が肝要で、その時間を失してはならない。又殴打する時も畜体中顔面若しくは肢部の如き肉質少ない箇所は絶対に避くべきである。牛馬は克《よ》く馭者の巧拙を知るものであるから幼畜を調教する場合、若しくは悪癖牛馬等に於ては最初技術に長じたる者によって調教若しくは矯正をする事が肝要である。馴致調教中役畜の吾が意に副った行動に出た時は、充分愛撫し牛馬の最も好むものを報酬として与え、或は馬にあっては頸を軽く平手で打ち慰労の意を示す等、常に是が賞罰を明かにする事が肝要である。要するに我々は家畜の愛護者であり、我々に対し家畜が充分信頼し心服の念を抱くよう、常に愛育に心掛ける必要がある。

冬期特に積雪地方については、殆ど厩舎から出る時がなく、使役時期に至り俄かに曳出された牛馬は歓喜のあまり狂奔することもあるから、常に家畜の心理が奈辺にあるかを察知し濫《みだ》りに制裁を加えてはならない。喜怒哀楽の情は家畜と雖も有するものであるから眼光、耳等の挙動を注視し声をかけ、頸を軽く打ち背を撫で脚を擦り、以て其の心情を慰める等慈愛の心で接するのが馴育の手段である事を忘れてはならない。

ロ、牛馬の調教法

畜力利用の真髄とでも謂うべきものは、相手の牛馬を自分の意志通りに動かすことである。これには先ず牛馬の気持を呑み込まねばならぬ。気持を呑みこむことは性質を知ることであり、癖を見抜く事である。牛馬の性質や癖がわかれば性に順じ性に逆え、癖に順じ癖に逆え、臨機応変の処置をして調教馴致をなさねばならない。

人の意志を伝える方法は牛は鼻輪、馬は轡《くつわ》である。牛は手綱の波動を鼻に伝えるので俗に綱打ちと云い、馬は左右両手綱操作によって口に感応を与える。これを手綱捌きと云う。

牛の鼻木には木製のものと、金属製のものがあるが、木製のものが良い。針金を鼻に通して居るのを見受ける事があるが、残酷も甚しく牛の虐待である。

手綱は麻製のものが良く、牛は太く馬は細目のものが良い。

ハ、牛馬使役上の注意と用語

全国統一標準扶助用語を示せば次の通りである。

(語訳)	(牛)	(馬)
前進	シイ	マイ
加速	ハイ	ハイ
止れ	ワ　又は　バア	ドウ
減速	オーラホーラ	オーラホーラ
右進（右廻）	セー	セー
左進（左廻）	サシ	サシ
後退	アト　若くは　ゼレ	アト
挙脚	アシ	アシ
注意沈静		オーラオーラ

使役用語は、簡単明瞭に適当の時期に極めて徹底的に発令することが必要である。世上動《やや》もすれば猥りに之を発し或は発令の時期を失するため殆んど用語は其の効がなく、綱打ち又は罵声の頻発をして事足れりと思うのは大きな誤りである。このようにすることは人畜ともにそのため疲労し、工程は進まず、且つ巧妙なる技術を現すことは出来ぬものである。之は使役者の拙劣を示すものであるから、馭者は充分な注意をし、扶助用語を充分役畜に知らせ、用語だけでも役畜を操縦する事が出来る使役馴致の極致を目標として調教すべきである。牛馬を馭する要点は馭声と綱打、手綱捌きである。手綱は馭声と共に操縦の伝令で左右の転廻、進退、緩急は何れも手綱により行うものである。即ち馬では両手綱であるから、要望する側の手綱を引き左右に進まして音声及び綱の波動により発進さすものであるが、牛は右進後退は手綱を引き、静止は声とともに手綱を押え、左行急進には之を打ち、発足には波動を伝えて之を促す等、常に其の現れた変化に応じて操縦自在に応用する用意がなければならぬ。而して手綱を張り過ぎれば進行を制止されると思わせ、緩むと耕者の気遣かなくて人畜の気合全く別箇となり、且つ役畜に軽視されるものである。であるから張り過ぎず、緩めず、指の屈伸によって直ちに役畜の行動に感応のあるようにすべきである。耕者は常に主動者であるから、此の命令は粛正にして侵すべからざる権威をもち、

且つ其の中に温愛を備うべきである。

若し耕手が酒気を帯びるか又は他の不満から精神錯雑した儘で役畜を馭する時は、人畜互に調和を欠き到底所期の成績を挙げる事は出来ぬものである。極端に之を謂えば、役畜や耕具と馭者は異体同心となってこそはじめて充分な作業をすることが出来るものである。例えば馬術の極致を表わす言葉に、鞍上に人無く鞍下に馬なしとは之を意味し、其の間の呼吸を体得するに努め、これを得る事が最も必要である。

牛馬も家族の一人で慈悲と情で使いましょう。

ニ、綱打ち（牛）綱捌き（馬）

(1) 綱打ちを分類すると

イ、浪打手綱　之れには大浪、中浪、小浪、輪浪等からなる。

ロ、押え手綱　引かずに押える。之れは前進を押える手綱である。

ハ、引き手綱　後退、右廻等の場合。

ニ、巻手綱　掌に必要程度巻く。

ホ、打手綱　之れには上打、下打、横打等がある。

ヘ、折手綱　綱を補助棒にかけ折返して前を握る操作で右廻三寸の場合用いる。

ト、混合手綱　以上の内二種類を混合して打つ場合を云う。

(2) 綱捌きを大別すると

イ、引き手綱　後退の場合等に用うる。

ロ、巻き手綱　之れは両手巻、片手巻があって後退又は回転の場合等に用うる。

ハ、折手綱　右折りと左折りとあって右廻左廻の場合用うる。

ニ、絞り手綱　右手を以て左手綱を絞るもので主として左廻の場合用うる。

ホ、押手綱　両手綱を引かず稍下方に押える。主として止の場合に用うる。減速の場合はこれに小浪振動を混合する。

ヘ、打手綱　気合を掛ける場合に用うるもので主として右手綱で横打ちをする。

ホ、用語の訓練方法

手綱を鼻木から一直線に約一掌（十糎）位ゆるめて右手掌に一巻《ひとまき》して、残りは左手に輪形にして持ち、牛の臀端から三歩更に三歩右側に位置をとり、先ず以って牛の精神の統一を待ち用語を呼びかけるのである。

㈠廻転の場合は、用語のサシのシの語気を強めて呼びかけると同時に右手綱を掌の動く位、即ち約十糎左に波動させて牛の鼻鏡に感動させ左即ち「サシ」を悟らせるである。

㈡右廻の場合は「セ」と呼かけると同時に、右手の手綱を掌位（十糎）右に張って鼻木により牛の左鼻鏡に伝えて「セ」を悟らせるのである。

右寄せの場合はセイセイと軽く連呼して少し綱を右方に引く。

㈢前身は用語「シツ」と呼びつつ、右手綱を十糎上方に波動させて前進を悟らせるのである。

㈣止れは「バ」と呼びつつ手綱十糎下方下打押手綱に波動を鼻に伝えて止れを悟らしめるのである。

㈤後退は「アト」と唱えつつ、右手綱を背柱に平行し後に引き引き手綱加減に波動させて「アト」を悟らしめるのである。

㈥徐歩は「バー」という用語を静かに長く呼びかけ、時々手綱を下方下打手綱に波動させて徐歩を悟らしめるのである。

㈦速歩は「ハイハイ」と唱えながら、手綱を正方上打中浪手綱に波動させて速歩を悟らしめるのである。

㈧足は「アシ」牛が手綱や牽綱をふんだ場合、其の綱を微動させながら「アシ」を呼掛けてこの要求を悟らせるのである。

㈨愛撫の言葉は「オーラ」と唱え、牛が人の意の如く行動し従順になった場合の愛情と謝意を動物に与えるのであるから、其の音調も多少節をつけて唱えつつ動物のいやな所を避け好きな所を摩擦して人と喜びを共にするのである。

㈩懲戒の言葉は「コラッ」で、人の要求を入れず又は故意に反抗する場合に行う叱責であるから語調は高く強く、手綱は腕力で波動させて大浪掻打させて強く鼻鏡に当て戒めるのであり、愛撫懲戒は明らかに区別することが肝要である。

（中略）

5　装具及び犂の選定

耕手の服装は、作業をするに便利なる服装であるべき事は何人も異論を有する者のない事項であるから、便利なる服装になっているが、役畜の服装即ち装具並に装着については未だに合理的でないものを使用しているものが多い。鞍骨《くらぼね》は役畜の体に適合し、且つ多少の調節が出来る曲りと開きのあるものである事、次は畜体に直接あたる部分即ち鞍褥《あんじょく》は弾力性と柔軟性に富み、水分を吸収せず且つ汚損し難いもので、廉価にして容易に入手出来るもので製作したものが最上である。それは大麦稈を編んだものを最上とするが、其の厚さは二寸から二寸五分、長さは役畜の大きさにより一尺五寸乃至一尺九寸位とする。巾は一尺一寸乃至一尺二寸までのものが適当である。

腹帯は巾三寸位で中央七八寸位は柔らかく掬《しゃく》った、左及右縄を交互に五、六本編んだものが宜《よ》ろしい。

曳綱は藁縄が最上で馬に於ては一本九尺、牛に於ては頸索胴索兼用二乃至三点索引の場合は、約四尋乃至四尋半を要する。胸帯と頸環首木は装具傷を起すことがないよう細心の注意を致すべきである。

牛には首木を用うるのが普通であるが、場所により馬の頸環を倒立して使用するものもあるが、之れは誤りも甚だしいものである。

犂の撰定を誤る時は充分なる目的を達することが出来ないばかりで無く、甚だしく労苦と能率の低下を伴うものであり、未だその撰定には充分な認識をもたないものもあるので、蛇足ながら一、二について記してみると

一、主要資材中木材の良否、乾燥度の如何はその犂の性能と耐久力に大なる影響を与えるもので、現在全国的に用いられているものは杉で、優秀品になると檜材を用い、然かもその材は三十年以上のもので年輪の細かい有芯材で充分乾燥したものがよい。良品でないものは十数年の年輪の粗い材を用い、或は大なる材より板割材として使用しているものがあるが、耐久力、強靭性はなく、製作又は使用中の歪性に於て甚だしく劣るものであるから撰定上注意すべき点である。

二、犂先の材は大体五種類程度で、全国的のものは鋳鉄であるが、優秀なものには特殊銅(鋼カ)を用いて完全熱処理をほどこし角度正確で耐久力切味がよい。

三、鐴《へら》の材質は鐴鉄或は鋳鉄、鋳鋼鉄であるが、犂鐴は材質というよりは其の仕上曲線について充分な研究を要する。即ち土質により曲面は異なり軽鬆土《けいしょうど》には円筒型、壌土には曲面型、粘土質には撚転型が適当である。「自由ヘラ」はこれら如何なる土質にも彎曲《わんきょく》面を調節して順応せしめることが出来るので、一挺で全国どんな土質でも使用することが出来る理想的優秀品である。

四、床金は種々あるが角型及堅切型がよい。

右により大要を記したが、二段耕犂の普及にともない本犂も大体同じではあるが特記することは
イ、前犂体に対する抵抗が強いため、絶対折損の虞《おそ》れのないものを選ぶ。これには丸形パイプより高北式の長方形パイプが強靭で破損は絶対にない。
ロ、前犂体に於ける小犂は垂直上下と水平左右の調節があるものに限る。大半は左右がなく上下調節も前犂体取付部を基点として上下するため、親犂との関係位置を失うから注意を要す。
ハ、重心が下部にあるもの、即ち犢木取付けの低いもの程安定はよく、牽引が軽い。この種の二段耕犂は高北式のみの特徴である。
ニ、双用二段耕犂にあっては、左右の転換が親犂との関係位置を確実に保持するものでなければならない。
以上は犂撰定上重要なることであるから、技術員たるものは需要者によく理解し得る様に説明し、撰定をあやまらせない様注意することが必要である。

6　耕手の姿勢

姿勢は技術全体を代表するものであり、犂の調節、牛馬の調教、装具装着の不良、技術の未熟等は何れも姿勢に影響を及ぼすものである。姿勢悪しきときは外観のみでなく疲労多く工程も進まぬものである。

尚服装もなるべく軽快にすることが必要である。

上体は直立するも柔かく腰部は安定し前に屈めず後にそらず、正常な姿勢で犂柄を持ち単用の場合は稍右斜に向くを可とする。

而して着眼点は耕地前方の目標、牛馬の前肢と犂先を常に通視し足は少しく内肢に踏み犂に遅れぬ様進み、決して肢を広げ腰をかゞめぬことである。又歩度は幾分せまく普通の七分位の歩幅が適当である。歩行中踵で歩く時は犂の進行に遅れるばかりでなく犂の安定悪く、浮沈し充分の深耕が困難となり耕盤に波状を生じ、且耕手、牛馬ともに疲労が多いため足は爪先から進む態度で進行すべきである。

肢を広げ或は腕を伸す等は最も不良の姿勢である。特に作業中牛馬が急激に暴れ出した時に此の様な態度では直ちに制馭することが困難となり、不時の事故を惹起することがあるから特にこれらの諸点に充分注意を要する。

7　犂耕中の馭法

牛馬を使役して耕鋤するに当り、注意すべきことは次の通りである。

耕鋤は一種の技術であるから臨機応変、千変万化の働きをなすべきものである。牛馬の熟練したものは綱打綱捌を要せず用語ばかりで動作するものもあるが、耕手は主働者であるから其の命令は厳にして犯すべからざる権威と温愛とを備えて居ることが肝要である。

偶々外出せる牛馬は奔逸して神経過敏の如く做ゆるものもあるが、徐ろに愛撫して落ち着かした後装具を装着し、犂をつけずに二、三回往復したのち犂を付け、進行を開始するや先ず一定の姿勢を保持し、腰を据え、足は軽快に牛馬の歩調と調子を合せ、着眼点は到達目標牛馬の右前肢、其他は心眼及感応により察し、追詰め引廻等、其の歩足の定らん所は呼吸をもって察し、気合をもって暗示を与え機先を制するの術が無くてはならないのである。

就中《なかんづく》機先を制し暗示を与える事は最も必要のことである。機先を制すると云う事は、例えば牛馬が左に脱線せんとする気配を察したるときは右に手綱を引き事前に予防することである。是れが為には役畜の動作を察知し其の発せんとする一刹那において制禦することである。宜しく此の間の呼吸を体得して犂耕を行う事が必要である。

8　土質に対する注意

犂耕は土質に依って曳綱の調節、犂の角度に注意する事が必要である。即ち粘土地は組織が密で過湿の場合粘着力を増し、乾燥すれば凝結して亀裂を生じ耕鋤に困難となるから、犂耕に際しては適当の水分を要する訳だが、其の調節は実際問題として容易でない。

9　耕　法

耕法を全国的にみると多種多様であるが、之を大別すると次の二つとなる。

畝立耕　　平面耕

イ、畝立耕

畝立耕を更に分割すれば全耕法、半耕法となり全耕は方法によって割鋤、ねり返し鋤となる。割鋤の作業は鋤割、鋤込、溝仕上げの三工程で、ねり返し鋤は不完全なる全耕で初めから鋤込みするのであるが、なるべく割鋤にする方が牛馬も耕手も疲労せず、簡単な割鋤にしても能率にたいした違いはない。畝立耕には六耕畝を二十六又は三十壢以上の如く、実用を離れた競犂会耕と称する方法もあるが、実用的耕法として十八壢以下で仕上げる方法もある。特別な耕耘は別として普通の場合は気候、風土、作物の種類を考慮し、深耕に重きを置き能率的耕法によることがのぞましい。

畝の大小形状は気候、風土、乾湿、耕深等により決定すべきであるが一筋蒔、葉煙草の耕作等には四株一畝の小畝に耕すこともある。

半耕法は東北、北陸地方の二毛作、近畿地方の半湿田地帯において行われる方法で、半湿田地方又は降雪早いか寒気の早く来る地方、或は広面積の二毛作地方に適期播種の関係から行うもので、否定することのできない事情もある。尚奈良県、愛知県地方に行われる耕法は播種箇所のみを耕起し其他は農閑期に耕起する。これは適期播種と労力の分配より行われる方法と思われる。

以上の様に耕法はその地方に於ける耕種事情から生れるもので耕法の統一は不可能であるが、要は善を助長し悪しきを徐《おもむ》ろに改善する指導が肝要である。

ロ、平面耕

平面耕は主として東北、関東、北陸地方に行われる耕法で、これには直線耕法（継続耕法）と廻耕法（連続耕法）の二種類があり、主として双用犂を使用する廻耕法に於ては単用犂を使用する処もある。直耕法は一方の畝際から漸次に耕起する方法である。廻耕法は田の周辺から内部に向って耕起するもので、直行の様に旋廻時間は要しないので能率が挙るが廻行耕引なるが為に牛馬は疲労し円を画く部分は浅くなるから耕深が平均しない欠点があり、平面耕は成るべく直耕する方法がよい。

（後略）

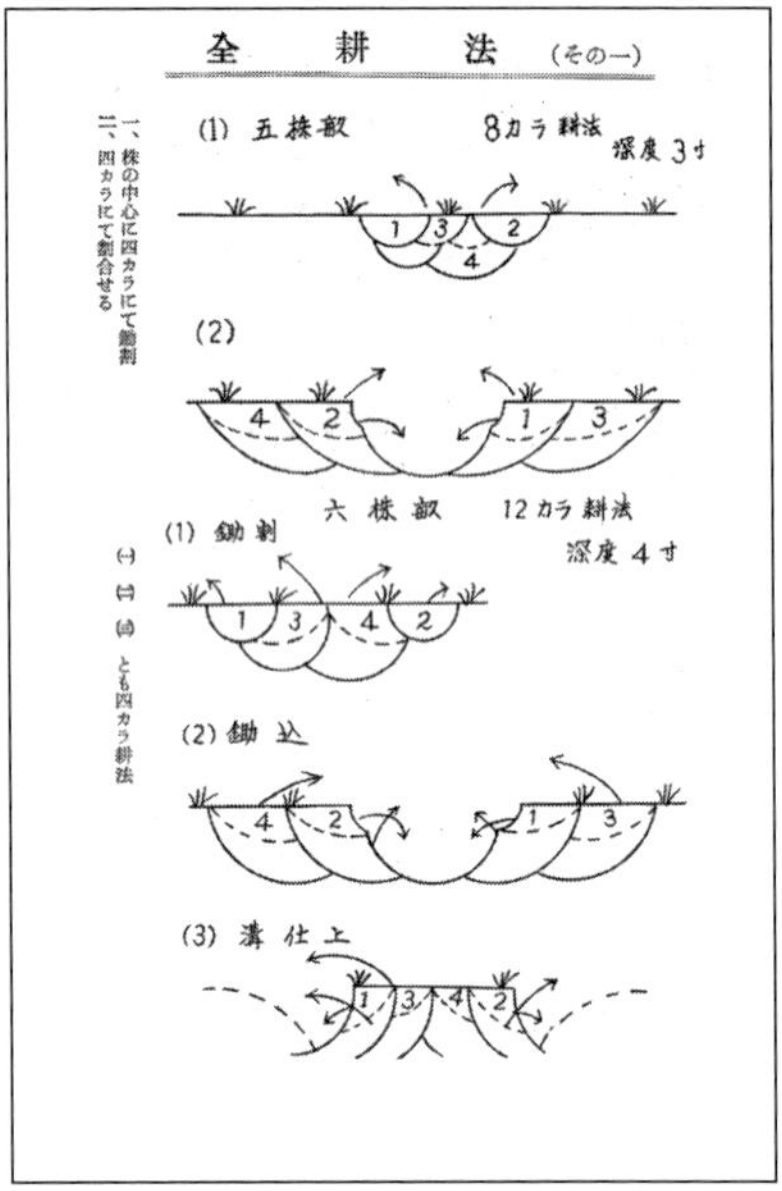
全耕法（その一）
一、株の中心に四カラにて鋤割
二、四カラにて割合せる
(1) 五株畝
8カラ耕法
深度3寸
(2)
六株畝
12カラ耕法
(1) 鋤割
深度4寸
(一)
(二)
(四) とも四カラ耕法
(2) 鋤込
(3) 溝仕上

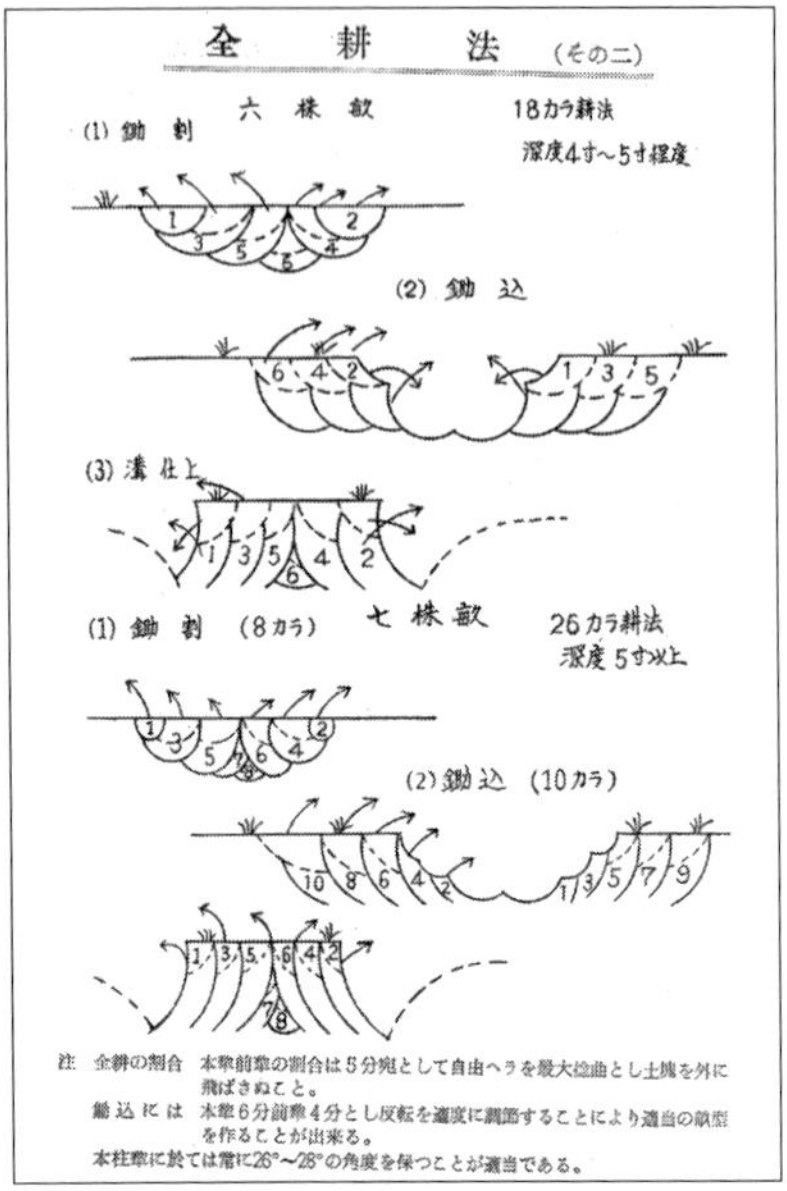
全耕法（その二）
六株畝
18カラ耕法
(1) 鋤割
深度4寸〜5寸程度
(2) 鋤込
(3) 溝仕上
(1) 鋤割 (8カラ)
七株畝
26カラ耕法
深度5寸以上
(2) 鋤込 (10カラ)
注 全耕の割合 本犂前犂の割合は5分宛として自由ヘラを最大屈曲とし土塊を外に飛ばさぬこと。
鋤込には 本犂6分前犂4分とし反転を適度に調節することにより適当の畝型を作ることが出来る。
本柱犂に於ては常に26°〜28°の角度を保つことが適当である。

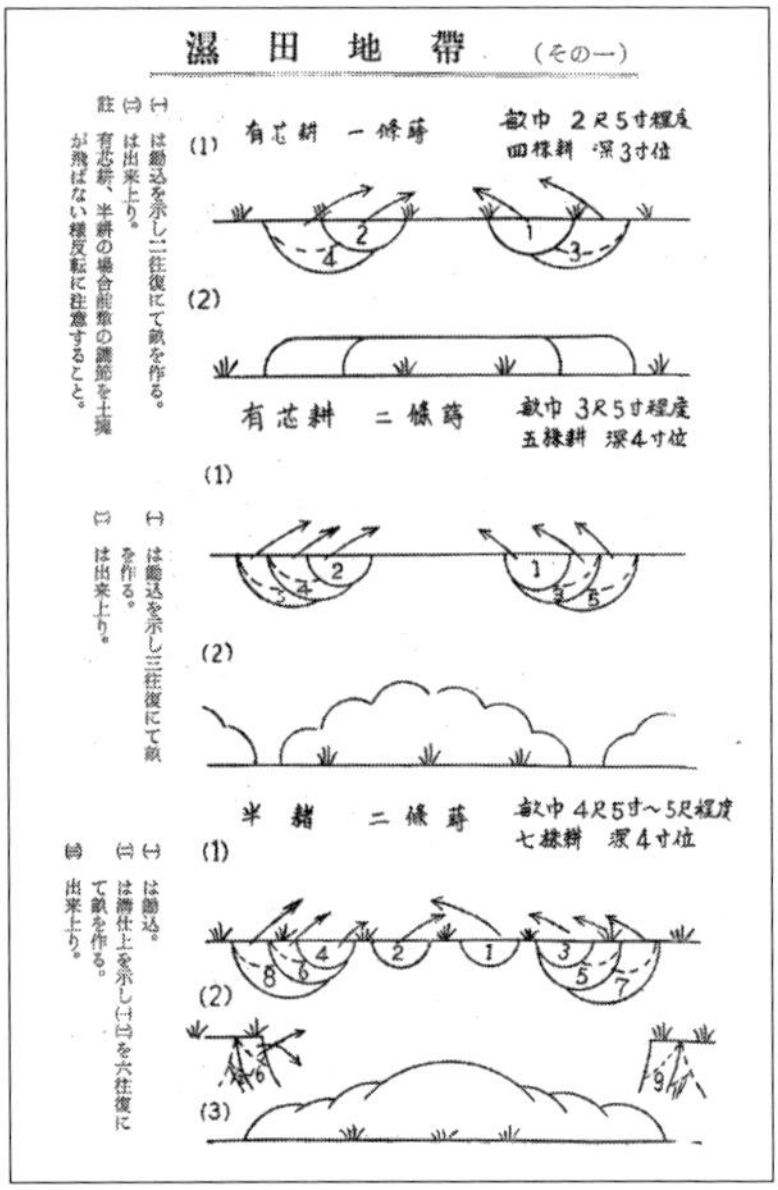
湿田地帯（その一）
(一) は鋤込を示し二往復にて畝を作る。
(二) は出来上り。
註 有芯耕、半耕の場合能犂の調節を土塊が飛ばない様反転に注意すること。
(1) 有芯耕 一條蒔
畝巾 2尺5寸程度
四株耕 深3寸位
(2)
有芯耕 二條蒔
畝巾 3尺5寸程度
五株耕 深4寸位
(一) は鋤込を示し三往復にて畝を作る。
(二) は出来上り。
(1)
(2)
半諸 二條蒔
畝巾 4尺5寸〜5尺程度
七株耕 深4寸位
(一) は鋤込。
(三) は溝仕上を示し(一)(二)を六往復にて畝を作る。
(四) 出来上り。
(1)
(2)
(3)

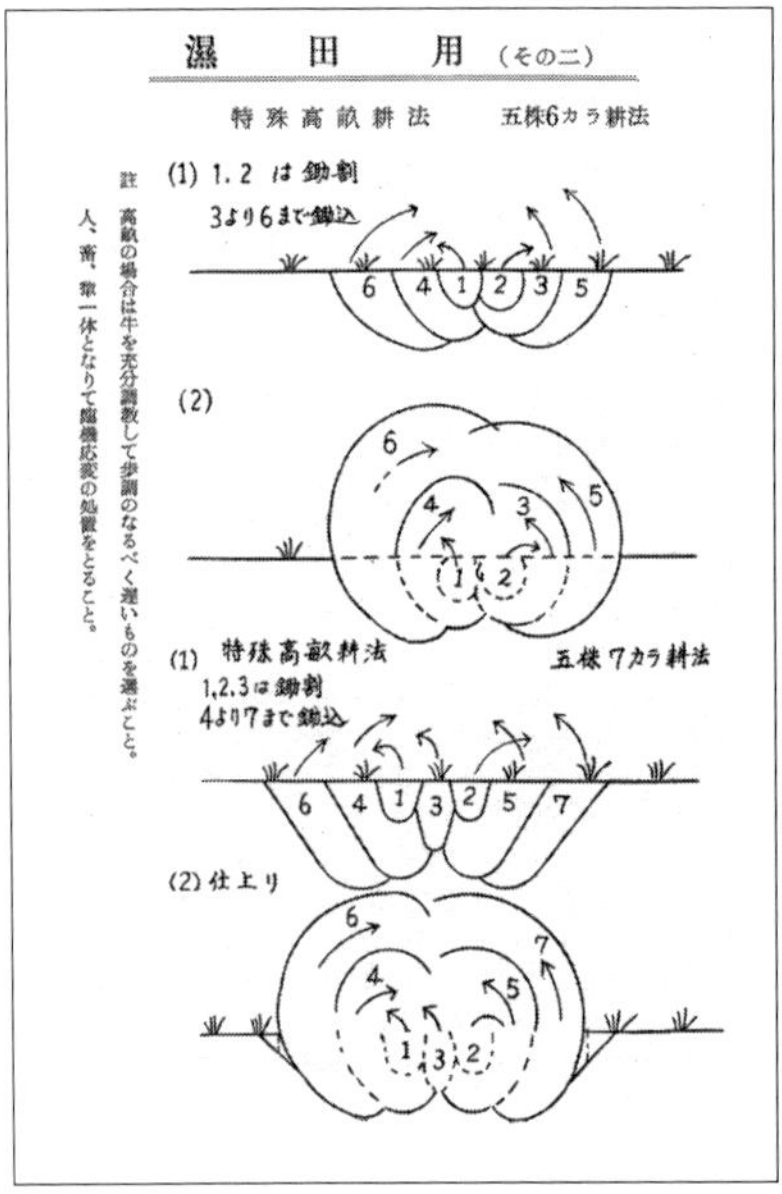
湿田用（その二）
特殊高畝耕法
五株6カラ耕法
註 高畝の場合は牛を充分調教して歩調のなるべく遅いものを選ぶこと。
人、畜、犂一体となりて臨機応変の処置をとること。
(1) 1.2 は鋤割
3より6まで鋤込
(2)
(1) 特殊高畝耕法
五株7カラ耕法
1,2,3は鋤割
4より7まで鋤込
(2) 仕上り

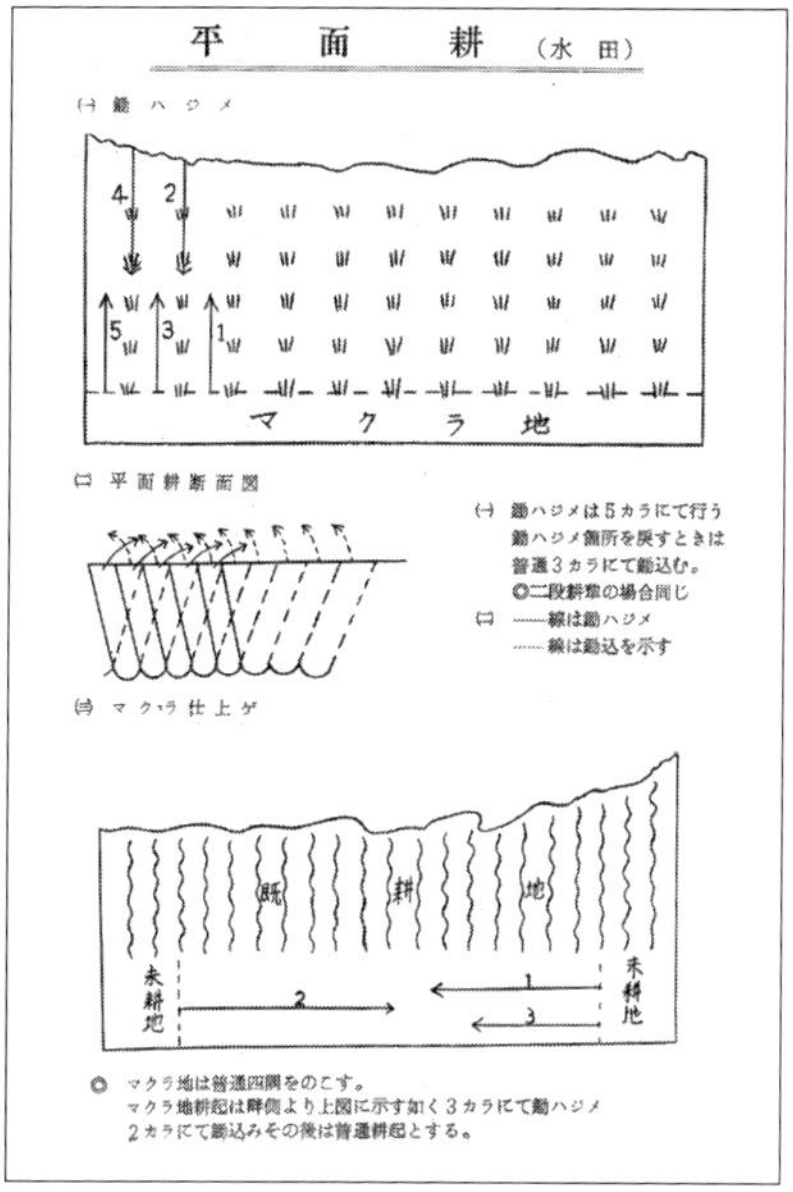
平　面　耕（水田）
(一) 鋤ハジメ
4 2
5 3 1
マ　ク　ラ　地
(二) 平面耕断面図
(一) 鋤ハジメは5カラにて行う
鋤ハジメ箇所を戻すときは
普通3カラにて鋤込む。
◎二段耕犂の場合同じ
(二) ——線は鋤ハジメ
……線は鋤込を示す
(三) マクラ仕上ゲ
既　耕　地
未耕地
未耕地
2
1
3
◎　マクラ地は普通四畦をのこす。
マクラ地耕起は畔側より上図に示す如く3カラにて鋤ハジメ
2カラにて鋤込みその後は普通耕起とする。

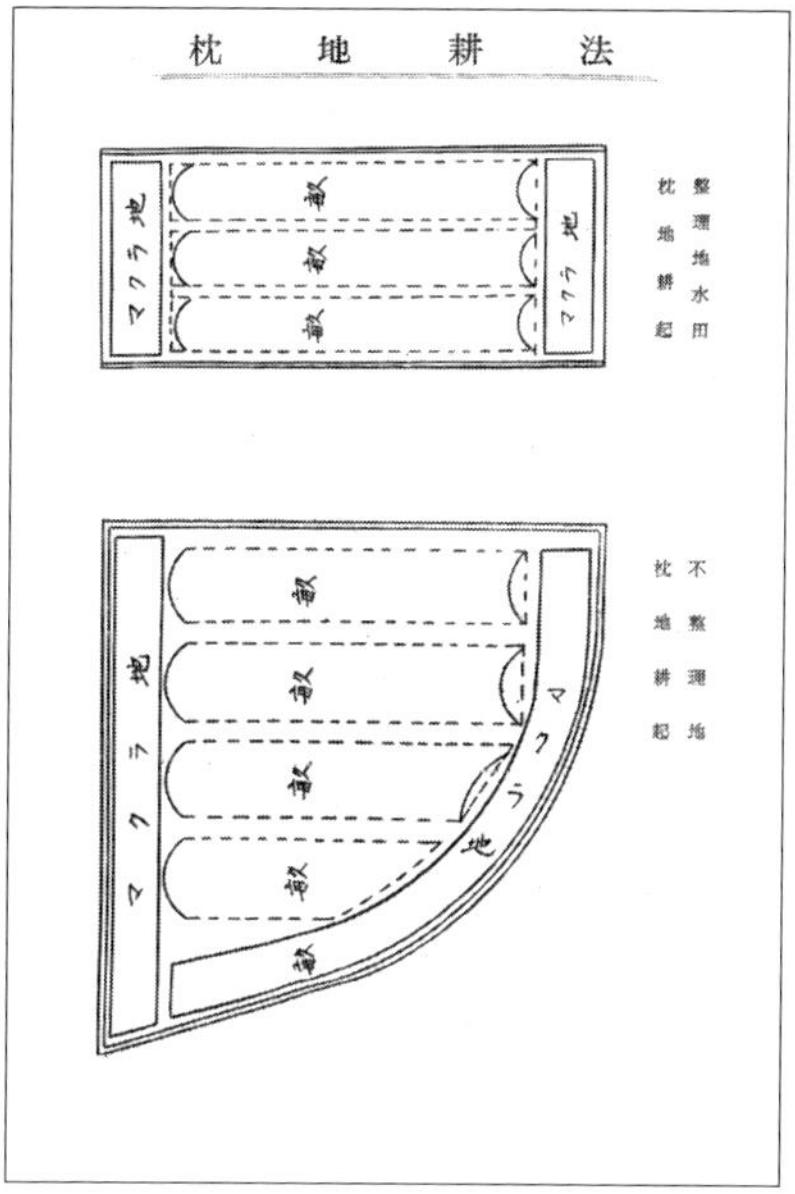
枕　地　耕　法
マクラ地
マクラ地
枕地耕起
整理地水田
マクラ地
マクラ地
枕地耕起
不整理地

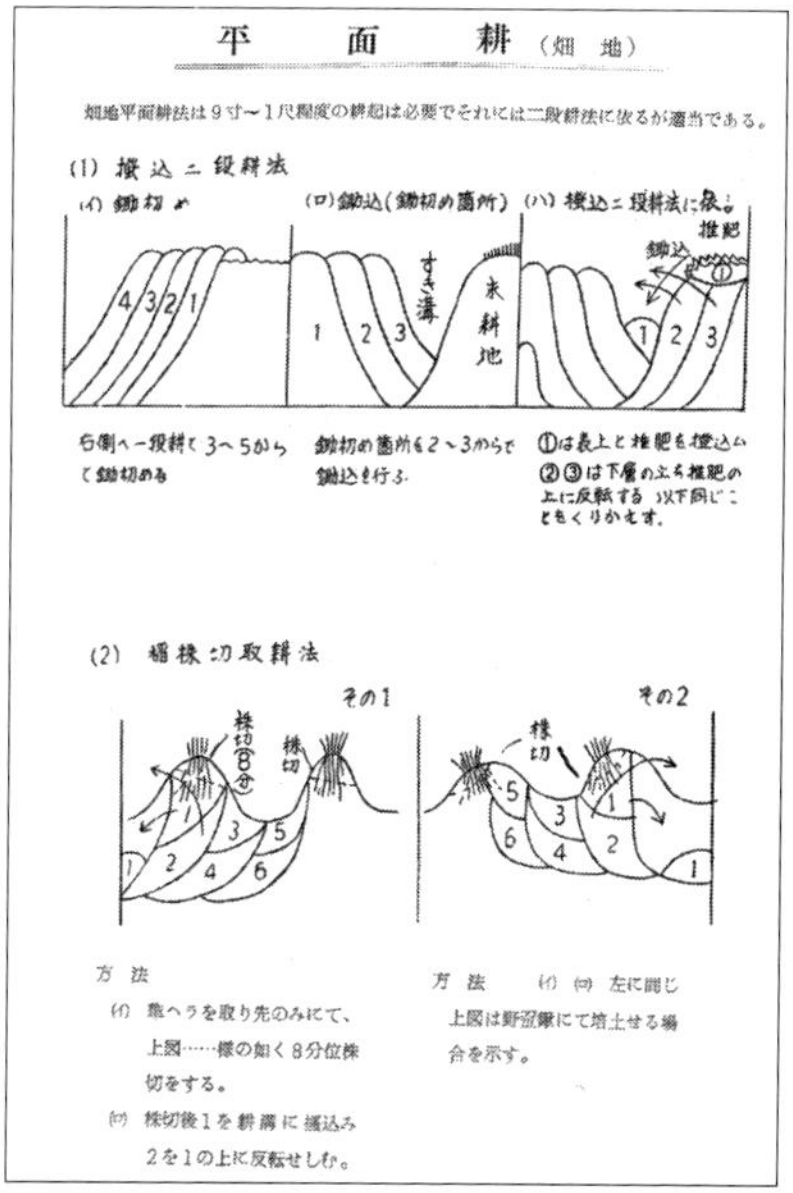
平　面　耕（畑　地）
畑地平面耕法は9寸～1尺程度の耕起は必要でそれには二段耕法に依るが適当である。
(1) 撥込二段耕法
(イ) 鋤切め
(ロ) 鋤込（鋤切め箇所）
(ハ) 撥込二段耕法に依る
4 3 2 1
1 2 3
すき溝
未耕地
推肥
鋤込
1 2 3
右側へ一段耕て3～5からて鋤切める
鋤切め箇所を2～3からで鋤込を行う.
①は表土と推肥を撥込む
②③は下層の土を推肥の上に反転する 以下同じことをくりかえす.
(2) 畑株切取耕法
その1
その2
株切
1 2 3 4 5 6
5 3 1 6 4 2 1
方法
(イ) 無ヘラを取り先のみにて、
上図……様の如く8分位株
切をする。
(ロ) 株切後1を耕溝に撥込み
2を1の上に反転せしむ。
方法　(イ) (ロ) 左に同じ
上図は野習鎌にて培土せる場
合を示す。

資料4　農林省編纂『農民叢書（第9号）農用役牛の扱い方』（農林省農政局、一九四七年）

●本書の構成は以下のようになっている。

はしがき
一　管理
（一）手入れと川入れ
（二）運動と軽い使役
（三）飼付けのあんばい
（四）中休み
（五）削蹄
（六）調教
二　力役の利用方法
（一）装具
（二）装具のつけ方
（三）牛車のつけ方
（四）使役の程度
むすび

●ここでは一の（六）から二の（二）の途中までを紹介した。

●原文のルビについては、おとしたものと、あらたにつけたものがあることを付記しておきたい。

●図の位置は必ずしも原本のレイアウト通りではない。

●表紙写真は八三ページ参照。

(六) 調教

うまく調教をしてあるのと、してないのとでは農繁期の仕事の能率に大きな差が出てくる。水田は普通は一枚の面積が狭いのでたびたび旋回させる（まわらせる）必要がある。また前進にせよ停止にせよ狭い場所での作業であるから車を引くだけの牛などとは比較にならないほどの細い動作が必要である。それだけに調教の効果も大きい。

調教するには鼻木《はなぎ》が必要である。これにはいろいろの形のものがあるが、和牛の牝では第三図のような形と大きさのものが適当であろう。鼻木は頬綱《ほほづな》でつるす。頬綱の長さは一・五〇―一・六米（五尺―五尺五寸）ぐらいがよい。追綱《おいづな》は鼻木の台木《だいぎ》の中央で二回廻して男結びにする。その長さは三・九五米（一丈三尺）、太さは直径一・二―一・五糎（四―五分）が適当である。

調教する場所は静かで平らな、片側に垣か塀のあるところがよい。アブやハイ《(エ)》の多くない時期を選んで行うがよい。ただし発情しているとき（さかりのついているとき）と腹がすいているときはさけるようにする。

調教する者は牛の右後肢《あとあし》から右斜後約一米のところに立ち、追綱の端から約一米のへんを右手の甲に一回廻して握る。残りの端は左手に持っていて牛を励ますときに振る。

調教や使役には追綱の打ち方が主となるが、これと併せて命令語を用いる。命令語は地方によってちがうが、各地でまちまちだと遠くから買付けたような場合に不便であるから、全国的な用語が協定されている。従って今後はできるだけこの協定用語を使って調教したり、使ったりするようにしていただきたい。

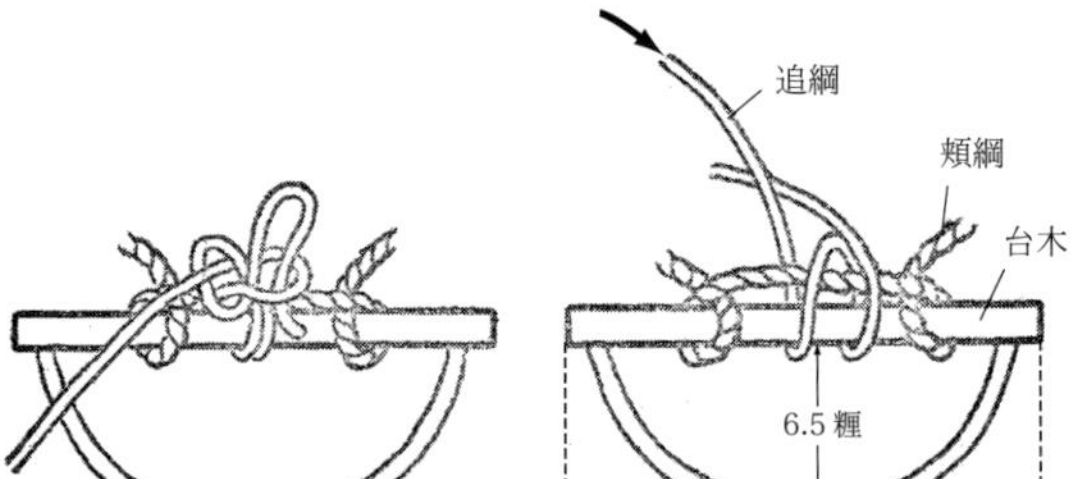

第3図　鼻木と頬綱及び追い綱のつけ方

協定用語は次のとおりである。

動作	用語	摘要
前進（前へ歩きはじめさせるとき）	シツ	「シ」に力を入れ、やや短く発音する。
加速（歩きかたを早めるとき）	ハイハイ	「ハ」に力を入れ、続けて発音する。
右廻り又は右進（右まわり、又は右へ進ませるとき）	セー	右寄りにも用いる。
左廻り又は左進（左まわり、又は左へ進ませるとき）	サシ	「サ」にやや力を入れて発音する。左寄りにも用いる。このときは二、三回続けて発音する。
漸止（そろそろとめるとき）	バー	おだやかに発音する。
停止（とめるとき）	バ	力を入れて強く短く発音する。
後退（後へさがらせるとき）	アト	「ア」に力を入れて発音する。
挙肢（肢を上げさせるとき）	アシ	
注意（牛に注意をあたえるとき）	オーラ	おだやかに発音する。
鎮静（牛をおちつかせるとき）	バーバ	おだやかに発音する。
愛撫（牛をかわいがるとき）	オーラ	おだやかに発音する。
懲戒（牛をしかるとき）	コラ	強く短く発音する。

次に基本調教の綱の打ち方について述べる。

前進―綱を適当に緊張させておいて、腕を動かさずに拳を前外方に半廻転させ、同時に「シツ」と命令する。

停止及び正姿勢―一方の前肢が宙に浮いているとき、すかさず「バ」と声をかけながら急に強く一拳ぐらい後下の方へ綱を引く。すると前肢をそろえて停るが、後肢がそろっていないから直ちに前に踏み出している後肢を引かせてそろえさせ、次いで綱を一拳ぐらい下に打てば頭をあげて正姿勢をとる。

左旋回―追綱《おいづな》を少し前へ出し加減に左へ打つ。すると綱が牛の頰にあたるから、このとき「サシ」と命令する。この動作をくり返しながら牛が左へ廻るにつれて人も廻らねばならない。

右旋回―拳と肘とをともに引き、旋回の動作がやまぬうちは綱をゆるめないようにする。同時に「セー」と声をかける。

後退—牛の頸と頭を体の縦の軸の線の上にまっすぐにしておいてから連続的に綱を後へ引く。同時に「アト」「アト」と呼びかける。

じょうずにできたときは「オーラ」と呼びながら両腿の間や頸《くび》や項《うなじ》をなでてやる。

調教は一課目がうまくできるようになってから次の課目にうつるようにする。綱一本で牛を自由に働かせるには平素から綱の打ち方をよく練習しておくことが大切である。

二　力役の利用方法

（一）装具

牛を使役するには装具をつけねばならない。装具は鞍《くら》が主であって、これにいろいろな附属品がつく。また鞍の外に頸木《くびき》やカラーを用いることもある。

鞍—鞍には耕鞍《こうぐら》と駄鞍《だぐら》の二種類がある。ところが耕鞍といっても、それには非常にたくさんの型があり、それぞれに一利一害があるのでどれをすすめるというわけにはゆかない。こんな関係から農林省畜産試験場中国支場では第四図のような鞍を試作し、目下全国農業会を通じてこの鞍を使ってもらうように、各地の農家に呼びかけている。

この鞍の特徴は、どの牛に対しても従来のどんな鞍よりも比較的よく合うこと、従って鞍傷《あんしょう》を起すことが少く、殊に背骨に鞍傷をつけないこと、製作が簡単なこと、牛の大きさに応じててきぎ力綱《ちからづな》のつけどころ（牽引点）を上下できるように止木《とめぎ》をつけたことなどであるが、欠点は、材料のとり方と質によっては多少弱いことである。

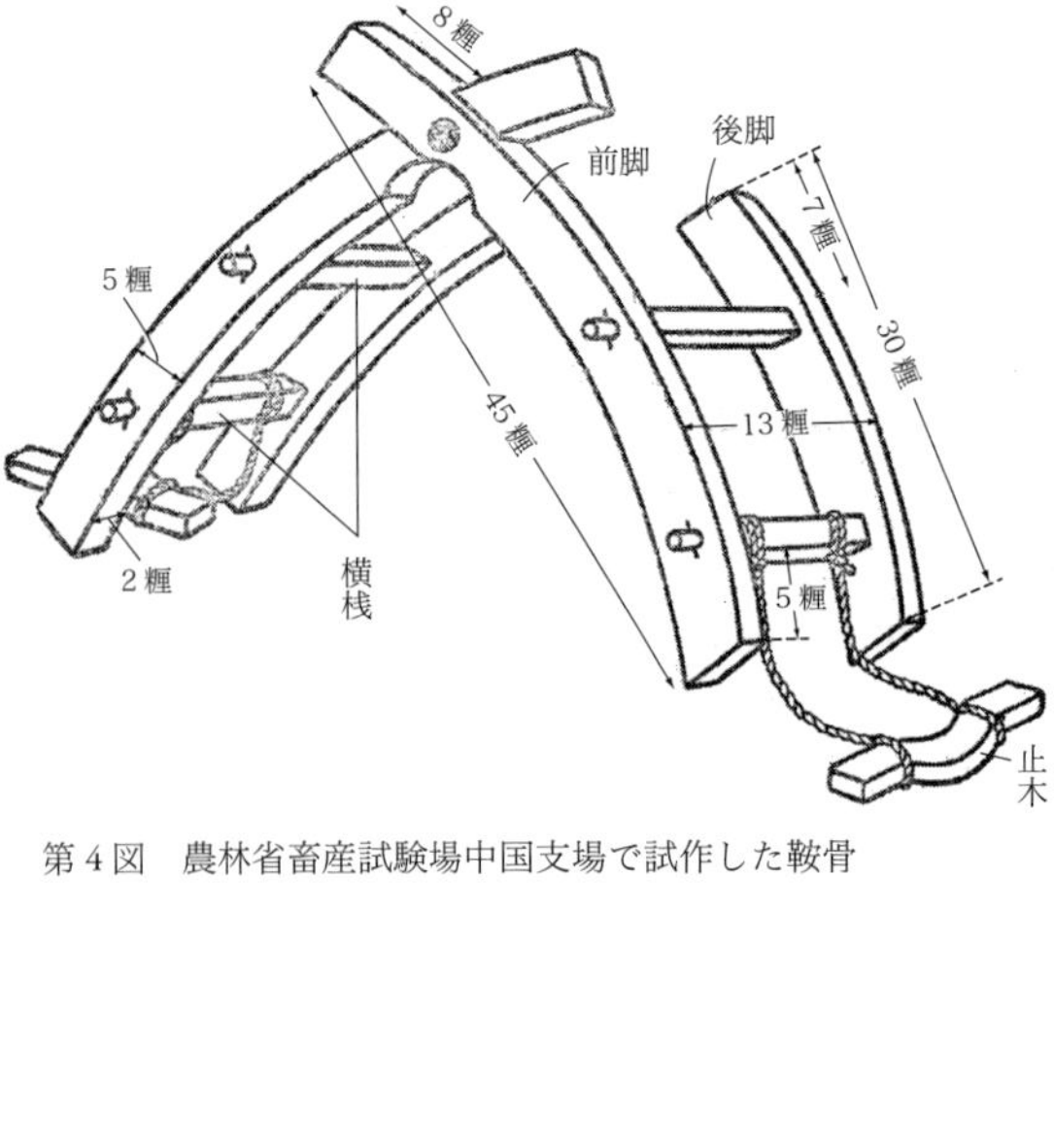

第４図　農林省畜産試験場中国支場で試作した鞍骨

鞍蓐《あんじょく》（くらした）―鞍の下には、鞍蓐をつける。その幅は鞍骨《あんこつ》に結びつけたさい前後に約三糎（一寸）の残りがあることが必要であり、長さは牛の体につけた場合、下の端がおよそ肩端の高さぐらいまであることが望ましい。また厚みは約三糎（一寸）必要である。材料は稲わらよりも麦わらの方がよい。左右別々に作ったものをそれぞれの側の鞍骨《あんこつ》に四ヶ所でしっかりと結びつける。

腹帯《はらおび》―これは非常に力が加わるから、丈夫でしかも牛に痛みを感じさせないようなものでなければいけない。平打《ひらうち》縄《なわ》か数本の緒綱《おづな》をぼろ布で横につづって平打縄のような形にした四糎（一寸三分）くらいの幅のものがよい。一本綱は牛に痛みを与えるからいけない。

力綱《ちからづな》―引張るさい総《すべ》ての力が加わるものであるから、特に丈夫な綱でなければならない。糸綱か麻綱がよいが打わらの三つ撚《よ》り縄でもよい。長さ約二・七米（九尺）のものが二本（左右各一本づつ）いる。牛がまわるときに飛節《ひせつ》の外側や腹を擦ると傷ができるから牛の体に触れる部分にはぼろ布を巻くか、または打わらでつくる場合にはその部分を太くやわらかく作るようにする。

尻替《しりがえ》―平地で引かせるときにはいらないが、傾斜地を引かせたり歩かせたりする場合にはこれをつけねばならない。

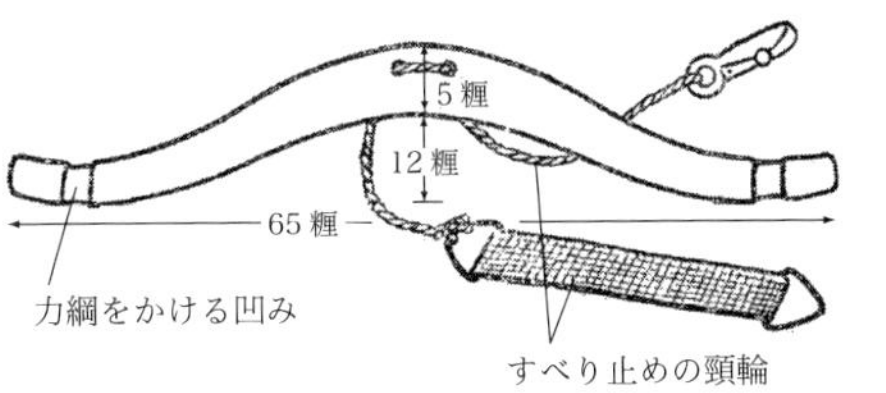

第5図　頸　木

鞍骨の上の横桟の後の方に取つけ、尻に触れる部分にはぼろ布を巻いて擦傷を防ぐようにする。

胸替―胴引《どうび》きの場合につけることがある。頸《くび》つきの高い牛に取つけ、鞍の後すべりを防ぐのに用いる（頸のささえの低い牛にはいらない）。腹帯がゆるんで鞍が後へすべった場合には胸替に大きな力が加わるので、直接体に触れる部分は、腹帯のように平打縄かまたはこれに似せて作ったものを用いる。腹帯よりも心持ち幅の広い四―五糎（一寸五分前後）のものがよい。

頸木《くびき》―これはセンダンの木で作ったものが一番いいと云われているが、頸《くび》当りがやわらかで丈夫なものであればセンダンでなくてもいい。牝牛では六五糎（二尺一寸五分）牡牛では七五糎（二尺五寸）くらいの長さのものが欲しい（第五図参照）。両端に力綱《ちからづな》のかゝるみぞがあり、中央に頸木のすべりをとめるための頸輪紐《くびわひも》がついていて、これで軽く首をしめておく。

カラー―これは普通馬に用いられるもので牛にはまれにしか用いない。

長野県にはこれをつくっているものがある。第六図に示したようにやわらかいわらを丈夫な布でつつんでカラー布団をつくり、その縦みぞの中に鉄棒をはめ、その鉄棒の中程から力綱をとるようになっている。馬のカラーとは反対に下の端でしめ合せる。上部は前の方にまがっていて鬐甲《きこう》を傷つけないようにすると共に頸引きの力を利用できるように、また下の端も前の方にまがっていて肩端《かたはし》の運動をさまたげないように工夫してある。

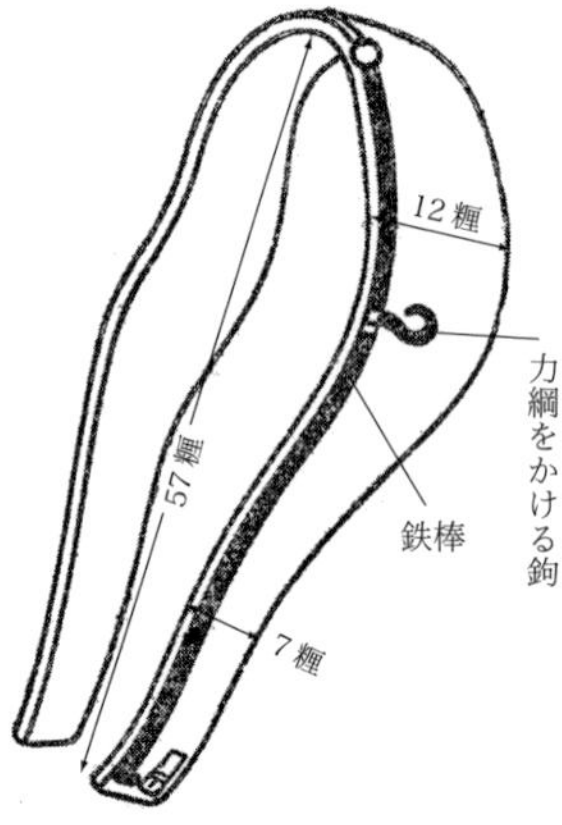

第6図　牛用カラー

槃《ひきぎ》（ひきづるともいう）―長さは八〇糎から九〇糎（二尺六寸から三尺）ぐらいあればよい。取扱いの点から云えば短いほど仕事が楽であるが、短かすぎると力綱で牛の腹をおさえることになるから、牛の大小や腹の張り工合によっててきぎ《（適宜）》加減せねばならない。材料は樫や檜のような堅木で丈夫なものがいい。

(二)装具のつけ方

装具をつけるに先だって、先ずどうすれば牛がもっとも楽に力を出せるかということを知っておく必要がある。

牛にもっとも大きな力を出させて楽に引かせるためには、牛の重心が体の動き方によってどうかわるかということを知っていて、常に力綱がその重心を通るようにしてやることが一番大切である。

牛が静に立っているときの重心は肩端の高さで第一〇乃《ない》至《し》第一三肋骨の間、即ち第七図の①の位置にあるが、牛が

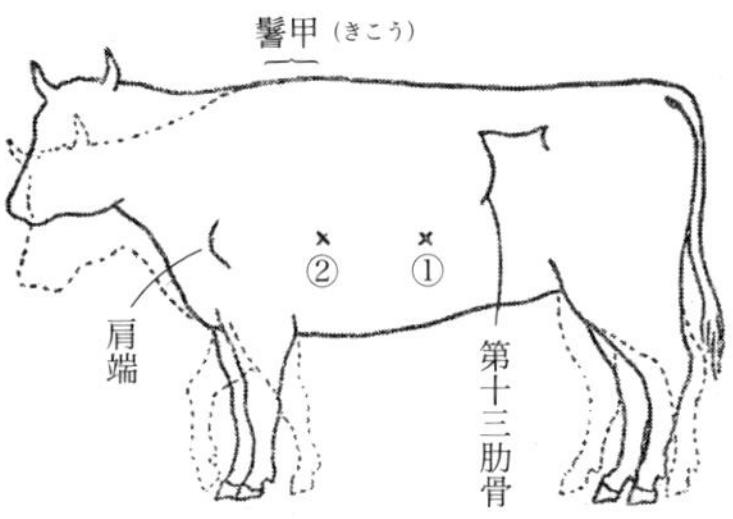

第7図　牛の重心の位置

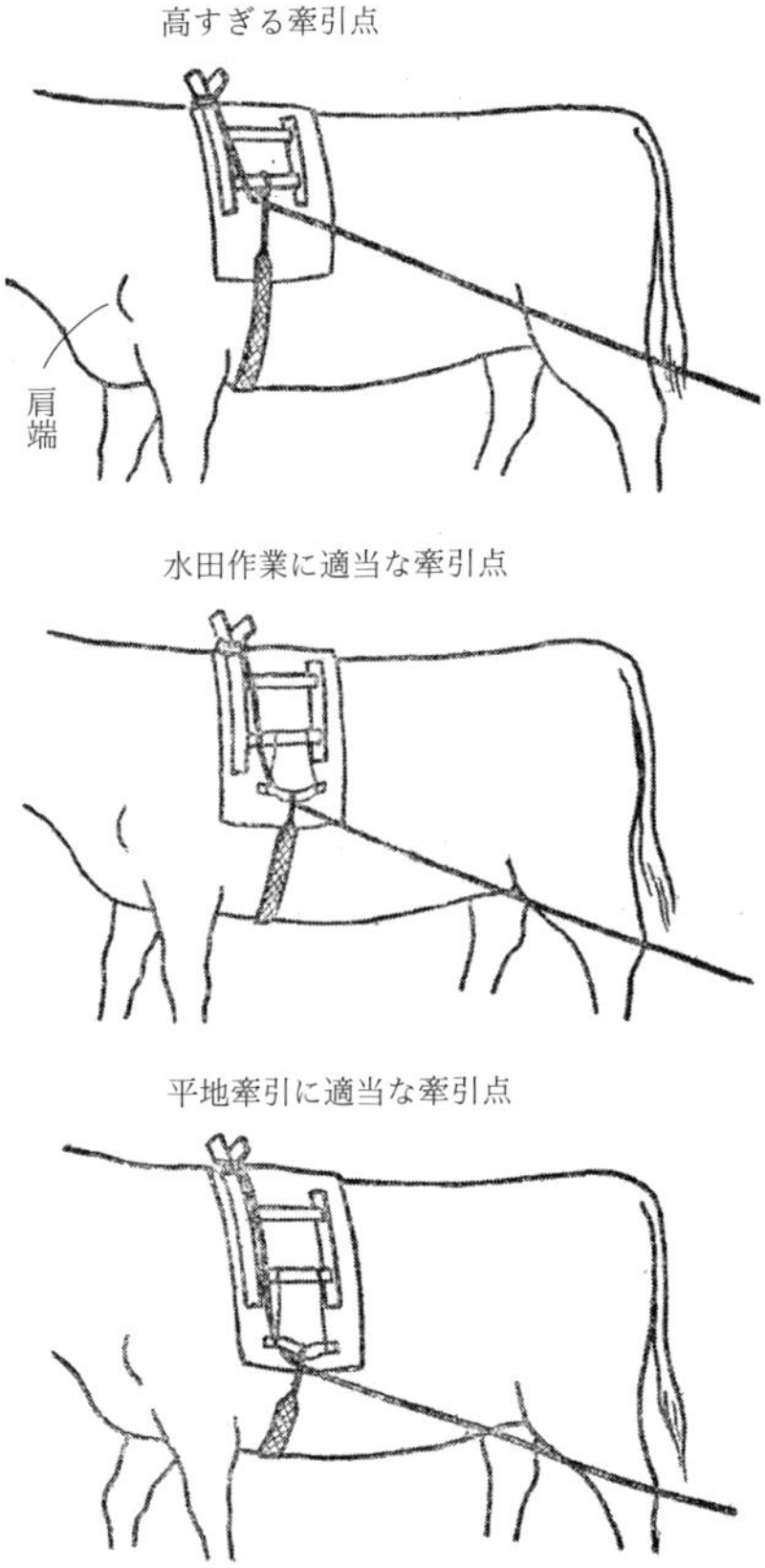

第8図　いろいろな牽引点

牽引を始めると、その重さにもよるが肩端の高さで腹帯の位置、即ち図の②の位置に移動する。どんな引き方をさせる場合でも力綱が重心の位置を通るようにしてやらねばならない。そうすれば牛は非常に力を出しやすい。ただし水田で使う場合には、牛は前肢《まえあし》を抜き上げるのに相当な努力を要するので、この前肢の抜き上げを容易にしてやるためには重心よりも少し上から力綱をとった方がよい。しかしそれにしても一般に農家の力綱のつけ方は高すぎる。牛が力を出すときには頭や頸を下げ、重心を前に移動させるようにして前肢で踏ん張るのであるが、牽引点が高すぎると牛の前半身が後上方に引張られることになるから、頭や頸が自然に上って前肢が浮き、力を出しにくくなる。だから水田を耕起《すきおこ》す場合でも、力綱をもっと重心に近い位置から引張るようにすべきである。

今一つ牛が楽に引け、しかも作業を容易にするためには、力綱の長さに注意することが大切である。その長さは農具の種類によっても多少ちがうが、犂で耕《たがや》すときの力綱の長さは正姿勢に立った牛の飛節《ひせつ》から槃《ひきぎ》までの間が二握《にぎり》半か三握くらいが適当である。長すぎると力綱の仰角（ピンと張ったときの力綱と地面との角度）が小さくなって犂が深く入りすぎるし、犂が不安定で力が多くいり、また旋回のときに不便である。わが国の水田は一枚一枚の面積が非常に狭いために旋回回数が多くなるから、このことは特に注意する必要がある。要するに、どの農具をつける場合でも、或は農具以外の車などの場合でも、後に引張る物が牛の後肢につきあたらない範囲でなるべく短くした方がよい。

使役のさいの追綱の長さは調教の場合よりも長い方がよく、五米前後（一丈六、七尺）が適当であるが、追綱《おいづな》が途中でたるまないように鞍《くら》の右側の横桟《よこさん》に綱通しの環《わ》を下げてその中を通す。環の高さは牛の鼻から使い手の手許へ一直線に引いた追綱が上りも下りもしないところに調節する。

牛の引き方は、基本的には、鞍で引く胴引きと、頸木《くびき》で引く頸引きと、カラーで引く肩引き、の三とおりに分けられる。胴引きの場合には鞍の外に胸替《むながえ》をつけることもあり、頸引きの場合には頸木だけで引くこともあるが、それよりも頸木と鞍との両方の力を合せて引き、肩引きの場合にはカラーだけでも引けるが、鞍とカラーと両方つけて引くことが多い。

次にそれぞれの場合の装具のつけ方について述べる。

胴引き―胴引きは、他の引き方に較べて力の出方は大きくないが、「はずみ」をつけないで引くので犂その他の農具が安定して、鋤《す》いたでき上りが平らである。また水田の作業では前肢を抜き上げる動作が必要であるが、胴引きでは前肢は完全に自由に動かせる。従ってこの引き方は水田耕作に使役するのに適した方法だと云える。

鞍は牛の右側からつける。鞍は肩胛骨《けんこうこつ》の後におかねばな

頸引きと胴引きの兼合

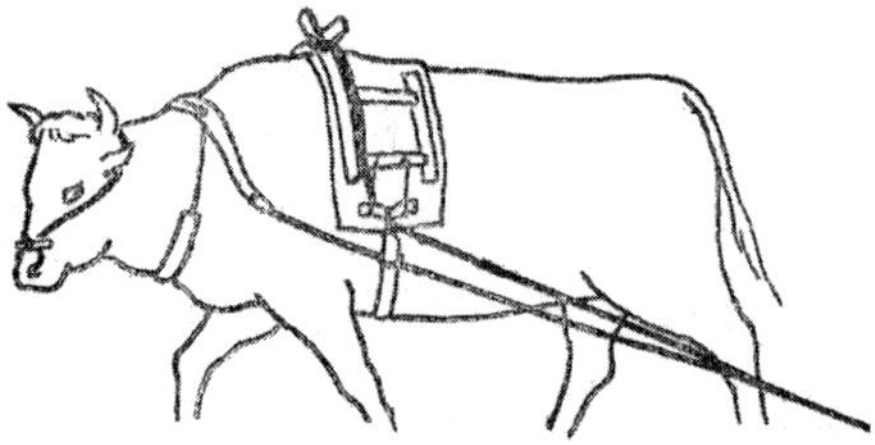

胸替を着けた胴引き

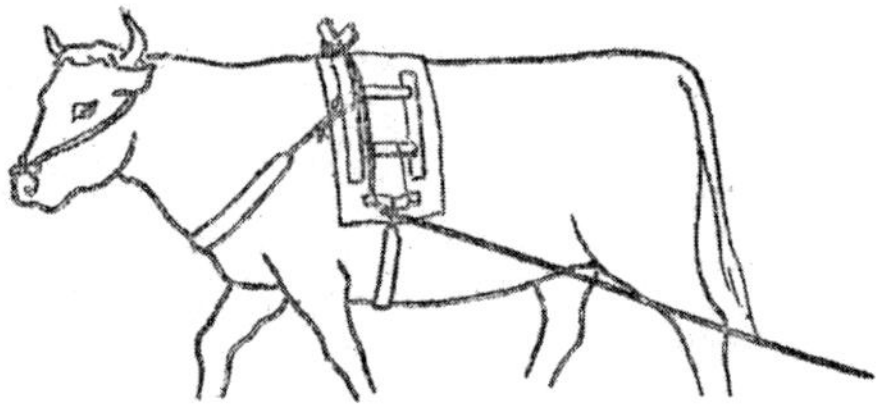

肩引きと胴引きの兼合

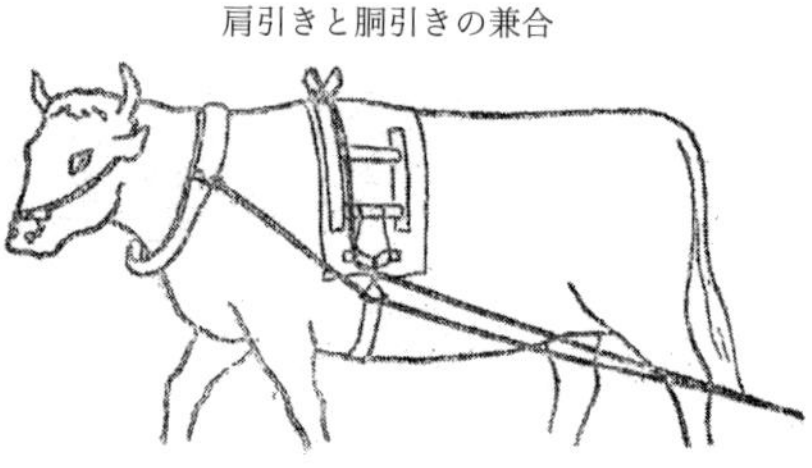

第9図　引き方

らない。鞍を肩胛骨の上において長時間使役すると、この骨が動くため鞍傷《あんしょう》ができるからである。また鞍蓐《あんじょく》はずり下らないようにつけねばならない。牽引を始めると鞍が抑えられるので、鞍蓐がずり下っていると鞍で直接背骨が押えられて鞍傷ができるからである。この二つの点にはよく気をつける必要がある。

　腹帯は片方を左側の止木《とめぎ》に固定しておいて右側で男結びにする。胴引きの場合にはこの腹帯を強くしめておかねばならない。そうしないと牽引中に鞍が後にすべって腹をしめるようになる。胸をしめるのは牛では人のように苦しいものではないらしいが、腹をしめるのはよくない。

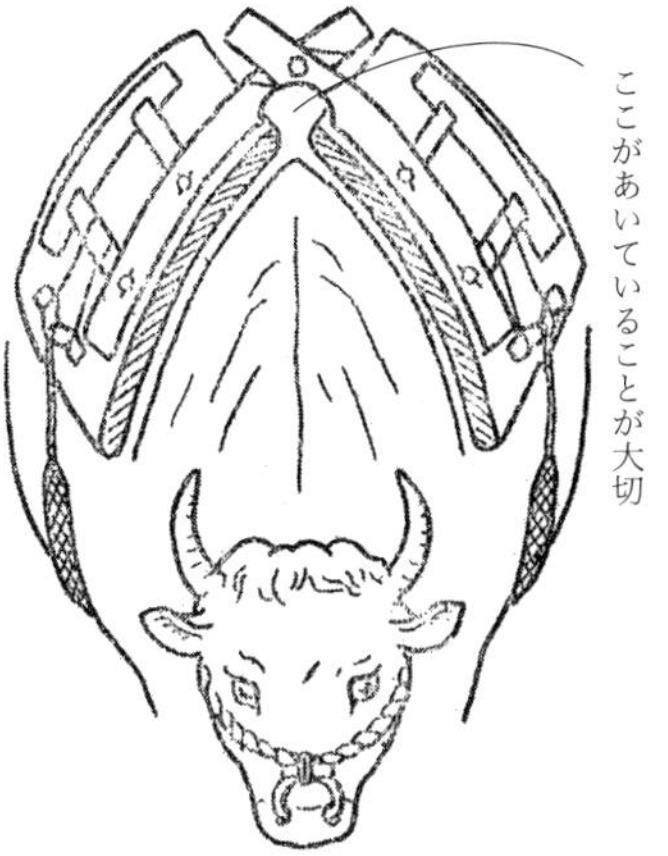

第10図　鞍の置き方

たいていの水田では、耕起の場合にも整地や除草などの場合にも腹帯さえしっかりしめておけば鞍が著しく後へすべることはないが、重粘土《じゅうねんど》の田などでは相当に力がいるので鞍は後へすべりやすい。それを防ぐために胸替をつけることがある。胸替も左側の鞍骨に固定しておいて右側で結ぶのであるが、これはあまり高くつると頸をしめることになり、またあまり低くつると肩端を押えてその運動をさまたげるので、高からず低からずというところで鞍にとめねばならない。ただし頸つきの低い牛では胸替をつけると頸をしめる結果になるからやめる方がよい。

　力綱は左右を結んで鞍骨の前の上端に巻きつけ、そこか

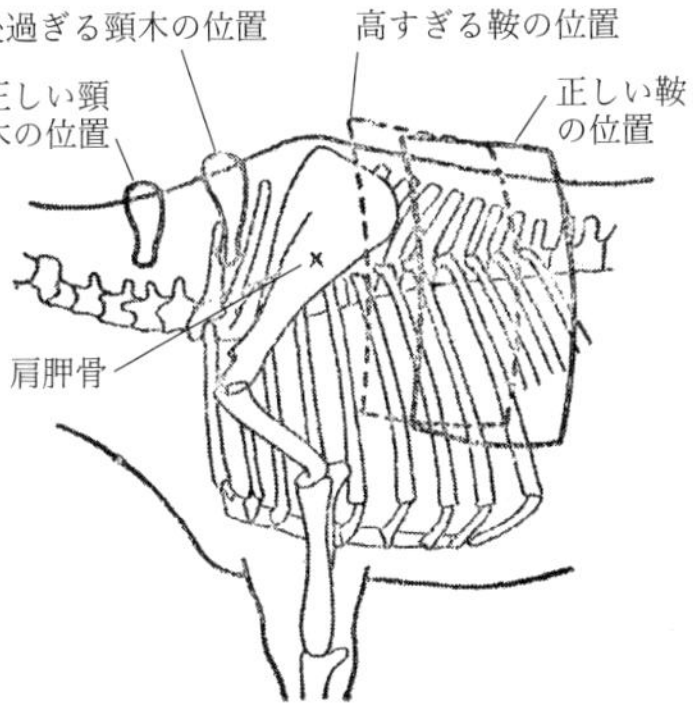

第11図　鞍と頸木を置く正しい位置

ら横桟《よこざん》を越えて止木に導き腹帯にかけて更にそれを犂《ひきぎ》に連ねるのであるが、この力綱のまがり目即ち止木の位置は前に述べたように上下をあんばいせねばならない。

頸引き―頸引きは頸と頭を下げなければ頸木がとまらないから、自然に頸を下げて引くようになる。従って力の出方が大きく、また肩引きほどには「はずみ」をつけないでも引ける。それで大きな力を要する牽引、殊に重い物を輓くのにもっとも適している。また力の弱い牛に比較的大きな力を出させるのにもよい方法である。ただ頸を下げて引かねばならないので前肢の抜き上げは胴引きほどには自由でなく、また鼻先を非常に下げて引くことになるので深田《ふかだ》の作業には適しない。しかし深田でない田畑を鋤起《すきおこ》す場合に重粘土の土質で牛に大きな力を出させる必要があるとか、或は力の弱い若牛に仕事をさせるような場合にはこの方法がいい。

頸引きは頸木をつけただけでも使役できるが、これだけでは力綱が長いため耕起のときに農具が動揺して不安定となり、旋回にも不便であり、また仰角《ぎょうかく》（力綱と地面との角度）が小さいので犂が深く入りすぎるなど、いろいろの欠点があるので第九図のように頸木と鞍と両方からの力を利用するようにするといい。

頸木が後へすべって肩のすぐ前で骨に当ると牛が痛がって引くのをやめるから、第一一図に示したように、必らずそれよりも前の方の、骨に触れないところにかけねばならない。頸木のすべりをとめるために頸輪《くびわ》を使うが、これはあくまでもすべりどめであるから、この頸輪に力が加わるようなことのないように注意せねばならない。頸輪に力が加わると喉をしめることになるのでよくない。頸木の両端からとる力綱は肩端《かたはし》の高さで腹帯に一巻きするか、または腹帯のその位置に環を作っておいてこの中を通すようにする。そうすれば頸木を下へ引張ることになるので頸木の後すべりが防がれるし、また一つには力綱が牛の重心の位置を通ることになるので力の利用の点からもつごうがいい。

鞍からとる力綱は鞍からおろし、止木《とめぎ》のところで腹帯にかけて後に導く。この場合の止木の高さは胴引きのときよりも幾分高いところに固定しておく。頸木と鞍の両方からとった力綱は犂《ひきぎ》から一五糎（五寸）ぐらい前のところで撚り合せて一本にして犂に連結する。二本の力綱の張り具合で力のふりわけが変ってくるが、犂《ひきぎ》を後へ引いてみておよそ頸木の方へ七分、鞍の方へ三分ぐらいの力が入るようにあんばいする。ただし頸木になれていない牛は頸を下げさせにくいので、初めは頸木に三分、鞍に七分くらいの力が加わるようにし、だんだんとこの割合をかえて牛をならしてゆくことが大切である。

肩引き―この引き方は肩胛骨《けんこうこつ》の前縁《まえべり》に沿ってカラーをつけ、これで引くのであるから左右の肩胛骨が動くたびに力が出る。即ち左右交互に「はずみ」をつけて引くことになる。従って引き方は荒くなり、農具は安定を欠くことになるので、田畑の耕耘作業には適しない。しかし「はずみ」を利用して引くから、力の出方が大きいので、重い物を運搬するような場合には適している。

カラーは第六図に示したように、肩端《かたはし》を押えず、頸をしめず、鬐甲《きこう》にもあたらないような構造のものがよい、牛の肩は馬の肩とちがって動きが大きく、また肩から頸への移りが滑らかなのでカラーの引掛りが少く、しかもそれをしめると頸をしめやすいので、馬の場合のように一般にすすめられる引き方ではない。

カラーだけで引かせてもよいが第九図のように鞍からとった力綱と両方を用いれば一層いい。

（後略）

資料5 「粕屋郡多々良村競犂会規則」

（『粕屋郡農業史』福岡県立粕屋農業高校60周年記念事業委員会、一九七三年、二六〇－六二ページより）

粕屋郡多々良村競犂会規程

目的

第一条 本会は土地愛護の精神に基き犂法の改良深耕の普及を目的とし、村内青年をして愈々其技を磨くの機会を得せしめ以て全国に於ける斯道発祥地たる本村の誇を益々発揚せんとす

出技者

第二条 本会の出技者は満二十五歳以下にして本村内現住者たるを要す

第三条 出技者を分ちて二種とし、十九歳以上及前年乙種二選入選の者を甲種とし十八歳以下を乙種とす

第四条 甲種一等受賞者は再度出技することを許さず（本会主催競犂会に）

開催地並時期

第五条 本会は村内各大字を末記順番により毎年巡回開催地とす

第六条 本会は稲取入後役員会に於て定められたる日毎に之を開く

主催者

第七条 本会は多々良村の名に於て多々良村青年団之を開催す

役員

第八条 本会は左の役員を設く

一、正副総裁 村農会正副会長

二、正副会長 青年団正副会長

三、顧　　問 村長、産業組合長、地元区長及び総裁に於て功労ありとして推薦したる者

四、参　事　役場吏員農会職員
五、幹　事　青年団各支部長
第九条　各役員は総裁の命に依り職務を遂行するものとす

競技

第十条　競技は一定の耕地に畦三本を耕立つるものとす
第十一条　競技者の丁場は抽籤により之を決す
第十二条　耕上時間は丁場の長短畦溝浚の多少により之を定め平均耕進一間を一、二秒引廻し一回を六秒を原則として算定し二本溝は一間に付き十八秒の割合にて一本分を所要時間より短縮す
第十三条　畦境界溝は若番競犁者より浚へるものとす
第十四条　与へられたる丁場の刈株直し其他掃除等競犁者側に於て之をなす事を禁ず
第十五条　競犁開始後一時間にして中合時間の休息を与ふ
第十六条　競犁は他人の助言助力を受くることを禁ず

審判

第十七条　審判員は二名以上とし総裁之を委嘱す
第十八条　審判員の決定は絶対的のものとし何人と雖も異議の申出をなすことを得ず
第十九条　審判員は審査上必要を生じたる場合は相互間の協議をなすことを得
第二十条　採点の原則を左の通り定む
採点は百点を満点とす、時宜により協議（審判員）の上変更することを得
内訳
一、耕技　40　（姿勢・用畜操縦・動作等）
二、耕具の装置取扱　10　（装置・調節・取扱等）
三、畦形　40　（形状・塊列・畦溝・枕畦幅等）
四、深耕程度　10　（作土耕起の状況・地盤平均・耕底等）
第廿一条　各審査員採点の得点数を合計し之を審査員数にて除したるものを競技者の総得点と定む
第廿二条　欠時減点は二分毎に平均総点数より一点を減ず
第廿三条　総裁は審査の成績に準じ褒賞を授与す

経費

第廿四条　本会に要する経費は各方面よりの補助金並に篤志家の寄附金員を以て之に充つ
第廿五条　本会出技者の出技上に要したる費用は本人負担とす

附則

第廿六条　本則は第四十六回競犂会より之を実施す

開催地巡番

蒲田・松崎・多田羅・津屋・津屋二・八田・土井名子

第廿七条　本則に洩したる事項に就きては役員会に於て決す

図版・写真引用資料目録

本文中では、出典の書名のみを記しているため、ここで著者、刊行主体、刊行年度を示す。
なお原則として、刊行順に配列した。

西村栄十郎『農用機具学』(帝国百科全書第六十一編、東京博文館、一九〇〇年)
広部達三『広部農具論　耕墾器編』(成美堂書店、一九一三年)
森周六『農用機具』(明文堂、一九三六年)
『馬利用の状況』(帝国馬匹協会、一九三六年)
『現代農業』(大日本農機具協会発行、一九三六〜三八年の号より)
森周六『犂と犂耕法』(日本評論社、一九三七年)
『馬政第二次計画実施記念全国役馬競技会大会報告』(社団法人帝国競馬協会、社団法人帝国馬匹協会、一九三七年)
西山音治『鮮牛読本』(大日本鮮牛協会、一九三七年)
情報局編輯『写真週報』第一六四号(一九三八年)
『東洋社の沿革と日の本号深耕犂解説書』(東洋社、一九三八年頃)
田伏三作『農機具利用の実際』(産業図書株式会社、一九四八年)
『畜力利用牛馬耕の栞』(東洋社、一九五〇年頃)
東畑精一監修／農業発達史調査会編『日本農業発達史――明治以降における』第一巻(中央公論社、一九五三年)
同、第二巻(同、一九五四年)
同、第四巻(同、一九五四年)
近藤康男監修『農業小辞典』(博文社、一九五四年)

岸田義邦『松山原造翁評伝』（新農林社、一九五四年）
近藤康男・岩住良治・田中長三郎監修『農業小事典』（博文社、一九五四年）
田原虎次・中沢宗一『日本の農業機械』（農業経済新社、一九五五年）
東畑精一監修／福島要一・内山政照『日本農業図説』（岩崎書店、一九五五年）
岸田義国『機械化の四季』（新農林社、一九六七年）
嵐嘉一『犂耕の発達史――近代農法の端緒』（農山漁村文化協会、一九七七年）
フェスカ『日本地産論　日本農業及北海道殖民論』（明治大正農政経済名著集2、農山漁村文化協会、一九七七年）
大蔵永常『農具便利論』（日本農書全集第一五巻所収、農山漁村文化協会、一九七七年）
福岡県地域史研究所編『福岡県史　近代資料編　農務誌・漁業誌』（西日本文化協会、一九八二年）
『あるく　みる　きく』第二二〇号「特集　犂耕をひろめた人々――馬耕教師群像」（日本観光文化研究所、一九八五年）
真岡市史編さん委員会『真岡市史　第五巻　民俗編（真岡市、一九八六年）』
福岡県地域史研究所編『福岡県史　近代資料編　福岡農法』（西日本文化協会、一九八七年）
『絵馬と農具にみる近代』（板橋区立郷土資料館、一九九〇年）
金内重治郎『農具　農業　農民』（一九九三年）
『大地を耕す　創業一〇〇周年記念誌』（松山株式会社、二〇〇二年）
『犂　馬鍬　唐箕』（横浜市歴史博物館、二〇〇五年）
田上泰隆編『耕耘の歴史　日の本号・すき・犂』（私家版、二〇〇五年）
宮本常一『私の日本地図10　武蔵野・青梅』（未來社、二〇〇九年）
同　『私の日本地図15　壱岐・対馬紀行』（未來社、二〇〇九年）

＊手元にある引用資料は、四〇年ほど前にコピーして保存しておいたものも多く、なかには奥付のコピーが欠損しているものがある。本書三一ページに示した図に出典が明記されていないのはそのためである。ただし三一ページの図は原図にかなり手を加えシンプルな形につくりなおしたものになる。

あとがき

　この本が成ったきっかけは、二〇〇八年十二月、私がそのころいた職場の研究所で主催した講座になる。それは「犂」をテーマとした企画であり、四〜五人の講師をたてて実施する内容だった。その講師陣があらかた決まりかけたとき、主催元の研究所からの講師はひとりしか出ておらず、ほかはすべて外部からの方々だった。これではすこしカッコがつかないかな、という雰囲気が職場のなかにあったので、昔の調査のデータを基にしていいのなら、と私が手を挙げた。そして、本書のⅡ章とⅢ章で書いたことをかいつまんで報告した（このときの報告は、その概要を『歴史と民俗』26（神奈川大学日本常民文化研究所、平凡社、二〇一〇年）に「近代における犂の普及について」としてまとめている）。

　講座が終わってしばらくたって、法政大学出版局の奥田のぞみさんという編集者から、あの内容を本にしてみませんかとの打診をうけた。講座での四〇分ほどの私の話を聞かれた人たちのなかにおられたらしい。大変ありがたい提案なのだが、これについてはかなり考えた。私は特に犂をテーマに研究している者ではない。若いころに犂の分布や普及について調べてみたのは、そのころ民具研究の指導をうけており、そのためにわきまえておかねばならない素養、知識のひとつとして追っかけていたにすぎない（Ⅳ章では、そうした元来の私の立場からの記述をくわえている）。それをまとめて一冊の犂の本の体としても、薄く、浅いものにしかならないのではと感じたからである。

奥田さんには、トライしてみます、と一応お答えしたものの、仕事の見通しとしては、五分五分の感触のままとりかかった。他の仕事の合間を縫っての作業であり、とりまとめにほぼ一年を要した。脱稿したのは、二〇一〇年の十月だったが、この年の五月ころまでは、やはり本にするのは無理かもしれないな、と思いながらの作業だった。

Ⅱ章とⅢ章のもとになった部分については、実はこれまで二度ほど発表している。『あるく　みる　きく』（日本観光文化研究所刊）という雑誌の九八号（一九七三年）に「馬耕教師への道」と題して小文を載せているし、その二二〇号（一九八五年五月号）には「犂耕をひろめた人々——馬耕教師群像」という特集を組んでもらっている。後者は、執筆が香月節子、写真が私という形で発表されたものだが、調査自体が共同調査であり、文章も分担してとりまとめた。ただ、本文は四〇〇字にして五〇枚ほどの分量であり、いちいち分担部分ごとに執筆者を表記することはわずらわしい感じがしたため、思い切ってはしょって分担をそう表記した。奥田さんから執筆の打診を受けたとき、香月節子は別の作業に忙殺されていたため、本書は私ひとりで補足調査ととりまとめをおこなうこととなった。

今の時代に、馬耕教師の本をつくるということは、いったいどういう読者を想定して作業をすすめればいいのか、まず、そのことから見当がつかなかった。そのとまどいは、このあとがきを書いている今も変わらない。考えあぐねたのは、二つの点である。

ひとつは、牛馬耕という農耕作業について前もっての説明をどのあたりからすればよいのだろうかという点。たぶん、牛馬耕自体についてこまかに述べ始めると、流れが馬耕教師にたどりつくまでに、かなりの分量の紙面を費やしてしまうように思う。本書は、ある時代に犂を広めた人たちの足跡を追ったレポートであり、牛馬耕そのものの解説、分析の書ではない。かといって、そこをはしょっては、馬耕教師自体の意味がおろそかになってしまう。この点は、図版や写真を多用し、巻末の資料でこの技術をマニュアル的に紹介をすることで、せめてイメージ面だけでも補強しようとしたのだが、どこまで伝えられたのか、自信はない。

もうひとつは、これまで馬耕教師自体に焦点をあててのレポートは、そう多くはないとは思うのだが、その背景となる近代農業技術の歩みや、また日本の犂の分布や普及についての研究は、本文でもふれたように、ある時期まで、かなり精緻な研究がなされてきている。その研究の一部に馬耕教師の動きも位置づけられるのだが、おそらくそうした先行業績をきちんと紹介し、検証するだけで、一冊の本が書けるのではないかと思う。これにあたる部分——I章の多く——は、きわめてずさんで恣意的な記述になっていよう。おそらくこの分野を専攻されている研究者の方々がここを読まれたら、少なからぬ批判や不満をもたれるのではないかと思う。ただ、これ以上書き込んでいくと、馬耕教師を主題とする一冊の本として構成上のバランスが崩れるのではないか、そんな思いをずっと引きずってとりまとめてみた。

本文でふれたように、この調査の大半は一九七〇年代前半のものになる。「はじめに」でふれたように、あのときお話をうかがった馬耕教師の方々のご子息が八十歳代になっておられる時代が今である。補足調査をしてとりまとめたといっても、聞き書きに関しては、それほどまとまった調査ができているわけでもない。と、振り返ってあとがきを書こうとすれば、次々と弁解を並べざるをえず、心苦しいかぎりである。

ただ、たとえ未熟な出来でも本の形にしてまとめておいたほうがいいとおもったのは、実は、この半年間での補足調査での体験が大きい。私がお会いしたり、資料を提供いただいた馬耕教師のご子息の方々から感じとることのできたご両親の世代の熾烈としか言いようのない苦闘、また熱意のありようを思い返すと、たとえ半端な記録になっても残してみたい、残しておくほうがいいと改めて確認したからである。

本書は、ひとにぎりの聞書き資料と、あとは文書資料、先行業績の抜粋的要約といった構成で本の体をつくっている。とりまとめ作業への納得より、大げさに言えば使命感的なものをどこかに感じてまとめた本になる。それだけに、とりまとめるまで、実に多くの方々のお世話になったにもかかわらず、きわめて雑駁な構成の表現物になってしまったことへの批判は甘受しなければならない。もちろんその責はすべて私にあるのだが、この本が形になったのは、ひとえに奥田さんという奇特な編集者の存在が大きい。

松山犂の資料が展示されている長野県上田市の松山記念館に行った折、犂の展示室にはいるとすぐ左手に七〜八台の犂が床に置かれていた。近くの高校で郷土の資料にと保管していたものを、高校が不要と判断して粗大ゴミに出すこととなり、思い余った教員から頼まれて引き取ったものだという。

昨年、たまたま日本農業の概論的な入門本をめくってみたことがある。そこには、馬耕とトラクターによる耕起とが比較する形で図示されていた。トラクターはそれなりのカットが描かれていたのだが、馬耕の絵には犂が描かれず、たんに馬のうしろを人間がついて歩いているだけの絵が添えられていた。おそらく執筆者は挿絵まで十分にはチェックされなかったのだろうが、こうしたことに出会うと、どこか寂しさを感じ、脱力感をもつ。彼らの動きは昭和三十年代の前半まで、社会のなかに存在していた。忘れ置かれ流れ去るほどに昔のことではないのだけれど、と頭のどこかにあるそうした思いも、書き残しておいたほうがいいのではという気持ちの一部をなしている。

私がフィールドワークを始めたころ、すでに牛馬耕はほとんど目にすることができない時代になっていた。I章に付している長崎県の宇久島の牛耕の写真は、はじめてそうした光景に出くわしたため、しばらくそばで見せてもらい、写したものになる。

私は農家の出でもないし、農村に育ったわけでもない。そんな私が犂を手にして田をすくまねごとができたのは、たった一回だけである。瀬戸内海の西部にある島で、犂のことを知りたがっていた二十代半ばの私に、島の古老が一〇年以上納屋でほこりをかぶっていた犂を持ち出し、駄屋から牛を引き出し、鼻取りをしてくれて空田をすかせてくれた。もちろんうまくすけるはずもなく、そのむつかしさを感じただけにおわったが、振り返ってみると、本文のなかで名をあげているかつての馬耕教師の方々のみでなく、実に多くの方々の恩恵を受けている。四〇年ほど前の佐渡の調査では、活動を始めてまもない今はなき太鼓打ち集団「鬼太鼓座《おんでこざ》」の宿舎に何日も泊めていただいたことを思い出す。

なお、本文に出てくる馬耕教師の方々の名は基本的には実名であるが、そのほとんどが鬼籍にはいられている。本来ならこの書を持参して御礼を申し上げねばならない方々である。また本書の性格が論考ではなく、フィールド・レポート的な色あいをもつため、人名につける敬称などは文を書く時の気持ちにしたがった。先行業績を紹介する際の研究者の名には敬称を略してるが、調査で話を聞いた方には「さん」をつけているし、宮本常一についてはごく自然に「先生」をつけている。この気ままさはお許し願いたいと思う。表記に西暦でなく元号を優先させたのも聞き書きの折の印象による。村、という語については、行政体的な意味あいが強い場合には漢字にしているが、伝承の母体としての共同体を指す場合にはひらがな表記をとっている。また、地名については必ずしも現行の市町村名に沿っていない表記のものもある。

この一年の補足調査においても、さまざまなかたにお世話になっている。山形県酒田市日吉町日枝神社の岡部信彦氏、同県鶴岡市の致道博物館の犬塚幹士氏、本間豊氏、長野県の松山記念館の平本實氏、後藤丈作氏のご子息の後藤明氏、石塚権治氏のご子息の石塚章氏、また田上泰隆氏からは、資料の提供を含め、さまざまに御教示をいただいた。また、資料の利用では、山形県鶴岡市の熊岡神社、山添八幡神社、横浜市歴史博物館、大豊町立民俗資料館、福岡県農業資料館、宇久島資料館、喜界町中央公民館民俗資料室にお礼を申し上げたい。なお、四〇年ほど前に犂を撮影させていただいた佐渡農業高校と佐賀県立農業試験場はその後改組、改称され、それぞれ佐渡総合高校、佐賀県農業試験研究センターとなっているが、本書では撮影時点での旧称で示している。

レイアウトには佐藤憲司氏のお手をわずらわせており、資料の整理や校正に土田睦さん、香月孝史の両名にお世話になっている。

馬耕教師の動きを、時代や社会の追い風を受けて、というニュアンスをもって書いてみたとはいえ、その勢いは決して楽観的な見通しのなかで展開していたわけではない。田上泰隆氏からの私信のなかにあった東洋社社長の田上龍雄氏の言葉、「技術革新ほどメーカーにとって恐ろしいことはない」という表現に、時代の追い風を受けて進んでいた立場ゆえにどこかに感じていたであろう脆さを垣間みたように思うし、「こんな小さな国で日本一になると必ず潰れる」と、あくまで手がたく経営をすすめていた松山原造の目配りやバランス感覚には惹かれるものがある。もちろん本書においてそうした世界までとても迫り得なかったことを認めて、忸怩たる思いであとがきを結ぶしかない。

二〇一一年早春　西荻窪にて

香月洋一郎

著　者

香月洋一郎（かつき・よういちろう）

1949年福岡県生まれ．民俗学．一橋大学社会学部卒業．日本観光文化研究所所員を経て1986年から神奈川大学経済学部助教授，日本常民文化研究所所員，1995年4月から2009年まで同教授．著書に『景観のなかの暮らし——生産領域の民俗』（未來社），『山に棲む——民俗誌序章』（未來社），『記憶すること・記録すること——聞き書き論ノート』（吉川弘文館），『海士のむらの夏——素潜り漁の民俗誌』（雄山閣），『フィールドに吹く風——民俗世界への覚え書き』（雄山閣）など，訳書に『ハワイ日系移民の服飾史——絣からパラカへ』（バーバラ・F. 川上著，平凡社）がある．

馬耕教師の旅　「耕す」ことの近代

2011年4月22日　初版第1刷発行

著　者　香月洋一郎
発行所　財団法人 法政大学出版局
〒102-0073 東京都千代田区九段北3-2-7
電話03（5214）5540　振替00160-95814
整版：緑営舎，印刷：平文社，製本：根本製本
装幀：奥定泰之

ISBN4-588-32703-2